新手学剪映快速通

胡卫国 淳宇 编著

人民邮电出版社
北京

图书在版编目（CIP）数据

新手学剪映快速通 / 胡卫国，淳宇编著. -- 北京：
人民邮电出版社，2025. -- ISBN 978-7-115-65883-8

Ⅰ. TP317.53

中国国家版本馆 CIP 数据核字第 2025SK5997 号

内 容 提 要

本书基于剪映 App（移动端）和专业版（PC 端）软件编写而成。精选热门案例，如卡点效果、合成效果、热门转场效果以及实战案例等，可以帮助读者轻松、快速地掌握短视频制作的完整流程与技巧，成为视频剪辑高手。

全书共包含 8 章内容。第 1～5 章为基础操作讲解，为读者详细介绍了剪映软件的基本操作，循序渐进地讲解了素材剪辑、音频处理、字幕效果、调色效果、画面合成等内容；而第 6～8 章则为能力提升篇，结合之前学习的内容进行汇总，为读者讲解了特效视频、卡点视频、Vlog 视频、宣传广告类视频的制作方法，帮助读者迅速掌握使用剪映专业版制作不同短视频效果的方法。本书内容全面、条理清晰，讲解通俗易懂。全书采用"案例式"教学方法，可以帮助读者轻松、快速地掌握短视频制作的完整流程与技巧。

本书适合广大短视频爱好者、自媒体运营人员，以及想要寻求突破的新媒体平台工作人员、短视频电商营销与运营从业者等学习和使用。

本书配有数字资源包，包括素材文件和 198 分钟的视频讲解，请读者详细阅读本书封底的说明（如何获取和使用）。

◆ 编　著　胡卫国　淳　宇
　　责任编辑　黄汉兵
　　责任印制　马振武

◆ 人民邮电出版社出版发行　北京市丰台区成寿寺路 11 号
　　邮编 100164　电子邮件 315@ptpress.com.cn
　　网址 https://www.ptpress.com.cn
　　临西县阅读时光印刷有限公司印刷

◆ 开本：787×1092　1/16
　　印张：15.5　　　　　　　　　2025 年 6 月第 1 版
　　字数：491 千字　　　　　　　2025 年 6 月河北第 1 次印刷

定价：79.80 元

读者服务热线：(010)53913866　印装质量热线：(010)81055316
反盗版热线：(010)81055315

PREFACE | 前言

在这个信息爆炸的时代，短视频已成为人们获取信息、娱乐休闲以及自我表达的重要方式。无论是记录生活点滴，还是进行商业推广，抑或创作艺术作品，视频剪辑都发挥着关键作用。剪映，作为一款广受欢迎的剪辑软件，以其简单易上手的操作和丰富强大的功能，为众多视频创作者打开了创作的大门。无论是毫无经验的新手小白，还是寻求效率提升的专业人士，都能从中受益。

本书围绕剪映 App 及其专业版展开，旨在帮助读者系统掌握视频剪辑技能。全书采用理论与实践相结合的教学方法，首先介绍视频剪辑的基础概念与原理，随后详细讲解剪映软件的各项功能模块与操作技巧，最后通过短视频、Vlog 等典型视频类型的实战案例，帮助读者巩固所学知识，提升剪辑水平。

本书特色

6 大效率工具，解锁专业级工作流：除剪映原生功能外，AI 赋能，实现高效自动化剪辑。AI 智能抠像实现人物精准分离，色彩克隆一键颜色匹配，AI 扩展打破画面局限，语音转字幕功能节省 90% 后期时间，AI 生成音乐解决配乐烦恼，多轨道混合编辑应对复杂工程。

8 大技能模块，构建工业级知识体系：以"基础操作→进阶技法→行业应用"为脉络，系统讲解剪辑思路、工具运用、基础剪辑、高级技巧、流行玩法、综合演练等 8 大模块，辅以操作流程和图片详解，帮助读者建立影视工业级创作知识体系。

53 个场景化案例，覆盖全领域需求：本书通过 53 个实操案例，深度解析剪映 App 与专业版使用技巧，涵盖电影感短片、广告视频、综艺花絮等创作场景，从素材处理、特效制作到商业成片输出，实现技能与场景的无缝对接。

全媒体学习生态，即学即用无障碍：采用"步骤拆解 + 效果对比"教学体系，关键操作配备短视频教程（共 198 分钟），App 与专业版双设备并行，满足碎片化学习与深度实践需求。

内容框架

本书基于剪映 App 和剪映专业版编写而成，适配主流创作需求。鉴于技术发展过快，剪映更新频繁，建议读者根据自身所使用的版本灵活地进行适应性学习。

全书共分为 8 章，内容架构如下。

第 1 章　新手入门。从剪辑基础知识到软件界面精讲，建立正确的创作认知，详解分割、定格、倒放等核心工具。

第 2 章　高效出片技法。破解素材管理、音乐音效、字幕批量化、转场技巧 4 大痛点，结合"一键成片""图文成片"等智能工具，实现日更级内容产出效率。

第 3 章　精剪技术。突破深入画面调色、画中画、蒙版合成、关键帧等进阶领域，通过 3 个片头片尾实操案例总结前文剪辑技巧。

第 4 章　流行技法实战。解析曲线变速、创意转场、音乐卡点等流量密码，结合"慢动作""Vlog 拼贴卡点"等实战案例，培养创作思维。

第 5 章　特效制作宝典。从基础合成到影视级特效复刻，详解绿幕抠像、粒子特效等技术，通过"时空交错""文字变形"等实战案例拓宽视觉边界。

第 6 章　电影感短片创作。拆解复古 DV、高级旅拍等风格化作品，融合色彩分级、镜头语言、音画同步等专业技法，实现质感提升。

第 7 章　商业广告实战。聚焦奶茶、女包等案例，贯通产品特写、品牌字幕、3D 包装等商业要素，输出符合甲方需求的标准化成片。

第 8 章　综艺化内容生产。揭秘美食综艺宣传片、幕后花絮等创作逻辑，掌握动态贴纸、多轨音效等综艺感塑造技巧，打造沉浸式观看体验。

读者群体

本书既是短视频爱好者从 0 到 1 的成长手册，也是新媒体从业者突破创作瓶颈的加速器，适用于电商运营、企业宣传、自媒体博主、影视院校学生等群体。通过系统化训练，读者可快速掌握"技术实现力 + 艺术表现力 + 商业感知力"三位一体的核心竞争力，在短视频红海中开辟专属创作航道。

本书由甘肃政法大学艺术学院胡卫国和甘肃财贸职业学院现代服务学院淳宇编著。

编　者

2024 年 12 月

CONTENTS | 目录

第1章 新手入门，剪辑理论和剪辑软件两手抓 ……… 1

1.1 剪辑究竟是什么 ……… 2

1.1.1 剪辑的定义 ……… 2

1.1.2 为何需要剪辑 ……… 2

1.2 选一款合适的剪辑软件，你将事半功倍 ……… 2

1.2.1 为什么选择剪映 ……… 2

1.2.2 剪映App和剪映专业版的区别 … 3

1.2.3 剪映App和剪映专业版如何联动 ……… 3

1.2.4 剪映App界面详细解析 ……… 3

1.2.5 剪映专业版界面详细解析 ……… 7

1.3 工欲善其事必先利其器，剪映常用剪辑工具详解 ……… 9

1.3.1 分割工具 ……… 9

1.3.2 删除工具 ……… 10

1.3.3 替换工具 ……… 11

1.3.4 复制工具 ……… 13

1.3.5 倒放工具 ……… 14

1.3.6 定格工具 ……… 14

1.4 打开软件后毫无头绪，只因缺乏剪辑思维 ……… 16

1.4.1 什么是剪辑思维 ……… 16

1.4.2 剪辑思维中最重要的3点 ……… 16

1.4.3 高手常用的高效剪辑流程 ……… 17

1.4.4 如何剪辑两条或多条故事线 ……… 19

1.5 镜头组接很重要，把握好剪辑的时机 ……… 21

1.5.1 动作剪辑 ……… 21

1.5.2 声音剪辑 ……… 21

1.5.3 视点剪辑 ……… 22

1.5.4 时间剪辑 ……… 23

1.5.5 轴线原则 ……… 23

第2章 学会这几招，巧用剪映快速出片 ……… 25

2.1 巧妇难为无米之炊，添加素材是必要操作 ……… 26

2.1.1 实操：导入本地素材 ……… 26

2.1.2 实操：添加素材库中的素材 … 28

2.1.3 实操：同一轨道中添加新素材 … 29

2.2 后期操作的主要阵地，在时间线中编辑素材 ……… 30

2.2.1 缩放时间线 ……… 30

2.2.2 实操：调节视频片段时长 ……… 32

2.2.3 实操：调整素材的顺序 ……… 35

2.3 用对音乐，视频就成功了一半 … 37

2.3.1 3种快速找到合适音乐的方法 … 37

2.3.2 实操：如何进行音乐流畅拼接 ……… 41

2.3.3 实操：调节音频音量 ……… 43

2.3.4 实操：音频变声处理 ……… 43

2.3.5 实操：巧用音效增加趣味性 … 44

2.4 添加文字解说，让视频图文并茂 ……… 45

2.4.1 添加字幕的3种方式 ……… 45

2.4.2　如何为视频批量添加字幕 …… 48

2.4.3　3 种高级感字幕排版方式 …… 49

2.4.4　实操：制作数字人口播视频 … 50

2.5　好用的6种转场技巧，让视频更

流畅 …………………………………… 53

2.5.1　什么是转场 ………………… 53

2.5.2　什么时候用转场 …………… 53

2.5.3　如何添加转场效果 ………… 53

2.5.4　剪映常用的 6 种转场效果 … 54

第3章　掌握短视频精剪技术，新手秒变

高手 ………………………… 59

3.1　两个步骤，教你用剪映调出令人惊艳的

大片 …………………………… 60

3.1.1　调色的两个步骤 …………… 60

3.1.2　剪映的主要调节参数详解 …… 64

3.1.3　实操：使用曲线调整画面明暗

关系 …………………………… 65

3.1.4　实操：小清新人像调色 …… 66

3.2　画中画和蒙版，始终形影不离 72

3.2.1　画中画 ………………………… 73

3.2.2　蒙版 ………………………… 74

3.2.3　实操：制作多屏蒙版卡点

效果 …………………………… 79

3.2.4　实操：制作剪映数字人绿幕抠像

新闻播报视频 ……………… 84

3.2.5　实操：制作盗梦空间视频 … 88

3.3　神奇关键帧，静止画面也能动起来 … 91

3.3.1　认识动画功能 ……………… 91

3.3.2　关键帧具体操作 …………… 93

3.3.3　实操：镂空文字开场视频 … 95

3.3.4　实操：裸眼 3D 效果 ……… 98

3.3.5　实操：制作声音由远及近效果… 99

3.4　创意片头和片尾，掌握吸引观众眼球的

秘诀 ………………………… 100

3.4.1　实操：可爱圣诞宣传片文字镂空

片头 ………………………… 101

3.4.2　实操：滚动片尾字幕 …… 105

3.4.3　实操：画面轮播片尾 …… 108

第4章　学会流行剪辑技法，掌握爆款

短视频的秘诀 ………… 112

4.1　学会这个原理，制作丝滑的曲线变速

大片 ………………………… 113

4.1.1　常规更改素材的速度 …… 113

4.1.2　曲线变速 ………………… 114

4.1.3　变速卡点 ………………… 118

4.1.4　实操：氛围感慢动作 …… 118

4.1.5　实操：三角曲线制作反转效果… 119

4.2　转场平平无奇？这4种创意转场

更炫酷 ……………………… 121

4.2.1　无技巧转场 ……………… 122

4.2.2　有技巧转场 ……………… 124

4.2.3　实操：制作亮点模糊转场效果

视频 ………………………… 125

4.2.4　实操：制作叠化转场效果视频… 126

4.2.5　实操：蒙版转场效果视频 …… 126

4.3　卡点的4种高级用法，跟着音乐一起动

起来 ………………………… 129

4.3.1　视频与音乐契合的作用 …… 129

4.3.2　手动踩点 ………………… 130

4.3.3　自动踩点 ………………… 131

4.3.4　选择卡点音乐 …………… 133

4.3.5　实操：蒙版卡点，制作分屏卡点

效果 ………………………… 133

4.3.6　转场卡点 ………………… 136

4.3.7　实操：制作 Vlog 拼贴卡点开场

视频 ………………………… 138

4.3.8　实操：制作滤镜卡点效果视频… 140

第5章 视频画面太单调怎么办，手把手教你做特效 ··········· 143

5.1 震撼又炫酷的合成特效，好玩又好学 ··········· 144

5.1.1 实操：实景动画梦幻视频 ··········· 144

5.1.2 实操：时空交错效果视频 ··········· 146

5.1.3 实操：赛博朋克城市视频 ··········· 148

5.2 学会这几种字幕特效，让视频瞬间变高级 ··········· 150

5.2.1 实操：制作金色粒子文字消散效果 ··········· 150

5.2.2 实操：制作创意搜索框片头 ··· 153

5.2.3 实操：制作文字平躺在地面的效果 ··········· 155

5.3 学习影视同款特效，将短视频做出专业效果 ··········· 158

5.3.1 分身特效：制作人物分身特效 ··········· 158

5.3.2 实操：制作腾云驾雾特效 ··········· 159

5.3.3 实操：人物传送效果 ··········· 161

第6章 电影感短视频剪辑实操，轻松制作朋友圈大片 ··········· 163

6.1 回忆走马灯，制作毕业季复古DV视频 ··········· 164

6.1.1 制作毕业季复古DV开头 ····· 164

6.1.2 根据文案内容进行正片制作 ··· 168

6.1.3 复古DV调色 ··········· 171

6.1.4 制作转场动画效果 ··········· 172

6.1.5 朗读字幕 ··········· 174

6.2 来一场说走就走的旅行，制作高级旅拍Vlog ··········· 174

6.2.1 制作抠像转场手账式片头 ··· 174

6.2.2 根据背景音乐节拍点制作正片内容 ··········· 184

6.2.3 为视频调色 ··········· 185

6.2.4 定格结尾让Vlog更加完整 ··· 191

第7章 广告视频剪辑实操，用技术赢得广告主的青睐 ··········· 196

7.1 香香浓浓来一杯，制作奶茶广告视频 ··········· 197

7.1.1 搭建视频结构 ··········· 197

7.1.2 添加转场动画让画面切换更流畅 ··········· 198

7.1.3 添加音效让视频听感更丰富 ··· 199

7.1.4 字幕处理 ··········· 200

7.2 不容拒绝的时尚单品，制作潮流女包广告 ··········· 206

7.2.1 搭建视频结构 ··········· 206

7.2.2 添加转场特效动画效果让视频更丰富 ··········· 207

7.2.3 标题制作 ··········· 212

7.2.4 添加音乐 ··········· 215

第8章 综艺感短片剪辑实操，教你轻松抓住观众的眼球 ··········· 217

8.1 感受美食带来的诱惑，制作美食综艺宣传片 ··········· 218

8.1.1 制作美食宣传片开头 ··········· 218

8.1.2 搭建正片结构 ··········· 220

8.1.3 制作有趣的翻页结尾 ··········· 220

8.1.4 为视频调色 ··········· 226

8.1.5 添加音效提高视频层次 ··········· 227

8.2 幕后故事更精彩，制作综艺花絮短片 ··········· 227

8.2.1 视频粗剪 ··········· 227

8.2.2 文字添加 ··········· 230

8.2.3 添加特效和转场丰富画面 ··········· 236

8.2.4 添加音效 ··········· 239

01

第1章
新手入门，剪辑理论和剪辑软件两手抓

本章导读

伴随着新媒体行业的不断发展，短视频这一新颖形式应运而生。其短小且信息量大，为用户提供了见识新鲜事物的新途径。在这个全民自媒体时代，人人都可以成为信息的传播者，甚至获取收益。无论是个人自我营销还是企业品牌推广，都需要精心制作的短视频来吸引目标受众。本章将带领读者一起打破视频剪辑的"高门槛"，从剪辑理论开始，逐步上手剪辑工具，为日后的视频制作奠定良好的基础。

1.1　剪辑究竟是什么

1.1.1　剪辑的定义

剪辑是影视制作、视频创作过程中的一个关键环节，是对拍摄或收集来的素材进行选择、裁剪、拼接、排列等操作，从而形成一个连贯、流畅且富有表现力的视频作品的过程。

从技术层面来讲，剪辑就像是对视频素材进行"外科手术"。首先，剪辑师需要筛选素材，从大量的原始片段中挑选出符合主题和风格要求的部分。然后进行裁剪，这包括剪掉素材中不需要的部分，例如拍摄开始和结束时的准备和停顿画面，以及不符合逻辑顺序的部分。

在艺术层面，剪辑是一种叙事和表达情感的艺术手段。它通过控制视频的节奏来讲述故事。

从音频与视频的结合角度来看，剪辑不仅仅是对画面的处理，还包括对音频的同步和优化。剪辑师需要确保视频中的对话、音效和背景音乐与画面完美匹配。

1.1.2　为何需要剪辑

我们在拍摄时得到的素材往往是繁杂且无序的，其中包含了大量冗余的内容，比如拍摄准备阶段、拍摄失误的片段或者与主题无关的画面等。如果不进行剪辑，这些内容会让视频显得混乱、拖沓，无法有效地传达核心信息。而通过剪辑，能够剔除这些多余的部分，提炼出精华内容，使视频变得简洁明了。此外，剪辑还能赋予视频强大的吸引力。简单地按拍摄顺序拼接素材会让视频显得平淡无奇，而经过剪辑，则可以通过控制节奏来改变这一状况。例如，运用快速的镜头切换来展现精彩的活动场景，或者利用慢动作回放突出关键瞬间，从而牢牢抓住观众的注意力。

剪辑是讲故事的绝佳工具，它能够将一个个单独的镜头像拼图一样巧妙地组合起来，引导观众的情绪，让观众完全沉浸在故事之中。无论是展现一个产品的优势，还是讲述一部电影的情节，剪辑都能让故事更加富有感染力。

此外，剪辑在音频与视频的协调工作中扮演着至关重要的角色。拍摄过程中，音频可能会遇到各种问题，或者音频与视频在节奏、氛围等方面可能存在不协调之处。剪辑工作能够对音频进行精细调整，添加适当的背景音乐，确保音频与视频的和谐统一，从而营造出与主题更为契合的氛围，使观众更加深入地沉浸于视频所呈现的情境之中。

1.2　选一款合适的剪辑软件，你将事半功倍

选择一款得心应手的剪辑软件，无疑能够显著提高我们的剪辑效率，并提升作品的整体质量。例如，专业的影视制作团队更倾向于使用 Premiere Pro 和 Final Cut Pro。对于需要进行高级调色的项目，DaVinci Resolve（达芬奇）则成为首选。而为了适应短视频市场的快节奏，剪映等软件则因其简便操作和快速响应而更受欢迎。

1.2.1　为什么选择剪映

近年来，随着短视频行业的日益成熟，剪映应运而生。作为短视频领域龙头抖音 App 的母公司字节跳动所推出的视频编辑软件，在人人自媒体的时代，剪映无疑是一款十分便捷的剪辑工具。相较于主流专业剪辑软件如 Premiere Pro、Final Cut Pro 和 DaVinci Resolve（达芬奇调色软件），剪映不仅门槛更低，而且操作更为简便。例如，一个特效在 Premiere Pro 中可能需要在"时间轴"面板中手动叠加多个效果来制作，而在剪映中，用户只需简单地从"特效"选项中拖曳即可实现。这在很大程度上节省了剪辑时间，更加贴合当前自媒体平台的高效运作需求。

1.2.2　剪映App和剪映专业版的区别

剪映分为移动端"剪映 App"和电脑端"剪映专业版"。剪映 App 可以在手机上操作，实现随时随地剪辑，适合剪辑一些简单短小的视频。剪映专业版需要在电脑上操作，相较于剪映 App 也更加专业，有清晰的剪辑面板，功能也要更加全面，更适合偏复杂的视频剪辑。自 2023 年以来，剪映融合 AI 进行大幅度的更新，剪映专业版也变得更加专业和功能强大。

1.2.3　剪映App和剪映专业版如何联动

剪映 App 与剪映专业版并非独立存在，它们之间存在着紧密的联系。使用者可以通过"我的云空间"，进行移动版和电脑版的无缝切换，让剪辑更加丝滑，如图 1-1 所示。

图 1-1

1.2.4　剪映App界面详细解析

剪映 App 的工作界面设计简洁直观，主要分为"剪辑""剪同款""草稿""消息"和"我的"5 大板块。在未登录状态下，底部导航栏将显示"消息"选项；一旦登录剪映账号，底部导航栏则会切换显示为"草稿"。通过点击底部导航栏中的功能按钮，用户可以轻松切换至相应的功能界面。

1. 主界面

在手机桌面上点击剪映图标，打开剪映 App，进入剪映主界面，也是剪映的"剪辑"界面。在主界面中可以看到界面底部导航栏分布的一排功能按钮，如图 1-2 所示。在图 1-2 主界面用单指向下滑动，可以看到主界面功能，点击"更多工具"按钮 🟦，即可看到剪映 App 中各种 AI 功能，如图 1-3 所示。

2. 模板界面

点击"剪同款"按钮 🟦，即可进入"模板"界面，在"模板"界面中用户可以选择视频案例剪辑同款视频，如图 1-4 所示。剪映 App 2025 版本中新加入了"灵感"板块，读者可以一边刷视频一边在其中获取拍摄灵感，如图 1-5 所示。里面包含了各种各样的模板，用户可以根据菜单分类选择模板进行套用，也可以通过搜索框搜索自己想要的模板。

剪映提供了当前抖音流行趋势，用户可以根据时下抖音热点直接使用现成模板制作同类型视频。在模板界面点击上方搜索文本框，进入搜索界面。在搜索界面下方包含了热搜榜单，分为"实时热搜""爆款热搜"和"创作热搜"3 个榜单，可以在其中找到时下抖音最热门的视频剪辑模板，如图 1-6 所示。

图 1-2   图 1-3

提示：由于剪映2025版本有极大的界面改动，且不同手机品牌和型号会导致主界面存在差异，主界面也会有不同的部分。但是主要功能基本没变化，建议读者根据各自设备的具体情况，进行界面的适应性学习。

 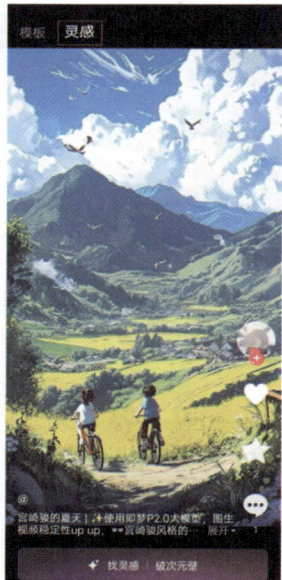 

图 1-4   图 1-5   图 1-6

3. "草稿"界面

登录剪映账号后，即可看到底部导航栏中出现了"草稿"按钮，点击"草稿"按钮，切换至"草稿"界面，如图 1-7 所示。在该界面我们可以查看本地草稿和上传至云空间的剪辑草稿，在其中我们可以选择草稿继续进行剪辑。

4."我的"界面

点击"我的"按钮 ，进入"我的"界面，如图 1-8 所示。在该界面用户可以通过"创建小组"创建云共享小组（一种在线协作方式），进行文件共享，形成小组高效完成剪辑项目。还可以点击"喜欢＆收藏"查看喜欢或收藏的图片、视频和模板。其中还可以在该界面找到"灵感中心"和"创作课堂"，帮助用户快速找到创作灵感，在制作视频时也更加便捷。

点击个人 ID 下方"我的主页"按钮，即可进入个人主页，如图 1-9 所示，用户可以在个人主页中编辑个人资料，管理点赞的视频，点击"抖音主页"可以跳转至抖音界面。

图 1-7

图 1-8

图 1-9

5."消息"界面

登录剪映账号后进入"我的"界面，再点击上方"消息"按钮，即可切换至"消息"界面，如图 1-10 所示。在该界面中，可以查看接收官方通知、官方消息、粉丝评论和点赞提示等。

图 1-10

6. 视频编辑界面和素材添加界面

点击底部导航栏中的"剪辑"按钮，回到主界面，也是"剪辑"界面。点击"开始创作"按钮，如图1-11所示，即可进入素材添加界面，如图1-12所示，在该界面用户可以选择相应的素材，然后点击"添加"按钮，即可进入视频编辑界面，如图1-13所示。视频编辑界面由3部分组成，分别为预览区、时间线和工具栏。

图 1-11　　　　　　　图 1-12　　　　　　　图 1-13

> 提示：（1）预览区可以实时查看视频画面，时间指示器处于视频轨道的哪一帧，预览区就会显示哪一帧的画面。左下角左侧颜色偏亮的时间表示当前时间指示器位于的时间刻度，如图1-13中的00:00；左下角右侧颜色偏暗的时间表示视频总时长，如图1-13中的01:13；点击预览区下方▶图标，即可从当前时间指示器所处的位置播放视频；点击↺图标，即可撤回上一步操作；点击↻图标，即可恢复撤回的操作；点击⤢图标，即可全屏预览视频；在未选中任何素材的状态下，会出现默认图标，这表示已开启主轨联动，文字、贴纸、特效等素材将随主轨道片段移动或删除；当取消主轨联动时，则会出现图标；选中素材片段时则会出现添加关键帧图标◇。
>
> （2）在剪映中进行剪辑时，绝大部分的操作都是在时间线区域中完成的，该区域包含3大元素，分别为"时间刻度线""轨道""时间指示器"，如图1-14所示。
>
> （3）视频编辑界面的最下方为工具栏，剪映的所有功能几乎都需要在工具栏中找到相关的选项进行操作。当选中某一轨道后，下方工具栏会随之发生变化，变成与所选轨道相匹配的工具栏，如图1-15所示。

时间刻度线

时间指示器

轨道

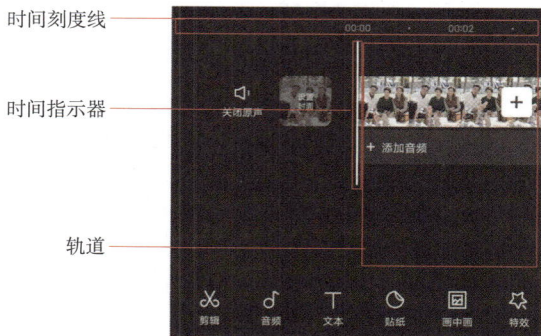

图 1-14　　　　　　　　　　　　　图 1-15

1.2.5　剪映专业版界面详细解析

安装剪映专业版软件后，用户可通过双击桌面快捷图标启动程序。该软件延续了移动端 App 的简洁界面设计，各项功能均配有详尽的操作说明，便于用户快速上手进行视频剪辑与项目管理工作。

1. 首页界面

启动剪映专业版软件后，系统将自动进入剪映首页界面，如图 1-16 所示。在首页界面中，用户可进行多种操作：既可创建全新的剪辑项目，也可对已有的剪辑项目执行重命名、删除等基础管理操作。

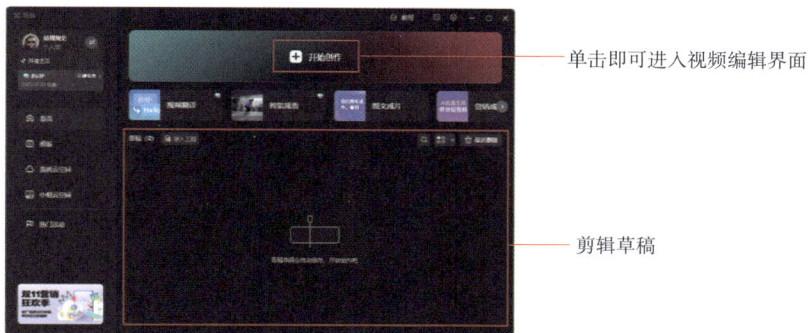

图 1-16

2. 视频编辑界面

单击"开始创作"按钮，进入视频编辑界面，如图 1-17 所示，用户可以在该界面进行剪辑工作。

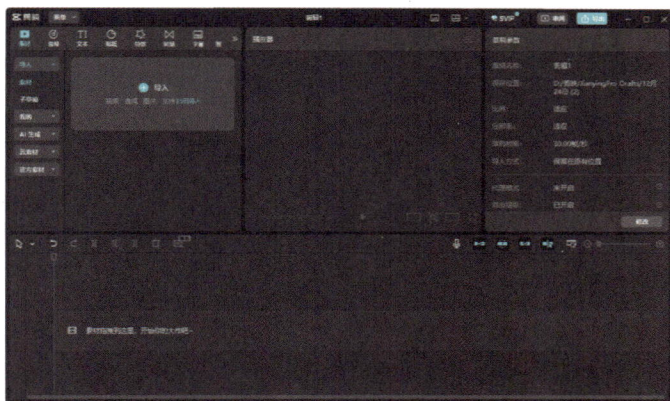

图 1-17

在视频编辑界面左侧单击"导入"按钮，系统将弹出"请选择媒体资源"对话框。通过该对话框选择所需的素材文件后，单击"打开"按钮，如图 1-18 所示，即可将选定素材成功导入素材库，如图 1-19 所示。

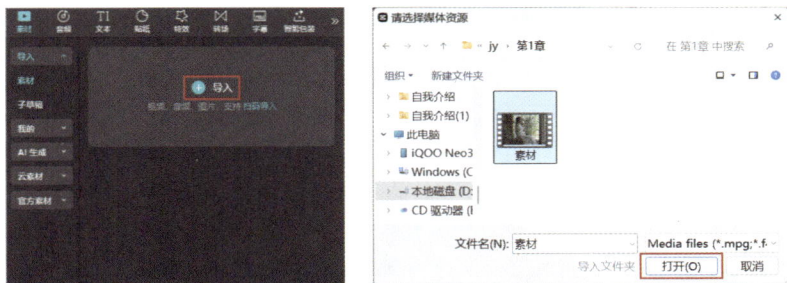

图 1-18

图 1-19

用鼠标左键长按本地素材库中导入的素材，将其拖入时间线区域，即可对素材进行编辑，如图 1-20 所示。视频编辑界面主要包含 6 大区域：常用功能区、素材区、播放器、素材调整区、工具栏和时间线。剪映专业版的整体操作逻辑与剪映 App 一致，但由于计算机的屏幕尺寸大于手机，操作界面有一定区别。因此，只要掌握各个功能、选项的位置，两个版本的操作逻辑是相互贯通的。

图 1-20

> 常用功能区：包含媒体、音频、文本、贴纸、特效、转场、滤镜、调节、素材共 9 个选项。其中剪映 App 不包括"媒体"选项。在剪映专业版，单击"媒体"按钮 ▶ 后，用户可以选中从"本地"或者"素材库"导入素材至素材区。

> 素材区：视频编辑的核心区域，其功能不仅限于本地导入素材的展现，更整合了剪映专业版工具栏中的各类创作元素，包括"贴纸""特效""转场"等丰富的编辑工具，所有素材及效果都将在此区域直观呈现，为用户提供便捷的创作体验。

> 播放器：在后期剪辑过程中，可随时在播放器中查看效果。单击播放器右下角 ▣ 按钮，可进行全屏预览；单击右下角 ▣ 按钮，可调整画面比例；单击右下角 ▣ 按钮，可以调整素材在播放器中的大小，便于精细化操作；单击右下角 ▣ 按钮，可以调整素材在播放器中的画质，当剪辑项目过大时可以在剪辑时将播放器中素材画面质量调低，不易卡顿；左下角绿色时间指示器表示为当前时间指示器位于的时间刻度，如图 1-20 所示时间 00:00:00:00；左下角不动的白色时间为视频总时长，如图 1-20 所示时间 00:00:22:00。

> 素材调整区：在时间线中选中某一轨道中的某个素材后，素材调整区将显示针对该轨道的效果设置选项。这一区域为用户提供了便捷的调整界面，可实时预览和修改所选素材的各项效果参数。通过简洁直观的布局设计，用户可以快速找到所需的调整控件，提高工作效率。

> 工具栏：工具栏为用户提供了快速处理视频轨道的多种功能，包括分割、删除、定格、倒放和镜

像等操作。同时，用户可以使用“撤销（Ctrl+Z）”按钮取消上一步操作，确保编辑过程中的灵活性和准确性。

➢ 时间线：时间线包含“轨道”“时间指示器”“时间刻度”3 大元素。其元素与剪映 App 相同，但是布局不同，剪映专业版时间线轨道布局要更清晰，更便于操作。

1.3　工欲善其事必先利其器，剪映常用剪辑工具详解

1.3.1　分割工具

分割工具是剪辑素材的重要工具。在剪映软件中，用户可通过“分割工具”功能实现对视频素材的精准裁剪和编辑。该工具允许用户在任意时间点对视频进行分割，从而完成片段的提取、删除或重新组合等操作。通过分割工具的应用，剪辑者能够更加灵活地处理视频素材，实现预期的编辑效果。

1. 剪映 App

打开剪映 App，进入视频编辑界面。用双指将轨道向两侧拉动，可以放大轨道，在操作时时间刻度可以精确到帧。选中素材后，将时间指示器移动至 00:06 的位置，可以看到下方工具栏中的“分割”按钮，如图 1-21 所示，点击该按钮可分割素材。

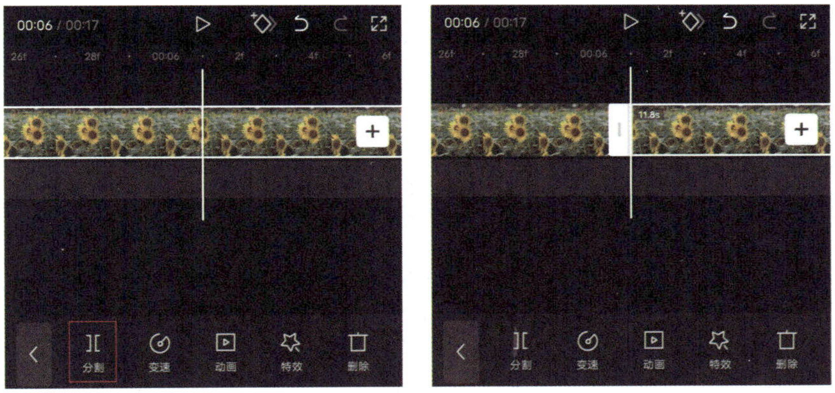

图 1-21

2. 剪映专业版

打开剪映专业版，进入视频编辑界面。在时间线面板上方的工具栏中，可以看到“分割（Ctrl+B）”按钮。将播放器左下方的时间指示器移动至需要分割的位置 00:00:06:00，单击“分割（Ctrl+B）”按钮，即可将一个完整的素材片段分割为两个片段，如图 1-22 所示。

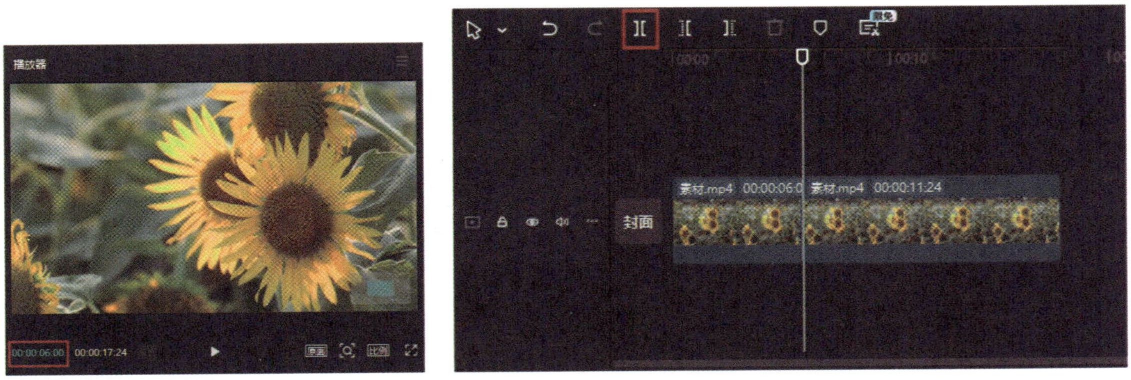

图 1-22

剪映专业版的分割工具除了提供将素材一分为二的"分割"功能，还配备了可直接分割并删除素材的"向左裁剪（Q）"和"向右裁剪（W）"工具。使用时，将时间指示器移动至需要裁剪的位置，单击"向右裁剪（W）"按钮 ，如图1-23所示，即可快速完成多余片段的分割与删除操作。

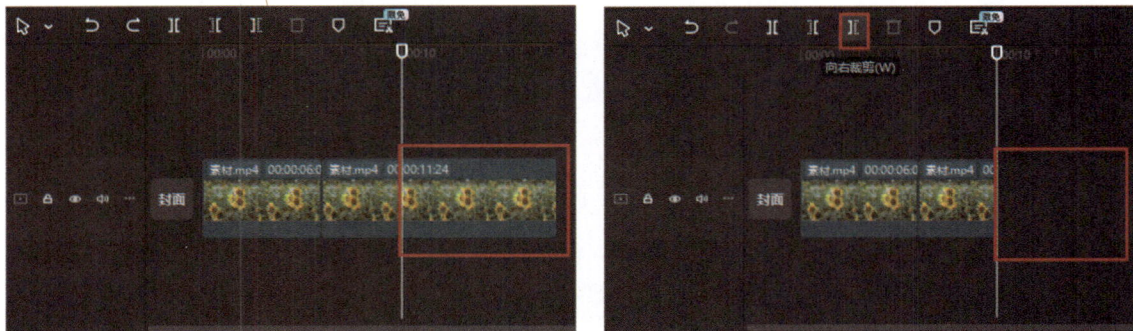

图 1-23

再将时间指示器移动至需要将前面的片段分割删除的位置，单击"向左裁剪（Q）"按钮 ，即可将前面的素材片段分割且删除，如图1-24所示。

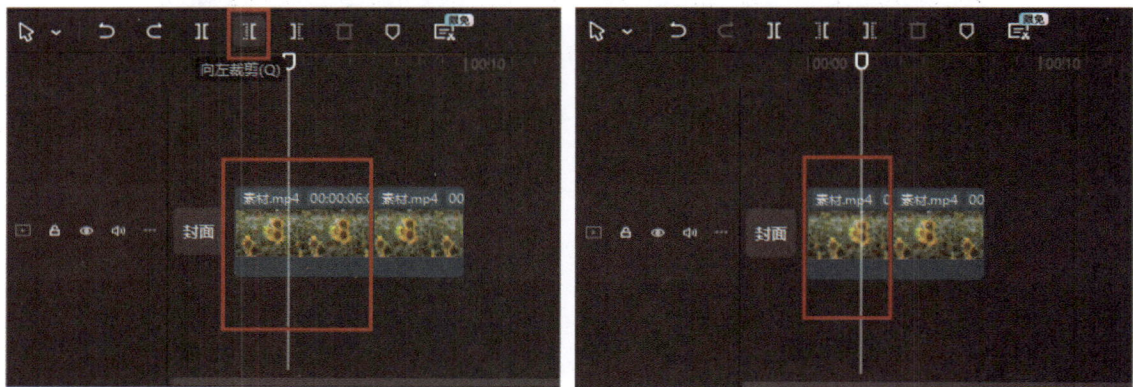

图 1-24

> 提示：由于剪映专业版会自动选择"主轨磁吸"，在使用"向左裁剪（Q）"后，保留的素材会自动向前移动。

1.3.2 删除工具

在对素材进行裁剪时，会有多余的素材和片段，需要对其进行删除处理。此时，可以使用专门的删除工具来完成这一操作。

1. 剪映 App

打开剪映App，返回上一小节的视频编辑界面。使用"分割工具"对素材进行裁剪时，可将一个素材片段分割成两个独立片段。对于不需要的后续片段，可通过选中该片段并点击"删除"按钮 进行删除操作，如图1-25所示。

2. 剪映专业版

打开剪映专业版，进入视频编辑界面，选中多余的片段，单击"删除"按钮 ，即可将该片段删除，如图1-26所示。

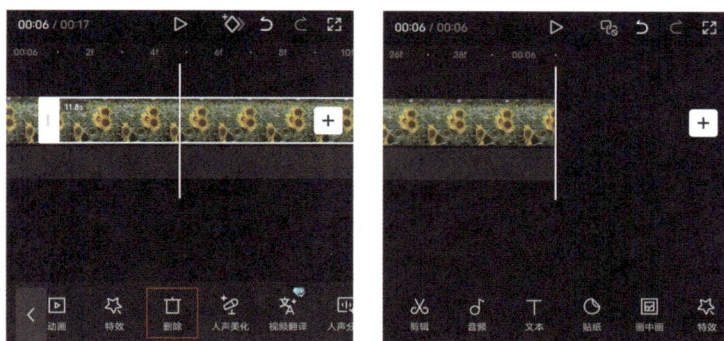

图 1-25

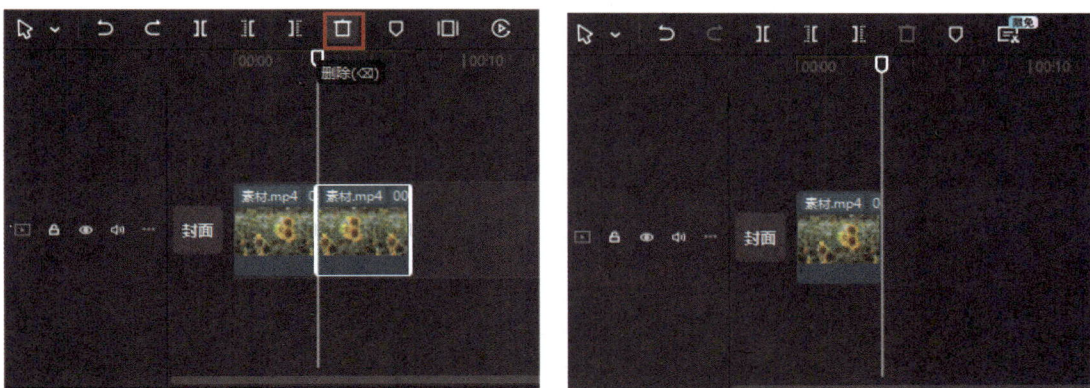

图 1-26

1.3.3　替换工具

在进行视频剪辑时，如果对某个部分的画面效果不满意，直接删除该画面会对整体剪辑项目产生影响，那么可以使用替换工具将时间轴或时间线中的素材进行替换。这一操作不仅避免了直接删除可能导致的剪辑衔接问题，还能保持剪辑项目的整体连贯性，同时提升画面质量，从而更好地满足剪辑需求。

1. 剪映 App

打开剪映 App，进入视频编辑界面，选中需要替换的素材，点击下方工具栏中的"替换"按钮，进入素材选取界面，如图 1-27 所示。

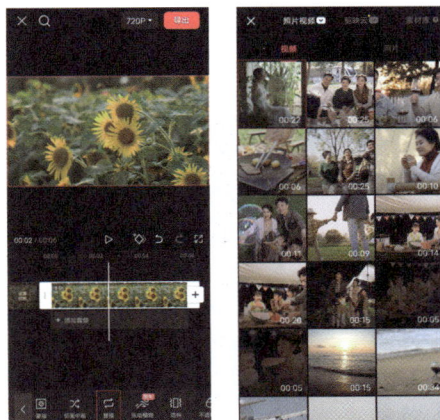

图 1-27

　　点击需要使用的素材，进入预览界面，拖动界面下方的白框选择视频显示区域，如图 1-28 所示，点击图中"确认"按钮，即可替换素材，如图 1-29 所示。

图 1-28　　　　　　　　　　　图 1-29

2. 剪映专业版

　　打开剪映专业版，进入视频编辑界面。选中需要替换的素材片段，单击鼠标右键执行"替换片段"命令，如图 1-30 所示。执行"替换片段"命令后将弹出"请选择媒体资源"对话框，用户可在此选择替换素材，并单击"打开"按钮完成替换操作，如图 1-31 所示。

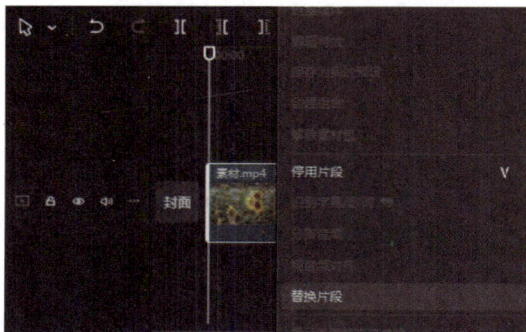 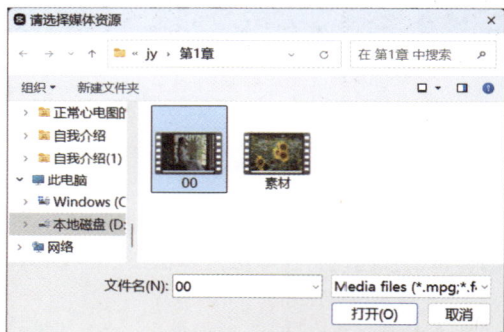

图 1-30　　　　　　　　　　　　　　　　图 1-31

　　单击"打开"按钮后，进入替换素材预览区，拖动下方白框选择视频显示区域，选择完成后，单击"替换片段"按钮，如图 1-32 所示，即可替换素材，如图 1-33 所示。

 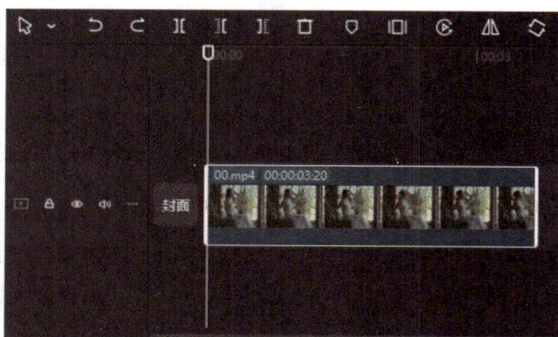

图 1-32　　　　　　　　　　　　　　图 1-33

1.3.4 复制工具

在剪辑过程中，若需反复使用同一素材，可利用复制工具进行素材的复制与粘贴操作。这一操作方法不仅能节省反复导入素材所需的时间，还可有效提升素材处理的整体效率，使剪辑工作更加流畅。

1. 剪映 App

打开剪映 App，进入视频编辑界面，选中需要复制的素材，点击下方工具栏中的"复制"按钮🗔，复制后的素材将直接粘贴在原素材后方，如图 1-34 所示。

图 1-34

2. 剪映专业版

打开剪映专业版，进入视频编辑界面，选中需要复制的素材，单击鼠标右键执行"复制（Ctrl+C）"命令，如图 1-35 所示。

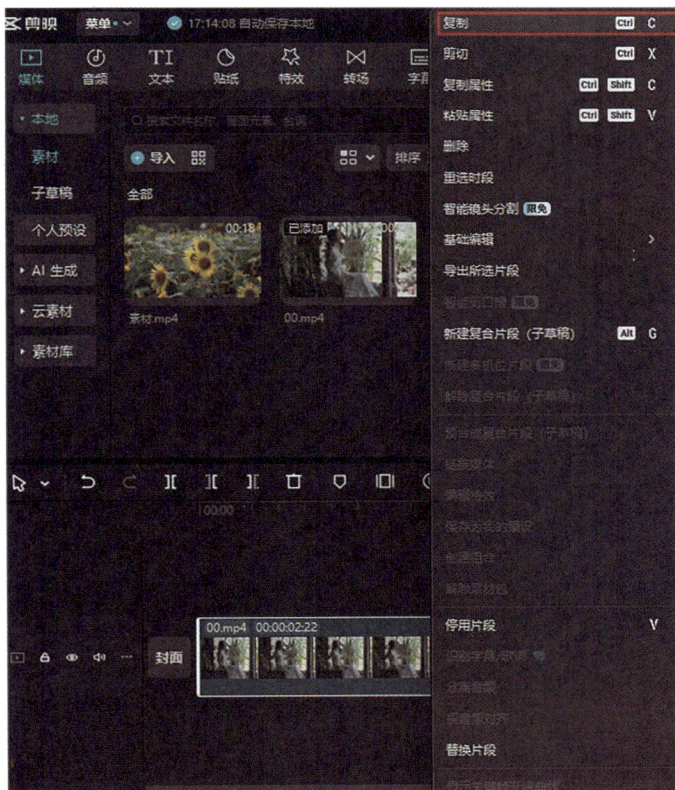

图 1-35

与剪映 App 不同的是，在需要复制粘贴的位置，需单击鼠标右键执行"粘贴（Ctrl+V）"命令，如图 1-36 所示。

图 1-36

提示：在使用剪映专业版进行复制粘贴操作时，系统默认为素材将被自动粘贴在上方视频轨道。用户可通过长按已粘贴的素材，将其拖动至主视频轨道中进行调整。

1.3.5　倒放工具

"倒放"功能是指使视频从结尾向开头方向播放的技术手段。该功能特别适用于记录具有时间线性特征的自然现象，如花朵绽放、日落等过程。通过倒放处理后，能够创造出时间逆向流动的视觉体验，使观众获得独特的观看感受。其中，花开的倒放效果可呈现花瓣逐渐收拢、花苞紧闭的奇妙场景；而日落的倒放则能展现太阳从地平线缓缓升起的壮丽景观。

1. 剪映 App

打开剪映 App，进入视频编辑界面，选中素材后，在下方工具栏中点击"倒放"按钮，即可完成倒放操作，如图 1-37 所示。

图 1-37

2. 剪映专业版

打开剪映专业版，进入视频编辑界面，选中需要倒放的素材，单击"倒放"按钮，即可实现视频的倒放操作，如图 1-38 所示。

1.3.6　定格工具

定格工具的主要功能是将视频中的特定画面提取为静态图片，这种技术不仅能够突出视频中的关键瞬间，还能提升视觉效果。此外，在视频编辑中，若将多个定格画面按照音乐节拍精确设置，可以显著

增强视频的节奏感和艺术表现力，使观众的观看体验更加丰富和生动。这种技术的应用能够使视频制作
更加专业和有吸引力。

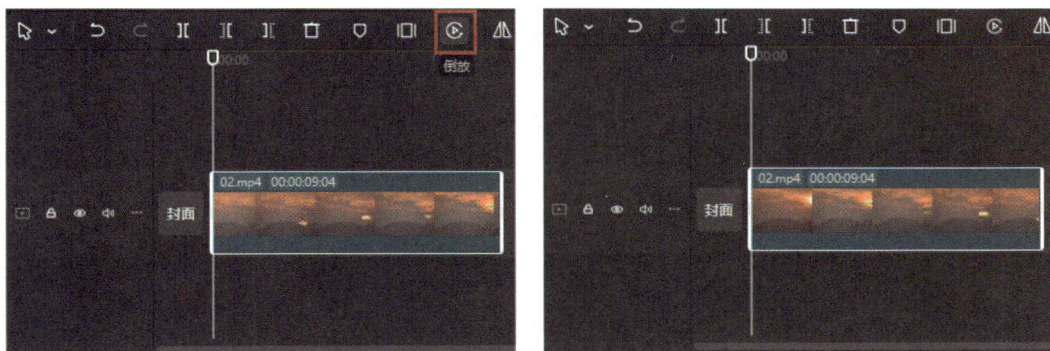

图 1-38

1. 剪映 App

打开剪映 App，进入视频编辑界面，将轨道放大至最大，将时间指示器移动至需要定格的帧画面
位置（如图 1-39 中第 1 s 第 10 帧处），点击下方工具栏中"定格"按钮▣，即可将该画面定格为图片，
如图 1-39 所示。

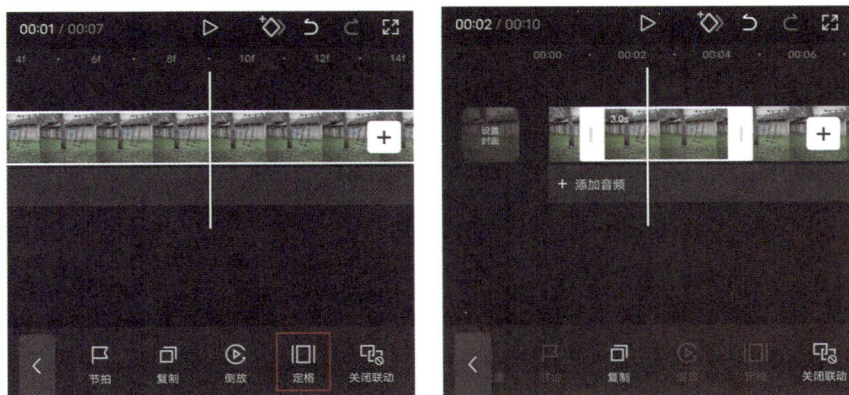

图 1-39

2. 剪映专业版

打开剪映专业版，进入视频编辑界面。将时间指示器移动至需要定格的画面，然后单击"定格"按
钮▣，即可将该画面生成一张静态图片，如图 1-40 所示。

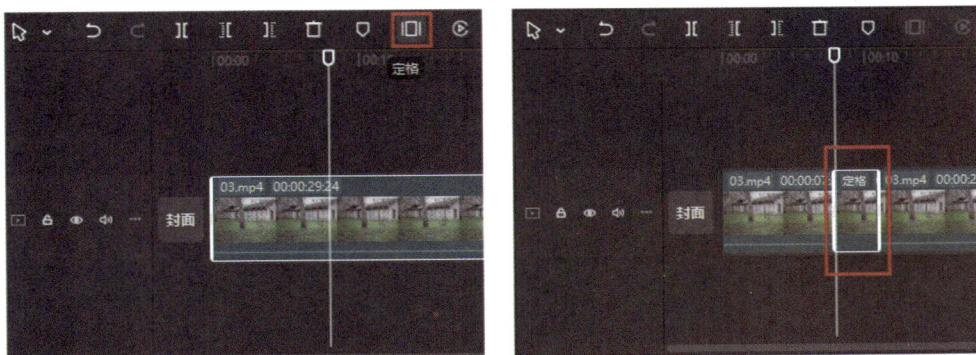

图 1-40

1.4 打开软件后毫无头绪，只因缺乏剪辑思维

在进行视频剪辑时，我们可能会经常遇到一种情况，打开剪辑软件后，感到无从下手。尽管我们已经掌握了各种剪辑技巧，却往往不清楚如何将它们应用到实际中，这恰恰凸显了剪辑思维的重要性。无论使用何种剪辑软件或技巧，它们本质上只是我们实现创意目标的工具。关键在于如何运用这些工具，以及如何有效地将剪辑技巧应用于恰当之处，这正是剪辑思维所要解决的问题。

1.4.1 什么是剪辑思维

剪辑思维是一种在视频剪辑过程中所运用的综合性思考方式，它涉及对视频内容、叙事节奏、情感表达以及观众体验等多个维度的把握，以增强视频的吸引力和表现力。

1. 叙事角度

剪辑思维主要关注如何通过镜头组合讲述故事。它如桥梁般连接各个镜头，形成连贯情节。例如，在剧情片中，剪辑师依据剧本编排镜头顺序；在悬疑片中，剪辑师可能先展示细节镜头以引发观众好奇心，再逐步揭示真相。这要求剪辑师深入理解故事结构，如同拼图游戏般，按照主题顺序拼接镜头。

2. 节奏把握

剪辑思维通过控制视频节奏来体现，需要考虑镜头时长和切换速度的调整，以营造特定情绪。例如，动作片采用快速切换镜头、缩短镜头时长的方式以增强紧张感；文艺纪录片则通过慢速切换、延长镜头时长来传达宁静情感。专业剪辑师如同乐队指挥家，需要根据视频风格和情感需求精准把握节奏。

3. 情感表达

剪辑思维涉及通过选择和排列镜头来激发观众的情感反应。它不仅仅是简单的画面拼接，更是一种有效的情感传递手段。例如，在爱情视频的制作中，剪辑师会运用特写镜头捕捉恋人的眼神交流，并配以温馨的背景音乐，通过合理安排镜头的顺序，引导观众深入体验爱情的美好，从而产生强烈的情感共鸣。这种剪辑技巧不仅增强了视频的观赏性，也提升了故事的表达力，使观众能够在视觉和情感上获得更深层次的触动和体验。

4. 观众体验

剪辑思维要求剪辑师从观众视角出发，充分考虑其理解与感受。剪辑师需精准预测观众反应，避免认知困惑或情绪脱节现象的出现。以介绍复杂科技产品为例，应运用清晰镜头语言和合理节奏，遵循"由表及里"的原则：先展示产品外观，再深入解读功能特征，确保观众能够循序渐进地理解产品核心价值。这种以观众为中心，统筹叙事结构、节奏把控和情感表达的剪辑思维，是制作优质视频内容的关键要素。

1.4.2 剪辑思维中最重要的3点

剪辑思维中最重要的3个点为剪辑思维框架、脚本写作能力、悬念思维。

1. 剪辑思维框架

在进行视频剪辑时，我们需要具备对整个故事主题的全局把控能力。首先，必须明确剪辑的核心内容，准确把握剪辑的目的和意图，以及希望通过剪辑达到的预期效果。其次，要注重素材的合理运用，根据故事发展逻辑和情感节奏，精选手中的视频素材。在剪辑过程中，既要考虑镜头的连贯性，又要注重转场的自然流畅。同时，还需要注意音画同步、色彩搭配等细节处理，使各个元素能够有机融合，共同服务于整体叙事。最后，要站在观众的角度审视作品，确保剪辑后的视频能够准确传达创作者想要表达的思想内涵和情感价值，从而实现预期的艺术效果和传播目的。

2. 脚本写作能力

只有明确掌握剪辑工作的方法和步骤，才能更高效地完成任务。通过持续撰写脚本的研究实践，创作者将逐步掌握写作技巧和方法，提升创作实力。随着写作经验的积累，创作者在思考问题和解决问题时愈发灵活，思维境界随之拓宽。通过不懈实践和经验积累，创作者能深入理解剪辑和写作的本质规律，

在创作过程中游刃有余。

3. 悬念思维

影片的整体呈现令人意犹未尽。故事情节的连贯性处理得当，音乐与镜头的配合相得益彰，画面构图协调有序，拍摄角度的运用恰到好处。导演通过精心的调度与设计，营造出一个引人入胜的电影世界，使得观众在观看过程中始终保持着高度的注意力与情感投入

1.4.3　高手常用的高效剪辑流程

为了在获得海量素材后避免出现混乱的局面，建立一套完整的剪辑流程至关重要。下面将详细介绍从素材准备到视频输出成片的完整高效剪辑流程。

1. 准备和组织素材

在开始剪辑之前，需要收集和整理所有必要的视频素材，包括视频片段、音频轨道、图形以及其他相关媒体。建立项目文件夹，并在每个层级的文件夹中存入对应的物料和工程文件，如图 1-41 所示。

图 1-41

2. 熟悉素材

观看所有素材，深入了解拍摄内容与质量，对每条素材形成基本判断。在观看过程中，重点关注画面清晰度、色彩还原度以及声音质量等关键指标，确保素材符合制作要求。同时，注意观察每个镜头的构图、光线和焦点，为后续的筛选和编辑提供坚实依据。通过系统化地观看和评估，确保最终成品能够准确传达创作意图，达到预期效果。

3. 素材分类和筛选

按照脚本要求对拍摄素材进行分类整理，系统性地甄选需要保留或删除的镜头片段。这一过程可依托剪辑软件中专业的素材管理区实现，科学合理的素材分类不仅有助于提升剪辑效率，更能为后续的素材管理和项目归档提供便利。

4. 粗剪

粗剪是将选定的素材放入时间线并进行初步拼接，以呈现故事的基本轮廓。在此阶段，重点不在于细节处理，而在于确保故事逻辑的连贯性和完整性，如图 1-42 所示。

5. 精简

在粗剪的基础上，进行更精确的编辑处理。主要包括剪辑点的优化调整、节奏段的合理控制、转场效果的自然衔接，以及必要的动画特效处理。需要强调的是，精剪是一个需要反复打磨的创作过程，如图 1-43 所示。

图 1-42

图 1-43

提示：在镜头的组接中，两个镜头画面相连接的点就是剪辑点。

6. 音频编辑

音频是视频作品中的重要组成部分。在后期制作过程中，需要对音频进行多项技术处理，主要包括：调整主音量大小至适宜水平，添加必要的音效元素以增强表现力，配置合适的背景音乐营造氛围，同时确保音频与画面完全同步，如图 1-44 所示。

图 1-44

7. 色彩校正和分级

色彩校正步骤的实施，能够有效改善视频的观感效果，使画面色彩呈现更加协调统一且具备视觉吸引力，如图 1-45 所示。

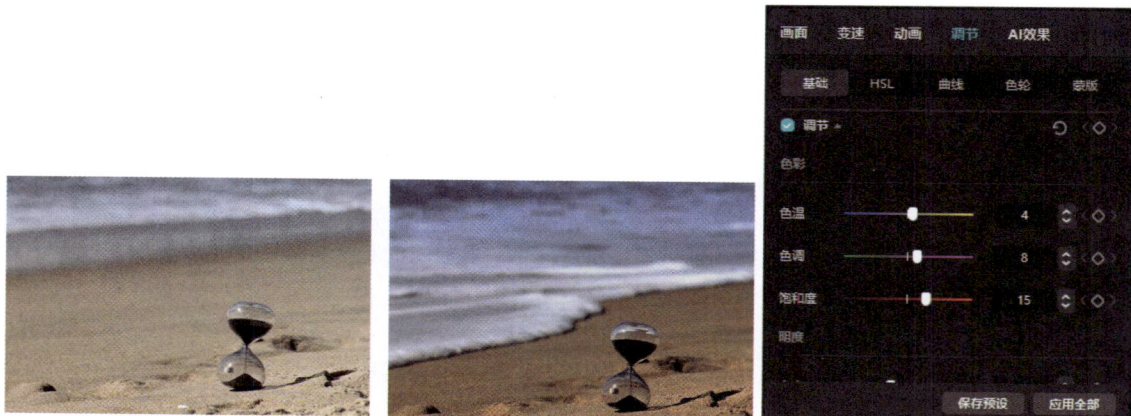

图 1-45

8. 添加标题和图形

根据需要添加相应的标题、字幕及图形元素，如图 1-46 所示。

9. 审查

在完成所有剪辑工作后，应当仔细审查整个视频，确保没有错误或遗漏，并确认所有元素均符合既定要求。审查过程中，应重点关注视频的流畅性、画面质量以及音频同步情况，以确保最终输出的视频品质达到预期标准。此外，对于视频中的转场效果、字幕添加及特效运用等关键环节，也需进行逐一排查，确保其准确无误，从而全面提升视频的专业性和观赏性。

图 1-46

10. 导出和分发

最后，将视频导出为适合发布的格式，并根据需要分发至各个平台或媒体，如图 1-47 所示。

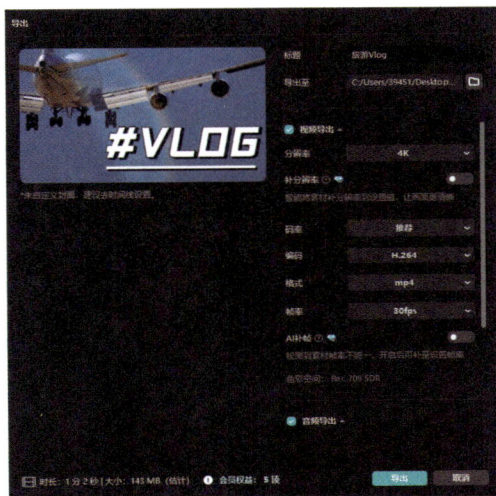

图 1-47

> 提示：4K（3840×2160像素）为最高分辨率，分辨率与视频清晰度呈正相关。然而，当前主流短视频平台的视频导入分辨率普遍采用1080p（1920×1080像素），即使输入高分辨率视频也会被平台进行画质压缩。因此，视频输出设置中，将分辨率定为1080p即可满足使用需求。在视频输出格式选择方面，MP4作为基于MPEG-4标准的数字多媒体容器格式，因其兼容性强、压缩率高等特点而被广泛采用；MOV格式则是由Apple公司开发的一种多媒体容器格式，在macOS系统中有较好的支持性。以上两种格式均可作为视频输出的选择，具体选用哪一种可根据实际使用场景与设备兼容性进行权衡。

1.4.4　如何剪辑两条或多条故事线

在剪辑多线程叙事影片时，应避免局限于单一的叙事剪辑手法，根据时间、动作，从头剪到尾的剪辑方式往往显得过于冗长。我们可以运用多种剪辑技巧来有效管理多线程叙事影片，不仅能够增加影片的可看性，还能使输出的影片内容更加丰富，避免呈现"流水账"式的效果。剪辑多线程影片的方法多样，以下将详细介绍几种常用且广受认可的技巧。

1. 分屏技术

同时呈现多个故事线，使观众能够在同一时间观赏到不同情节的发展。以 Vlog 剪辑为例，可将行进途中的场景与旅游目的地的风景这两个不同画面进行拼接，并在视频开篇明确点明本片为旅游主题

Vlog，如图 1-48 所示。

图 1-48

2. 交错剪辑

在同一时间内，两条或者多条不同的故事线或场景，通过交替的方式呈现，一般为"A-B-A-B"模式，在不同的叙事线之间快速切换。例如，两个人通话的片段就可以用交错剪辑手法进行呈现，如图 1-49 所示。这种剪辑方式能够有效地增强叙事的紧张感和层次感，使观众能够同时关注到不同场景中的情节发展，从而提升整体的观影体验。

图 1-49

3. 时间跳跃

时间跳跃剪辑方法，亦称跳切，是一种常见的影视剪辑手法。该方法突破了传统镜头切换中时空与动作连续性的桎梏，采用大幅度的跳跃式镜头组接，从而突出关键内容，省略时空过渡。例如，在剪辑人物出门前更衣准备的场景时，可运用跳切技法：无需完整呈现所有动作过程，只需捕捉各个关键动作节点进行画面切换，如图 1-50 所示。

图 1-50

4. 角色交织

可以让不同时空、不同故事线的角色在某情节中相遇或相互影响，以此增强故事的交织性。这种剪辑方法常见于混剪、二次创作剪辑中，例如，将同一位演员在不同剧情中的角色剪辑在一起，创造新故事。同时也可将不同角色、不同场景剪辑在一起，演绎新故事，如图 1-51 所示：选取一位女大学生的角色与一位职场女性的角色，通过剪辑她们可以产生交集，形成联系。

图 1-51

1.5　镜头组接很重要，把握好剪辑的时机

一部影片不会仅使用固定镜头从始至终，其镜头通常是运动的，同时存在景别大小的差异。如何将这些镜头进行组接，便成为我们需要重点关注的问题。

1.5.1　动作剪辑

动作剪辑是通过对连续动作的分解和重新组合，达到流畅叙事和增强视觉效果的目的。例如，在一个拳击视频中，人物的一招一式是连贯的动作，动作剪辑就是将这些完整的动作拆分成不同的部分，通过不同的镜头，以动作为剪辑点，按照一定的逻辑和节奏将这些片段重新连接起来。如图 1-52 所示，将出拳作为剪辑点，从近景切换为全景，以交代人物在进行拳击训练和训练场地的整体环境。

图 1-52

动作剪辑点：

➢ 同一主体连贯动作：使用 7:3 连接法。把一个动作分为十等份，衔接的两个镜头各表现这个动作的 70% 和 30%（或者 30% 和 70%）。

➢ 静与静：固定镜头与固定镜头的衔接，例如拍摄两人对话场景时，可使用固定镜头分别拍摄两人讲话的表情特写，并通过交替切换的方式呈现。

➢ 动与动：两个运动镜头相互组接。此组接方式强调画面的连续性，通常用于表现时间或空间的一致性。在实际剪辑中，应注意运动方向与速度的协调，以确保视觉效果的流畅性。

➢ 同一主体不同时空同一动作：通过将同一主体在不同时空呈现的相同镜头和相同动作剪辑在一起，可以有效营造出时空流逝的效果。

➢ 不同主体不同时空同一动作：通过将不同主体在同一镜头下的类似动作进行剪辑，实现了时空的跨越，使不同时空下的主体得以有机联结。这种剪辑手法不仅打破了时空的限制，还增强了视觉效果的连贯性和叙事逻辑的统一性。

1.5.2　声音剪辑

正所谓视听一体，优质背景音效能为视频增色添彩，因此在视频剪辑过程中，声音处理尤显重要。

声音剪辑工作主要包含对话、音乐、音效等各类声音素材的甄选、编辑、组合与调整，以确保声音与视频画面相得益彰。

首先，素材筛选，需要从大量音频文件中选择与视频主题和风格相符的声音。例如，在制作恐怖主题视频时，应选用阴森的风声、沉重的脚步声以及惊悚的背景音乐等素材。随后是剪辑环节，与视频剪辑相似，需去除音频素材中的冗余部分。以一段音乐为例，若前奏过长，可适当缩减，使音乐更快进入主题段落。

其次，应着重把握不同声音素材的组合技巧。例如，在制作城市风光展示视频时，可巧妙地将街头艺人的悠扬歌声、行人熙攘的谈笑声以及机动车引擎的低鸣声有机融合，从而营造出更具感染力的都市氛围。这种声音组合方式不仅能够真实再现城市声音环境，更能让观众通过声音感受到都市特有的生机与韵律。

此外，声音剪辑还包括声音效果的添加和调整，如回声、混响等技术处理，以增强声音的层次感与空间感。

1.5.3 视点剪辑

视点（Point of View，POV）剪辑是围绕"视点"这一核心元素展开的。视点，亦称视角，指的是叙事者从何种角度来展示故事。它既可以是剧中人物的视角，也可以是模拟观众自身的视角。视点剪辑通过精妙的镜头切换与组合，引导观众从特定角度理解故事情节，感受场景氛围。

1. 主观视点剪辑

主观视点剪辑（Subjective POV Editing）即完全依据剧中人物的视线方向及其所见内容来剪辑镜头。例如，在一段恋爱场景中，镜头首先展示男主角注视着女主角的神态，随后切换至男主角视角中的女主角形象。这种剪辑手法能够深化观众对人物间情感联系的理解（如图 1-53 所示）。

图 1-53

2. 客观视点与主观视点交替剪辑

通过客观内容切换至主体（人物和动物皆可）。例如，在剪辑夏日 Vlog 视频开头时，我们可以先放一段夏日树木的空镜头，然后切换至女生在夏日逛公园、看风景的镜头，如图 1-54 所示。这种视角的交替切换，不仅让观众对全局有了全面的了解，还能够深入体验个体的感受。

图 1-54

3. 客观视点剪辑

客观视点是指摄像机采用拍摄现场大多数人所共有的视点进行拍摄的镜头，将内容客观地呈现给观众。客观视点剪辑则是将这些镜头进行组接，尤其适用于宣传片的剪辑过程，如图 1-55 所示。

图 1-55

1.5.4　时间剪辑

时间剪辑是通过改变视频素材的时间特性来控制节奏、叙事顺序以及观众的情绪体验。它涉及对视频片段的时间长度、播放顺序以及播放速度的调整。

1. 时间压缩

时间压缩是一种通过缩短较长时间的素材来突出重点的编辑方法。例如，在拍摄一场长达数小时的会议时，剪辑过程中可以将冗长的讨论过程和中间休息等次要部分快速跳过，仅保留核心决策片段，这样就能在短时间内完整呈现会议的关键成果。

2. 时间延伸

时间延伸则是通过慢动作等技术手段来延长某个瞬间的时间感。例如，在体育赛事中，将运动员冲刺的瞬间以慢动作播放，能够放大细节，使观众更清楚地观察到运动员的表情变化和肌肉运动等精彩细节。

1.5.5　轴线原则

轴线是指在拍摄场景中，被摄主体（如人物、物体）之间的连线，或是主体运动轨迹所形成的虚拟线。此线用于划分场景的空间关系，常表现为人物间的交流线，例如两人面对面交谈时，连接他们视线的直线即为轴线，如图 1-56 所示。

图 1-56

在实际拍摄和剪辑过程中，轴线原则强调应在轴线的一侧进行拍摄和剪辑。若违反此原则，则会出现"越轴"现象。例如，在双方对话场景中，若起初从人物 A 的左侧拍摄人物 B，则后续镜头也应保持从人物 A 的左侧拍摄人物 B，以确保观众能准确理解人物间的空间位置关系。倘若突然从人物 A 的右侧拍摄人物 B，观众将产生人物位置反转的错觉，导致空间关系混乱，原本位于人物 A 左侧的人物 B 似乎在右侧，这种变化会使观众感到困惑。

俯视图

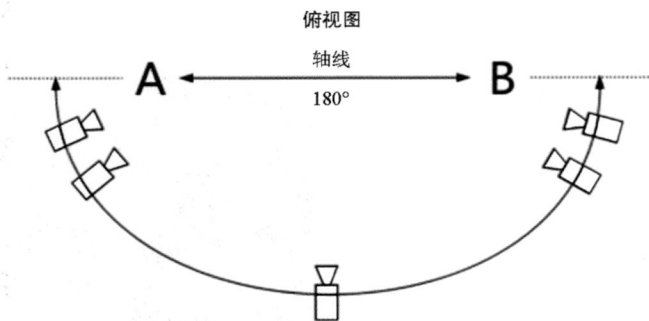

02

第2章
学会这几招，
巧用剪映快速出片

本章导读

　　由于计算机视频剪辑已成为主流趋势，且剪映App与剪映专业版功能高度一致，本书将以剪映专业版为主要平台，剪映App为辅助工具，系统展开剪辑教学。课程从最基本的素材导入入手，循序渐进地引导读者掌握剪映的各项剪辑功能。本章重点讲解素材导入、时间轴操作、音频基础处理、文本添加、转场应用5大核心剪辑技能，帮助读者快速入门，为后续进阶学习打下扎实基础。

2.1 巧妇难为无米之炊，添加素材是必要操作

添加素材是视频编辑中最基础且关键的操作，对于初学者而言，这是掌握视频剪辑技术的第一步。在第一章中，我们已详细介绍了素材添加界面的相关内容，接下来将重点讲解在剪映 App 及其专业版中进行素材添加的具体操作方法。

2.1.1 实操：导入本地素材

本地素材是指存储在本地设备（如硬盘、移动硬盘、U 盘等）上的视频、音频、图像等文件，这些素材是剪辑师能够直接获取并用于视频制作的资源。首先需完成导入本地素材的步骤，效果如图 2-1 所示，接下来将详细介绍具体操作方法。

图 2-1

1. 剪映 App

01 打开剪映 App，首先映入眼帘的是默认剪辑界面，即剪映 App 的剪辑主界面（如图 2-2 所示）。在主界面点击"开始创作"按钮 ，进入素材添加界面，如图 2-3 所示。

02 点击"照片和视频"选项，依照图 2-3 所示顺序，选择本实例对应的"素材 1.mp4"和"素材 2.mp4"，然后点击右下方的"添加"按钮，即可进入视频编辑界面（如图 2-4 所示）。

图 2-2

图 2-3

图 2-4

2. 剪映专业版

01　打开剪映专业版首页，首先映入眼帘的是默认剪辑界面，即剪映专业版的剪辑主界面。在主界面单击"开始创作"按钮➕，进入视频编辑界面，如图 2-5 所示。

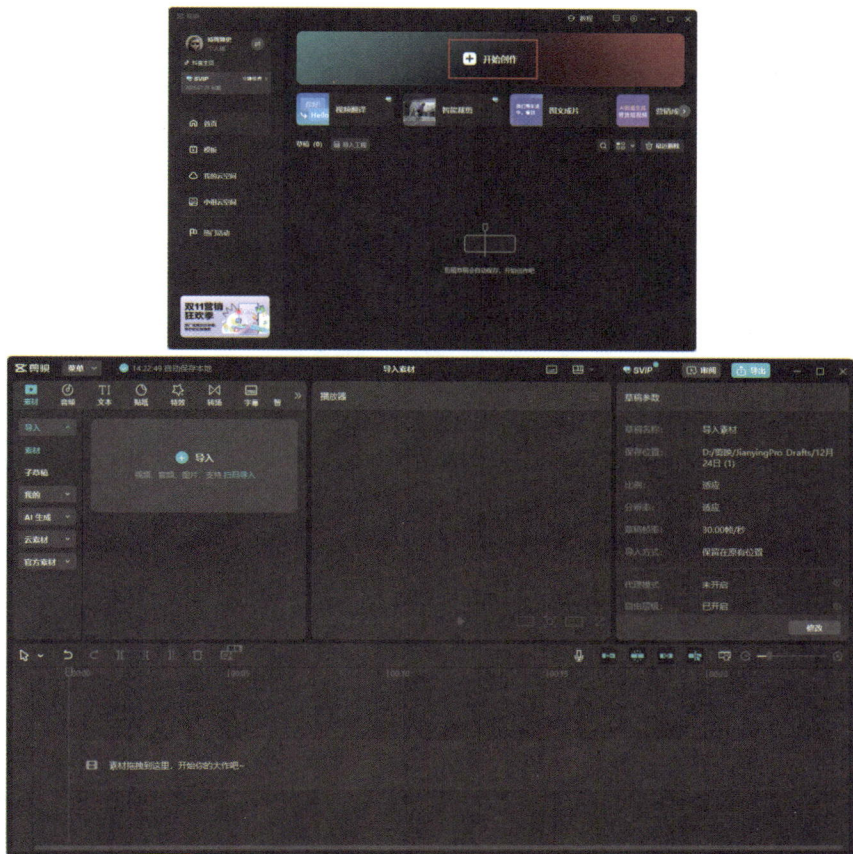

图 2-5

02　在素材区中单击"导入"按钮，打开"请选择媒体资源"对话框，选择本案例视频素材"素材 .mp4"，然后单击"打开"按钮，如图 2-6 所示，即可将相应的素材导入本地素材区中。随后，将素材区中的"素材 .mp4"拖动至时间线中，如图 2-7 所示，即完成剪映专业版中的素材添加。

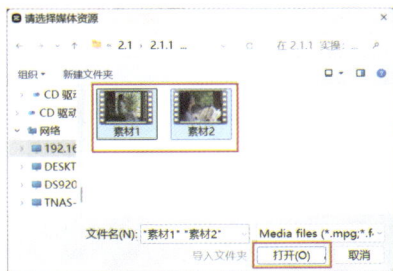

图 2-6

图 2-7

2.1.2 实操：添加素材库中的素材

　　素材库是剪辑软件集中存储各类素材的场所，为剪辑工作提供了丰富的资源。剪映的突出特点在于其素材库中储备了海量素材，极大地方便了剪辑师的创作。本节案例将在上一小节的基础上，介绍如何为项目添加剪映素材库中的素材，素材如图2-8所示。接下来将详细说明操作步骤与方法。

图 2-8

1. 剪映 App

01　打开剪映App，在主界面点击"开始创作"按钮 ➕，进入素材添加界面，在素材添加界面中点击"素材库"按钮，我们可以直接在分区中搜索并添加素材，也可以在搜索文本框中输入想要的素材类型，如"夏天"，在搜索结果选择一个合适的素材，如图2-9所示。

02　选择素材后，点击右下角的"添加"按钮，即可将素材添加至时间线中，如图2-10所示。

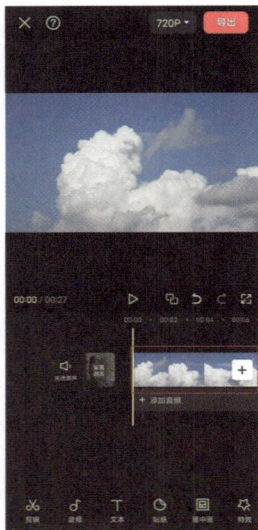

图 2-9　　　　　　　　　　　　　　　　图 2-10

2. 剪映专业版

01　打开剪映专业版首页，在主界面单击"开始创作"按钮 ➕，进入视频编辑界面。

02　在常用功能区中单击"素材"|"官方素材"选项，即可展开素材库列表，如图2-11所示。

03　在素材库中选中需要的素材，并拖动至时间线中即可，如图2-12所示。

图 2-11　　　　　　　　　　　　　　　　图 2-12

2.1.3 实操：同一轨道中添加新素材

除在项目创建初期可添加素材外，剪辑过程中同样支持素材添加。本节案例基于前文内容，介绍轨道素材添加方法，效果如图 2-13 所示，下面将介绍具体操作方法。

图 2-13

1. 剪映 App

01 回到上一小节视频编辑界面，可以看到时间线右侧有一个添加按钮 ⊞，该按钮用于在轨道中添加新素材。将时间指示器移动至时间线最右侧，也就是"素材 2.mp4"的结尾处，点击添加新素材按钮，如图 2-14 所示，即可进入素材添加界面。

02 进入素材添加界面后点击"素材库"按钮，选择一个合适的片尾素材，如图 2-15 所示，点击下方"添加"按钮，即可将该片尾素材添加至"素材 2.mp4"后方，如图 2-16 所示。

图 2-14   图 2-15   图 2-16

2. 剪映专业版

剪映专业版将素材添加界面与时间线合并在同一界面内，从而避免了在不同界面间来回切换的烦琐操作。用户可以直接在素材区域单击"导入"按钮，或在"官方素材"中添加结尾素材，如图 2-17 所示。

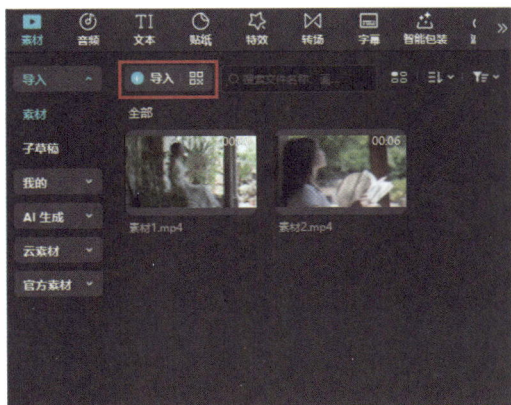

图 2-17

──────── **拓展案例：使用剪映的"剪同款"功能** ────────

对于想要跟随热点玩短视频的新手来说，"剪同款"无疑是一个便捷的功能。用户可选预设模板，将视频素材与热门效果结合，快速创作视频。下面将分别简单介绍如何在剪映 App 和剪映专业版中使用剪映"剪同款"功能要点，效果如图 2-18 所示。

难度：★

相关文件：第 2 章 \2.1\2.1 拓展案例

效果视频：第 2 章 \2.1\ "剪同款"效果视频 .mp4

本例知识点

❏ 打开剪映 App，点击下方导航栏中"剪同款"按钮，即可跳转至模板界面。

❏ 打开剪映专业版，进入首页界面，在左侧边栏中找到并点击"模板"选项，即可跳转至模板界面。用户可以根据自己的需求选择模板，并剪辑一个同款视频。

图 2-18

2.2 后期操作的主要阵地，在时间线中编辑素材

在视频剪辑时，我们最主要的剪辑操作就在时间线中进行。因此，熟练掌握对时间线的基础处理，就算迈出了剪辑的第一步。

2.2.1 缩放时间线

首先，我们需要明确所有剪辑软件的时间线都支持放大和缩小操作。放大时间线时，有助于我们细致观察轨道中素材的每一帧，便于进行精细化剪辑；缩小时间线时，则便于我们宏观观察时间线轨道中的素材分布。接下来，将分别介绍剪映 App 和剪映专业版中如何进行时间线缩放。

1. 剪映 App

01 打开剪映 App 首页，在主界面点击"开始创作"按钮 ➕，添加"素材 .mp4"后，进入视频编辑界面，如图 2-19 所示，此时，我们发现时间线的时间刻度线是以每 2s 为一个区间显现。

02 在时间线轨道中，用双指向左右两边拖动，即可放大时间线，如图 2-20 所示，此时我们可以发现时间线最终的时间刻度线单位变小，出现了"26f""28f"等带有"f"的数字符号。

03 在时间线轨道中，用双指向中间拖动，即可缩小时间线，如图 2-21 所示，此时我们可以发现时间线中"素材 .mp4"可以完整地显现在时间线轨道中，且时间刻度线中的数值变为了 00:00 和 00:10。

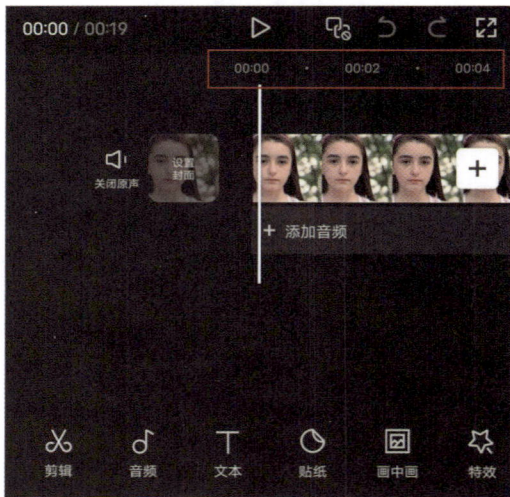

图 2-19

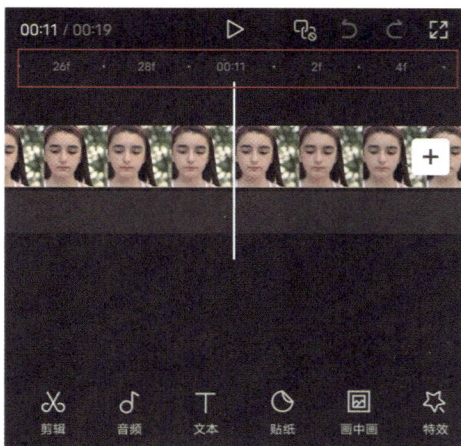
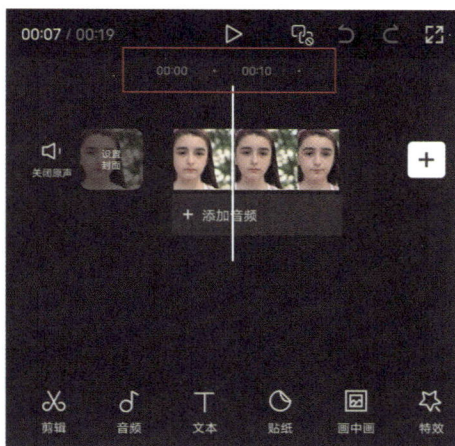

图 2-20　　　　　　　　　　　　　图 2-21

提示：（1）"f" 代表帧。在视频和动画领域，帧通常被认为是最小单位。从物理呈现角度来说，一帧是视频或动画中一个独立的静态图像画面，它就像是组成动态影像的"细胞"。视频是由一系列连续的帧按照一定的顺序和速度播放而形成的视觉错觉，让我们看到的好像是连续运动的场景。从数字信息存储角度来看，帧还可以进一步细分。一帧图像是由像素组成的，像素是构成数字图像的最小单位。像素存储了图像在某个位置的颜色和亮度等信息。但在讨论视频剪辑和播放的层面，我们通常将帧作为基本单元，因为剪辑操作主要是针对完整的画面帧进行，如删除帧、复制帧、调整帧的顺序、设置关键帧来控制视频元素的运动和变化等操作，而不是直接对像素进行这些常规剪辑操作。

（2）在剪映App中，放大时间线并将时间指示器移动至两个标记点之间的数字位置，即代表该时间点。如图2-22所示，将时间指示器移动至00:10的"2f"区域内的中间位置，即代表此处为00:10第2帧。通过学习剪映专业版时间线，可以发现当时间精确到帧时，通常表示为00:00:10:02，如图2-23所示。

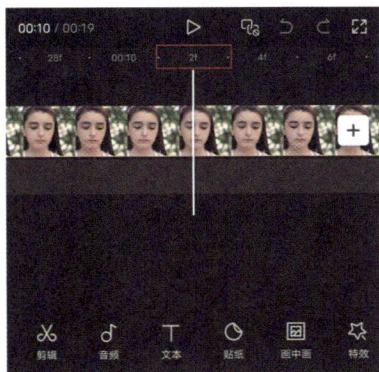

图 2-22　　　　　　　　　　　　　图 2-23

2. 剪映专业版

01　打开剪映专业版首页，在主界面单击"开始创作"按钮 ✚，进入视频编辑界面，我们可以添加一个素材至时间线中。

02　在工具栏右侧，我们可以看到两个类似放大镜的标识，中间有一个拉杆，这就是缩放时间线的按钮，如图2-24所示。

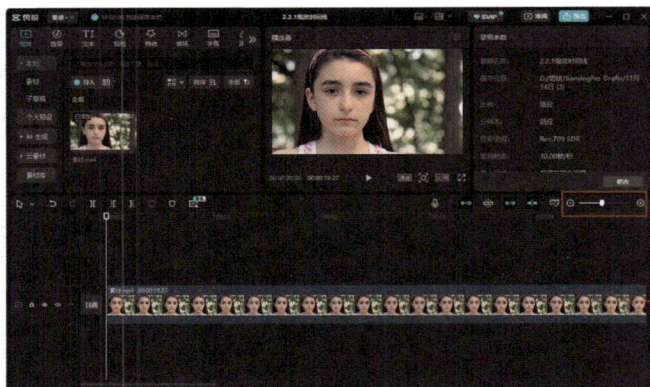

初始时间线大小

图 2-24

03 向右拖动拉杆，则可放大时间线，反之则缩小，如图 2-25 所示。

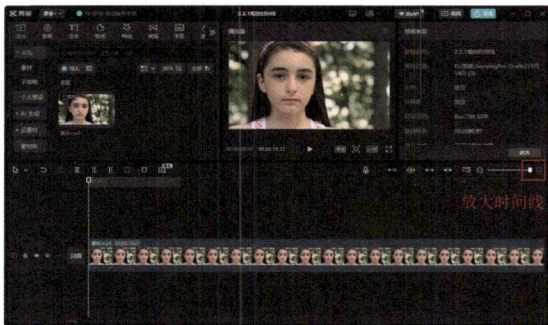

放大时间线

缩小时间线

图 2-25

提示：放大时间线后，可在时间刻度线中看到最小单位为帧（f）。与剪映App相比，剪映专业版更为
细致，进行精确调整时也更加准确。播放器中显示的时间为4位数，依次表示小时、分钟、秒
和帧。依据播放器中的时间进行剪辑，操作更加便捷。

2.2.2 实操：调节视频片段时长

调整视频片段时长有两种情况。第一种为通过"分割工具"和"删除工具"或在轨道中移动素材左
侧或右侧的白色边框，将视频素材进行裁切，例如将一个时长 10 min 的视频通过裁切变成时长 5 min 的
视频；第二种为通过变速改变素材片段时长，例如将一个素材片
段调整速度为 2×（2 倍速），该素材片段时长则会变短，下面将
通过实操案例进行具体操作讲解。

1. 剪映 App

01 打开剪映 App，在主界面点击"开始创作"按钮 ⊞ ，添
加"素材 .mp4"后进入视频编辑界面。

02 选中时间线轨道中的素材视频"素材 .mp4"，将时间指
示器移动至 00:09 的位置，点击下方工具栏中的"分割"
按钮 ⧚ ，如图 2-26 所示，即可在此处将"素材 .mp4"
一分为二。

03 选中"素材 .mp4"分割后的第 2 个片段，点击下方"删
除"按钮 ⧠ ，即可改变视频片段时长，如图 2-27 所示。

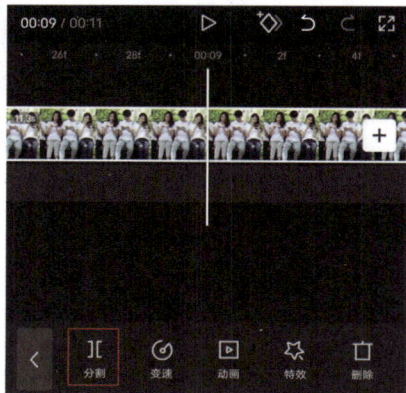

图 2-26

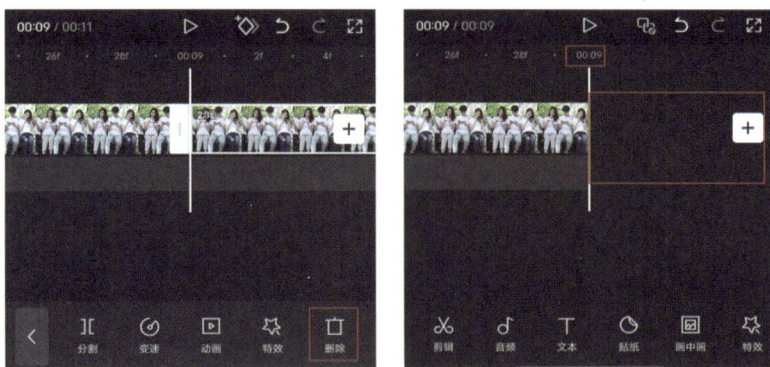

图 2-27

04　选中时间线保留的视频片段，可以看到两侧有明显的白色边框▯，长按并拖动右侧白色边框，
　　移动至 00:08 处即可，如图 2-28 所示。

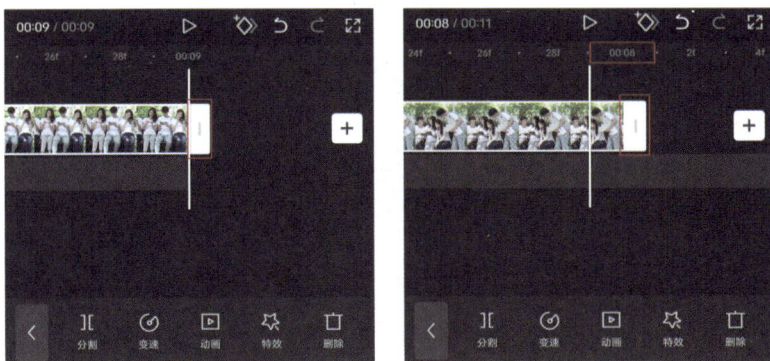

图 2-28

05　继续选中时间线保留的视频片段，点击下方"变速"按钮◎，然后点击"常规变速"按钮⬈，
　　将速度调整为 1.5×，即可改变该视频片段时长，如图 2-29 所示。

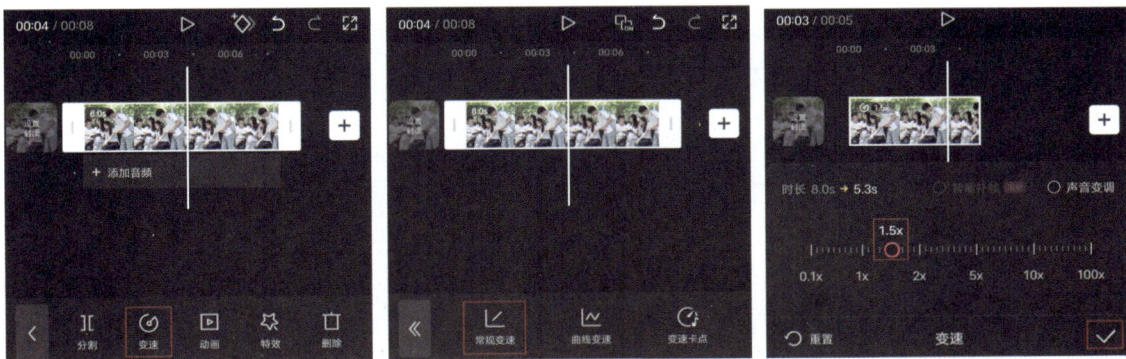

图 2-29

2. 剪映专业版

01　打开剪映专业版首页，在主界面单击"开始创作"按钮➕，进入视频编辑界面，添加"素材 .mp4"
　　至时间线中。

02　将时间指示器移动至 00:00:07:00 的位置，单击"向右裁剪"按钮▮▮，即可对"素材 .mp4"进
　　行一键裁剪，如图 2-30 所示，直接完成"分割""删除"两个步骤。

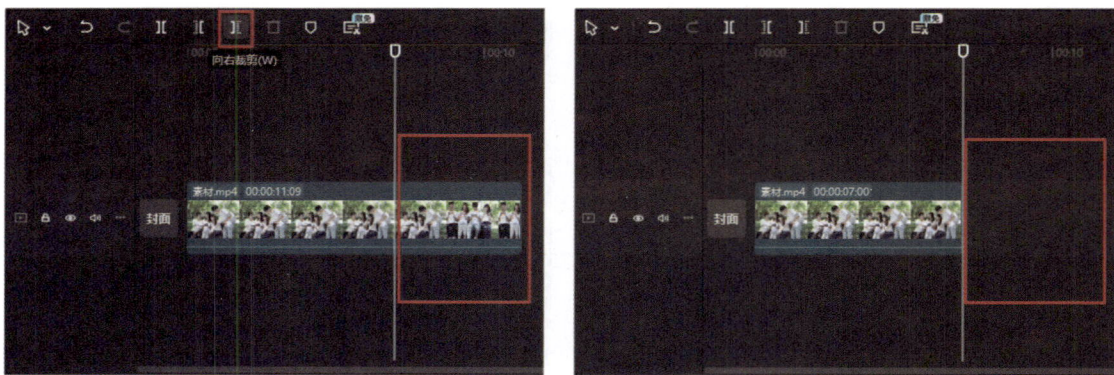

图 2-30

03　在时间线中，我们还可以将时间指示器移动至 00:00:05:00 的位置单击"分割"按钮 ，再将时间指示器移动至 00:00:06:00 的位置并单击"分割"按钮 ，选中中间分割的素材，单击"删除"按钮 ，即可通过删除"素材.mp4"中间部分进行时长调整，如图 2-31 所示。

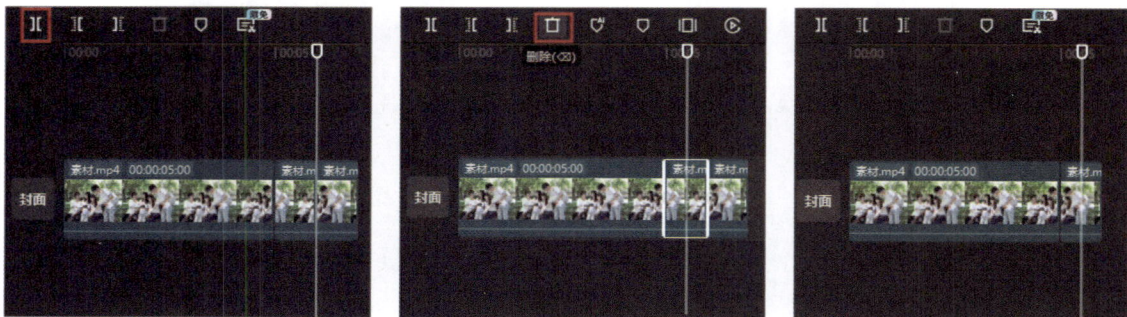

图 2-31

04　我们还可以将时间指示器移动至 00:00:01:00 的位置，单击"向左裁剪（Q）"按钮 ，通过删除素材前面部分内容调整素材时长，如图 2-32 所示。

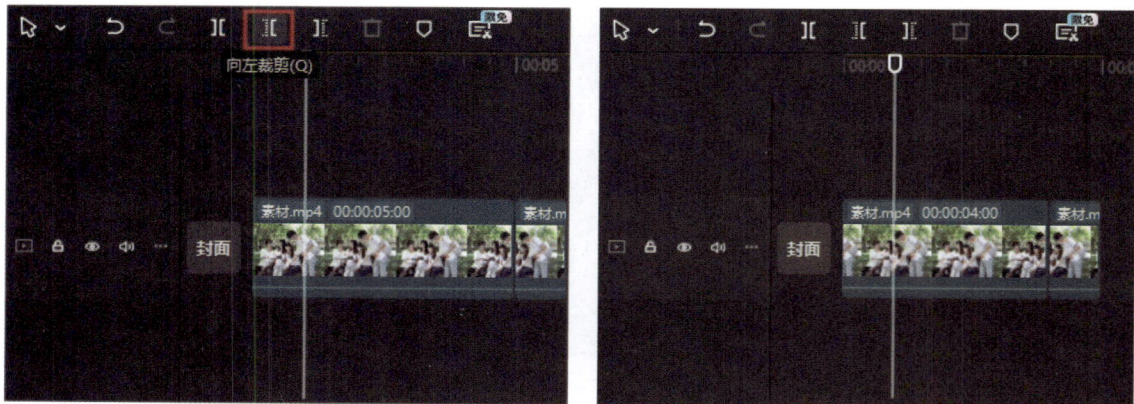

图 2-32

05　调整素材时长除了使用"分割"和"删除"功能，还可以直接在轨道中移动素材左侧或右侧的白色边框调整素材时长，如图 2-33 所示。

06　选中裁剪后第一段"素材.mp4"，在素材调整区中单击"变速"选项，将速度倍数从 1.0× 调整为 0.5×，"素材.mp4"时长即可变长，如图 2-34 所示。

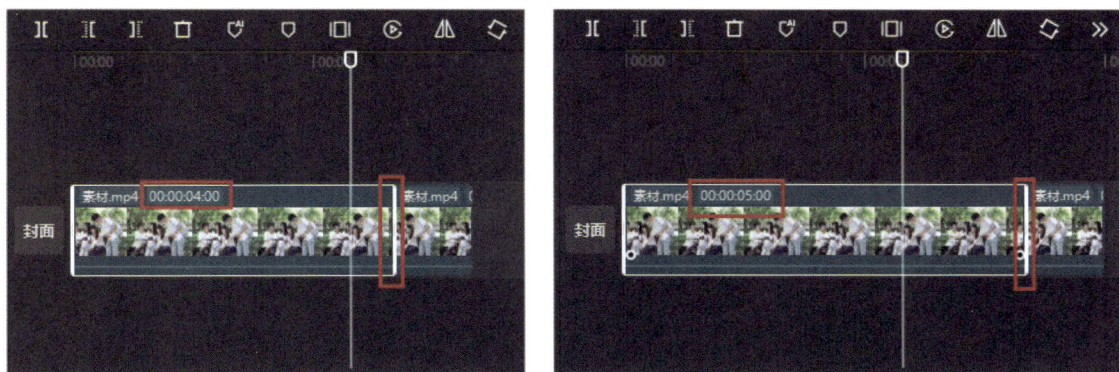

图 2-33

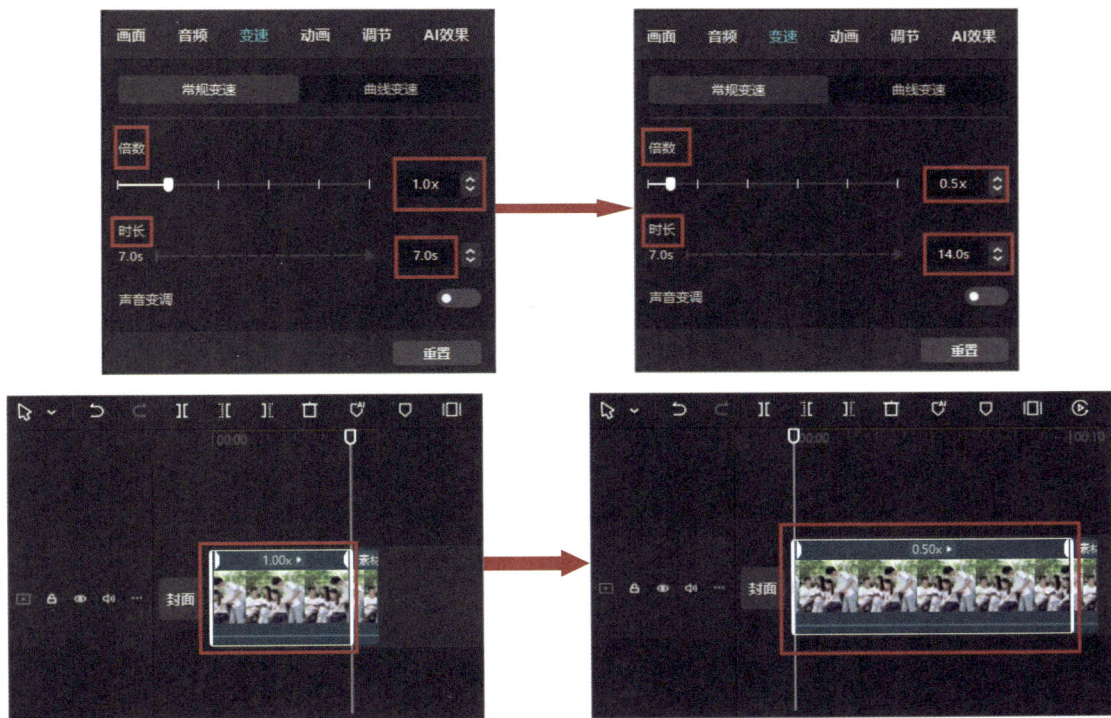

图 2-34

2.2.3 实操：调整素材的顺序

剪辑中调整素材顺序是基础方法，能优化剪辑时间。通过调整顺序，能重新组织故事，优化节奏，增加视频的连续性和观赏性。本实操案例将通过制作一个简单的旅行视频，向读者介绍如何调整素材顺序，下面将介绍具体操作方法。

1. 剪映 App

01 打开剪映 App，在主界面点击"开始创作"按钮➕，进入素材添加界面，按照素材名称顺序将本案例需要用到的 9 个视频素材添加至视频编辑界面。

02 选中时间线轨道中的素材视频"素材 9.mp4"，按住并拖动"素材 9.mp4"至"素材 6.mp4"和"素材 7.mp4"中间位置，如图 2-35 所示。再选中"素材 7.mp4"，按住并拖动至视频结尾处，如图 2-36 所示。

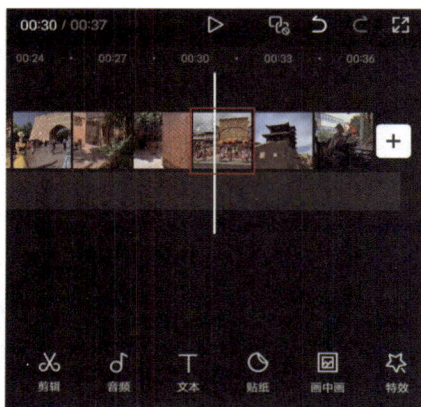

图 2-35

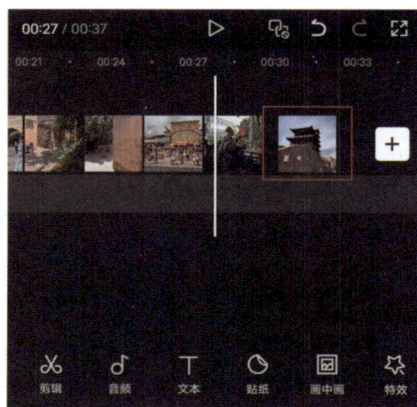

图 2-36

2. 剪映专业版

01 打开剪映专业版首页，在主界面单击"开始创作"按钮 ➕ ，进入视频编辑界面，按照素材名称顺序添加本案例素材至时间线中，如图 2-37 所示。

图 2-37

02 在剪映专业版中调整素材顺序的方法与剪映 App 基本一致。由于剪映专业版时间线面板更大，移动素材顺序时更加直观。

03 将时间线轨道缩小，选中"素材 7.mp4"，将其拖动至所有素材最后的位置，如图 2-38 所示。然后选中"素材 9.mp4"，将其拖动至"素材 6.mp4"和"素材 8.mp4"的中间位置，这时"素材 6.mp4"和"素材 8.mp4"中间会自动空出一个位置，将"素材 9.mp4"放置其中即可，如图 2-39 所示。

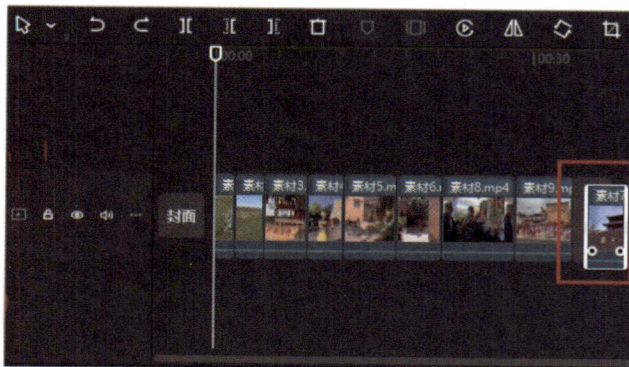

图 2-38

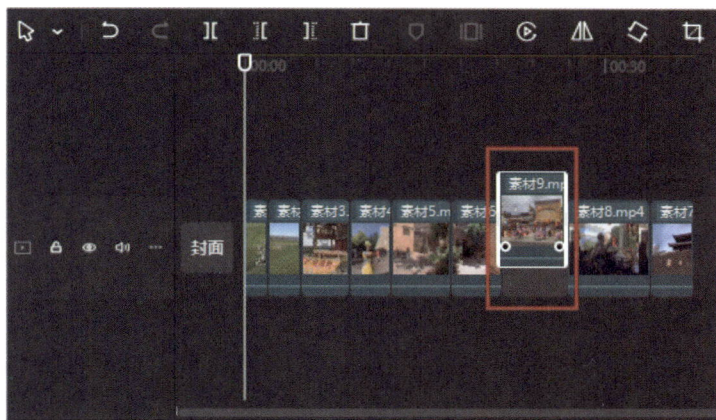

图 2-39

拓展案例：使用剪映的"一键成片"功能

剪映的"一键成片"功能通过智能算法和大数据分析，迅速将视频素材、照片和音频整合成连贯的视频片段。用户只需选择素材并选定主题风格，剪映便自动完成剪辑、转场和配乐等操作，无需手动调整，既节省时间又提高效率，同时确保了视频的专业品质。以下将简要说明如何在剪映 App 及其专业版中使用"剪同款"功能的具体步骤，效果如图 2-40 所示。

难度：★

相关文件：第 2 章 \2.2\2.2 拓展案例

效果视频：第 2 章 \2.2\ "一键成片"效果视频 .mp4

本例知识点

☐ 打开剪映 App，点击主页界面中"一键成片"按钮，进入素材添加界面，选择本拓展案例素材，点击"下一步"按钮，进入模板选择界面，选择一个喜欢的模板，即可一键完成视频剪辑。

☐ 剪映专业版中将"一键成片"和"模板"功能合成一体，使用方法与"2.1 拓展案例：使用剪映的'剪同款'功能"一致。

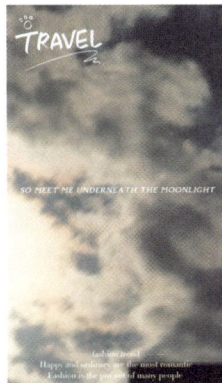

图 2-40

2.3　用对音乐，视频就成功了一半

一个合适的视频通常是由视觉画面和听觉元素两个部分组成的，视频中的音频可以包括视频原声、后期录制的旁白，也可以是特殊音效或背景音乐。合适的背景音乐，就是完成视频剪辑的最后一块拼图，它不仅让整个视频更加完整，还赋予视频故事性，让观众沉浸其中。

2.3.1　3种快速找到合适音乐的方法

在剪辑视频时，最头疼的往往是找不到合适的配乐（BGM）。找配乐时往往要一首一首听，既费时又费力。无论采用何种方法，在剪辑前都需要根据脚本或框架，设想需要的视频效果，明确配乐所需的氛围，从而提炼出音乐风格、情绪、节奏和使用场景，这样在寻找配乐时才能有的放矢。

1.3 种快速找到合适音乐的通用方法

（1）根据音乐风格寻找配乐

我们可以根据音乐风格寻找需要的配乐。在寻找配乐时，先确定自己想要的音乐感觉，比如一个科技类的视频，一般适用 New Age（新世纪）、EDM、Future Bass 等以主合成器为特色的音乐风格，以此体现视频的机械感和科技感；再比如 Vlog 视频，一般常用 Lofi Music、City Pop、Folk（民谣）、后摇等节奏相较于 EDM 更为舒缓的音乐风格，营造一种轻松舒缓的氛围；还有快剪、商业宣传片类型的视频，可以用摇滚、Hip Hop、史诗音乐、EDM 等重鼓点、节奏感强的音乐风格（也就是常说的卡点音乐）。

（2）根据场景寻找关键词

在寻找配乐时，由于不是每一个人在剪辑前都有一定的音乐素养，对音乐基础知识了解不够，例如分不清什么是 Pop，什么是 Classical，分不清 Pop 分支包含哪些，这时候我们就可以根据视频内容，使用场景寻找配乐。在制作 TVC（电视广告）类型的视频时，我们首先明确广告的主题内容。以汽水广告为例，我们会拍摄一个既清爽又充满活力的画面。接着，我们会根据视频的主题挑选一首既清爽又充满活力且节奏感强烈的配乐。因此，"清爽""活力"和"节奏感"将成为我们搜索配乐时的关键词汇。在剪辑 Vlog 视频时，如果内容很轻松、活泼，则可以搜索"轻松""活泼"的音乐；如果很搞笑，则可以搜索喜剧片常用的配乐；如果内容很舒缓，娓娓道来，是一个氛围感的 Vlog，则可以搜索"安静""抒情""幻想"；如果是一个旅游 Vlog，我们还可以搜索旅游地民俗类型的歌曲，烘托氛围。

（3）音乐软件搜索音乐类型

如今音乐软件发展很成熟，其中很多用户都会总结音乐类型的歌曲，我们可以在音乐软件搜索音乐歌单，比如"Vlog 专用歌单""卡点音乐""老派放克""×××爵士乐"等，类型丰富且齐全，我们总能在其中搜寻到自己想要的配乐。

2. 在剪映中快速找到合适音乐的 3 种方法

上述方法是不管使用什么软件进行剪辑均可快速找到合适音乐的方法。但本书所使用的剪辑软件剪映，功能非常丰富且强大，其中音乐素材库种类丰富，分类十分齐全。我们可在其中快速找到需要的音乐，同时还可以使用"抖音收藏""本地提取""AI 音乐"功能获取所需音乐。如果没有，则可用上述方法在全网寻找，但一定要注意版权问题。

（1）剪映音乐库

01 打开剪映 App，在主界面点击"开始创作"按钮 ➕，进入素材添加界面。

02 在下方工具栏中点击"音频"按钮 🎵，如图 2-41 所示，打开二级工具栏，如图 2-42 所示，其中包含多种功能，便于我们找到合适的背景音乐。

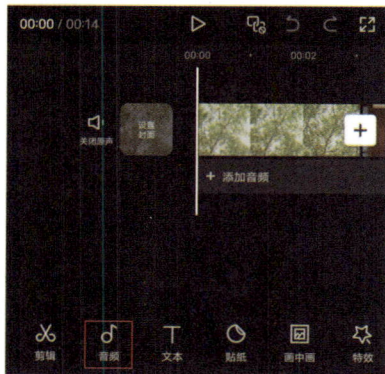

图 2-41

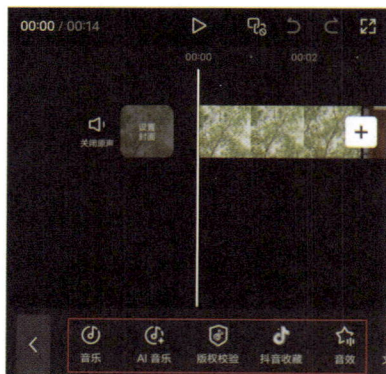

图 2-42

03 点击"音乐"按钮 🎵，进入剪映"音乐库"，其中音乐种类丰富，上方设有音乐分类导航。音乐库会与时俱进，推荐栏中会推荐当下抖音使用率较高的音乐，音乐分类中还会根据节日进行分类。

04 剪映还专门做了一个可商用音乐列表，其中也根据音乐类型、适用场景进行了分类，这样寻找音乐更方便。

05 剪映"音乐库"结合抖音时下热点、歌曲曲风和版权音乐进行分类，用户可以根据需求快速找到需要的背景音乐。

06　选中背景音乐，点击"使用"按钮，即可将该背景音乐添加至时间线音频轨道中，如图2-43所示。

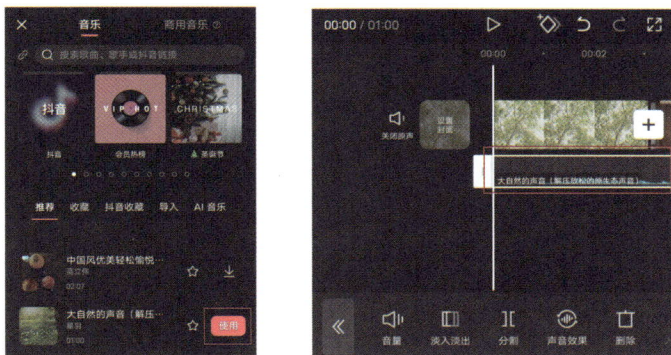

图2-43

07　最新版剪映最大的特点是加入AI功能，音乐也不例外。在"音频"二级工具栏中点击"AI音乐"按钮 ，即可打开AI音乐生成窗口，在文本框中输入想要的音乐，可以自己输入歌词，或者自动生成，选择"人声歌曲"或者"纯音乐"，然后点击"开始生成"按钮，即可生成几首时长1min内的歌曲，如图2-44所示。

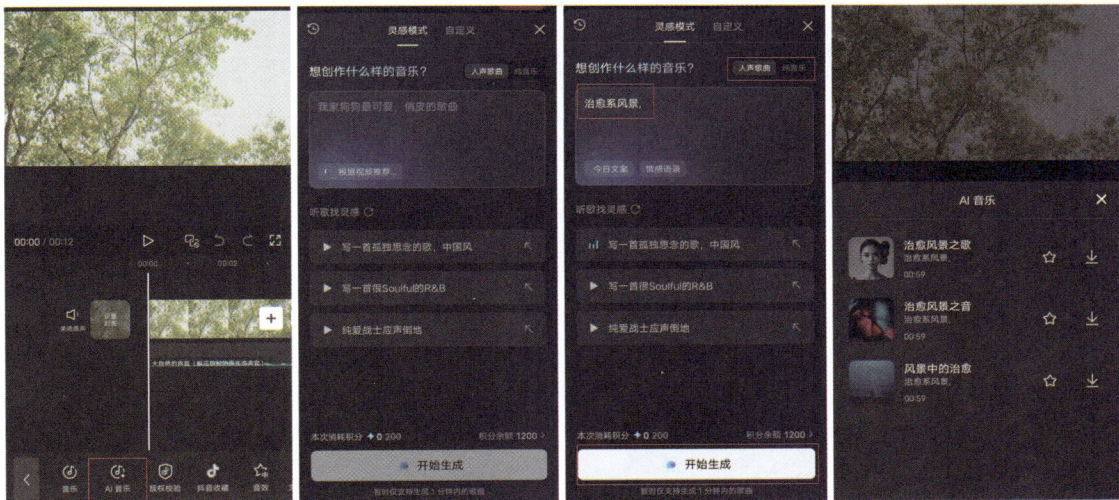

图2-44

08　剪映专业版与剪映App音乐库功能基本类似。打开剪映专业版首页，在主界面单击"开始创作"按钮 ，进入视频编辑界面，单击常用功能区中的"音频"按钮 ，左侧边栏中做好了音频功能分类，如图2-45所示，使用者可以在其中找到自己需要的音乐或者音效。

09　展开"音乐素材"选项，可以看到剪映有几十种音乐类型分类，我们可以根据视频内容在其中搜索适配的音乐，如图2-46所示。

10　剪映专业版同样包含"AI音乐"功能，在其中输入描述词，单击"开始生成"按钮，即可生成需要的背景音乐，如图2-47所示。

（2）抖音收藏

剪映是抖音母公司字节跳动旗下的剪辑软件，我们可以在刷抖音时找到自己喜欢的音乐，在视频播放界面点击右下角CD形状的按钮（如图2-48所示），进入音乐界面后点击"收藏原声"按钮，即可收藏该音乐（如图2-49所示）。

图 2-45

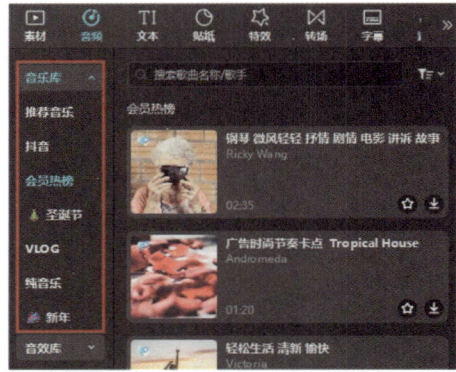

图 2-46

图 2-47

图 2-48

图 2-49

收藏音乐后，打开剪映 App，进入剪辑界面，点击"音频"按钮 🎵，进入二级工具栏，点击"收藏音乐"按钮 🎵，即可看到收藏的音乐，如图 2-50 所示。

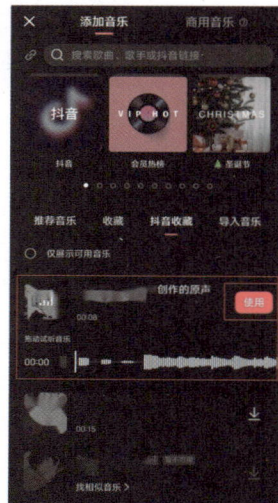

图 2-50

打开剪映专业版，单击"音频"按钮，单击"我的"选项，在收藏选项框中即可查看在抖音中收藏的音乐，如图 2-51 所示。

（3）提取音乐

有时候我们会遇到喜欢的音乐仅存在收藏的音乐中无法使用问题，这时候我们可以使用"导入音乐"功能进行音乐提取。

以抖音为例，首先讲解如何在视频平台中提取想要的音乐。打开抖音，在抖音的播放界面点击右侧分享按钮，再在底部弹窗中点击"复制链接"按钮，如图 2-52 所示。

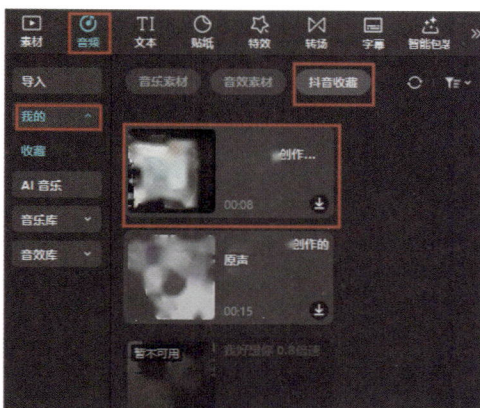

图 2-51

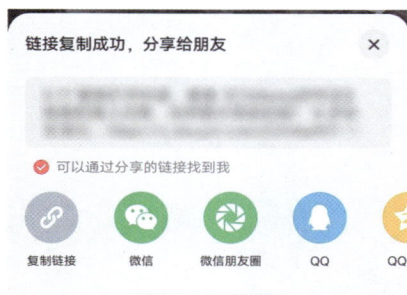

图 2-52

复制链接完成后，进入剪映 App，打开"音乐库"，点击"导入"选项，再点击"链接下载"按钮，粘贴刚刚复制成功的链接，点击下载按钮，即可提取音频，如图 2-53 所示。

如果喜欢的视频背景音乐无法复制链接，可以将视频下载，再在剪映中使用"提取音乐"功能将其提取出来。

2.3.2　实操：如何进行音乐流畅拼接

有时候我们制作的视频比较复杂，使用的背景音乐有两个或两个以上，为了避免音乐与音乐之间衔接生硬，下面将通过剪映专业版介绍音乐衔接的操作方法。

01　打开剪映专业版首页，在主界面单击"开始创作"按钮➕，进入素材添加界面，导入本节案例的视频素材至时间线，在常用功能区中单击"音频"|"音乐库"选项，选择一首舒缓的背景音乐"忙碌的生活人山人海"，如图 2-54 所示。将背景音乐"忙碌的生活人山人海"拖动至时间线音频轨道中，将时间指示器移动至 00:00:04:06 的位置，选中该背景音乐单击"向右裁剪（W）"按钮，如图 2-55 所示。

图 2-53

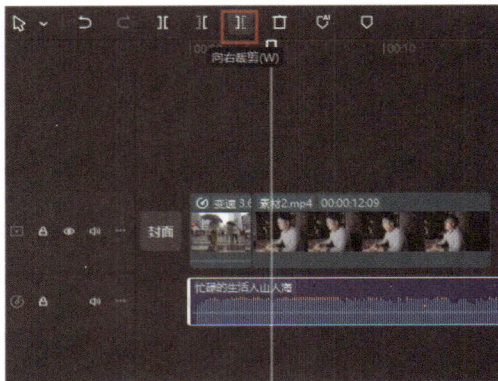

图 2-54　　　　　　　　　　　　图 2-55

02 将时间指示器移动至 00:00:02:05 的位置，再在"音乐库"中找到一首背景音乐"抒情 伤感 煽情"，添加至此处的时间线音频轨道中，由于音频轨道 1 该时间段添加了背景音乐"忙碌的生活人山人海"，所以将图中背景音乐添加至音频轨道 2，也就是背景音乐"忙碌的生活人山人海"下方的音频轨道中，如图 2-56 所示。

图 2-56

03 选中"忙碌的生活人山人海"，在素材调整区"基础"选项框中将"淡出时长"更改为 1.2s，如图 2-57 所示。

04 选中背景音乐"抒情 伤感 煽情"，在素材调整区"基础"选项中将"淡入时长"更改为 2.6s，如图 2-58 所示，音乐拼接即完成。

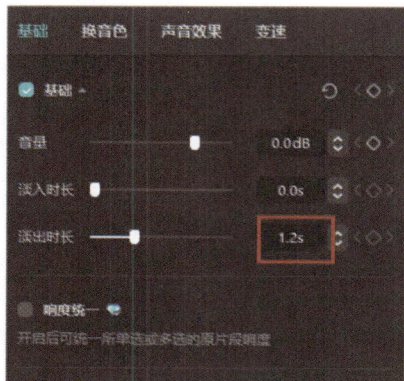
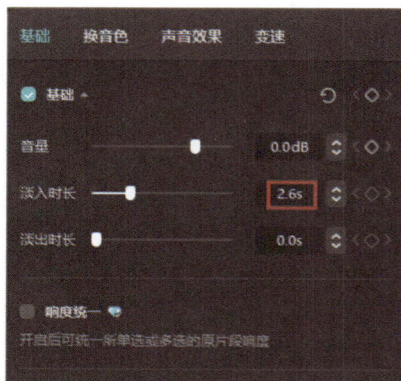

图 2-57　　　　　　　　　　　　图 2-58

2.3.3　实操：调节音频音量

调节音频音量是音频处理的基础操作之一。本案例将详细演示如何在剪映软件中进行音频音量的调整操作。

1. 剪映 App

01　打开剪映 App，在主界面点击"开始创作"按钮 ➕，进入素材添加界面，将素材添加至视频编辑界面。在"音乐库"中选择并添加一首喜欢的歌曲至音频轨道，如图 2-59 所示。

02　选中该音乐，点击"音量"按钮，进入音量编辑窗口，将其音量调整为 90，如图 2-60 所示。

 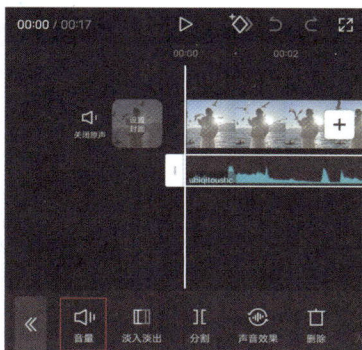 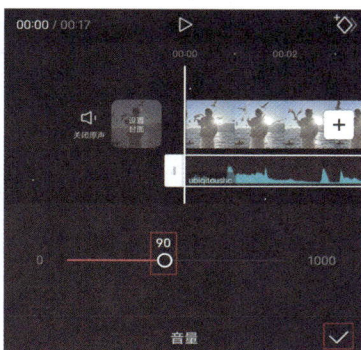

图 2-59　　　　　　　　　　　　　　　　　　　　　　　　图 2-60

2. 剪映专业版

01　打开剪映专业版首页，在主界面单击"开始创作"按钮 ➕，进入视频编辑界面，将素材添加至时间线主轨道后，在"音乐库"选择一首背景音乐，如图 2-61 所示。

02　选中该背景音乐，在素材调整区中单击"基础"选项，将"音量"数值更改为 5.0dB，如图 2-62 所示。

2.3.4　实操：音频变声处理

剪映的音频有多种玩法，本案例将通过剪辑机器人声视频向读者介绍如何使用音频变声效果。由于剪映 App 和剪映专业版功能类似，本案例将以剪映专业版进行讲解。

图 2-61　　　　　　　　　　　　　　　　　　　　　　　　图 2-62

01　打开剪映专业版首页，在主界面单击"开始创作"按钮 ➕，进入素材添加界面，导入本节案例素材视频并添加至时间线中。

02 由于本案例素材"机器人素材.mp4"本身自带声音效果，所以选中"机器人素材.mp4"，我们可以在素材调整区中看到"音频"选项，单击"音频"|"换音色"选项，即可看到多种多样的音色效果。单击"音色广场"，选择"机器人"音效，如图2-63所示。为了让机器人声音更逼真，单击"声音效果"|"场景音"选项，选择"扩音器"，如图2-64所示。

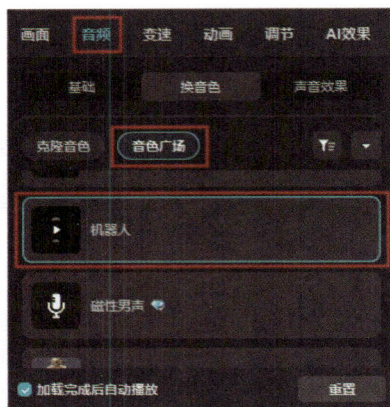

图 2-63

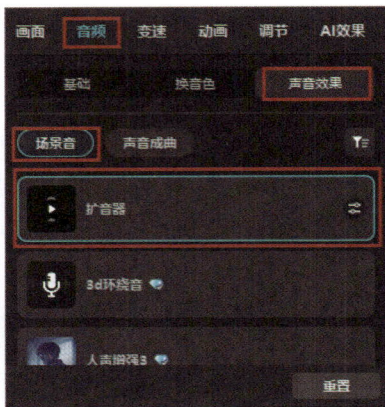

图 2-64

03 音频变声处理即制作完成。

> 提示：读者可以在"克隆音色"功能中，将自己的声音上传至剪映中，后续如果有配音需求，可以输入文字用自己上传的声音朗读出来，但存在缺乏感情、较为生硬的问题。

2.3.5 实操：巧用音效增加趣味性

在剪辑视频时，音效是必不可少的一环，适配的音效可以提高视频质量，让观众更有代入感。例如剪辑炒菜时的视频片段，我们需要加入炒菜音效，才能给观众一种色香味俱全的既视感。剪映的"音效库"非常丰富，我们可以在"音效库"中搜索想要的音效，极大节省素材收集时间。本小节案例将制作一段骑摩托车的视频，简要介绍如何在剪映中添加音效。

01 打开剪映专业版首页，在主界面单击"开始创作"按钮 ⊞ ，进入素材添加界面，根据图2-65顺序导入本节案例素材视频并添加至时间线中。

02 将时间指示器放置在开始的位置，在常用功能区中单击"音频"|"音效库"选项，在搜索文本框中搜索"摩托车"，选择一个合适的"摩托车"音效，并拖入时间线音频轨道中，使用"向右裁剪"功能使音效时长与视频时长一致，如图2-66所示。

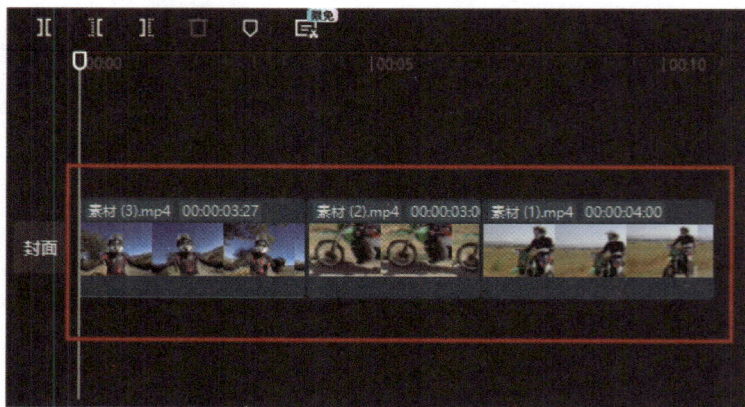

图 2-65

图 2-66

提示：由于音效是经过裁剪的，因此结尾处会显得比较突兀。我们可以在素材调整区中设置"淡出时长"，使视频结尾更加自然流畅。

2.4　添加文字解说，让视频图文并茂

视频画面仅有拍摄的画面往往无法准确传达我们所要表达的意思。为了让视频信息更加丰富、重点更加突出，我们可以添加一些文字进行附注解释说明。本节将介绍如何在剪映中添加文字和制作文字。

2.4.1　添加字幕的3种方式

在掌握字幕制作技巧前，我们首先需要学习如何在剪映中添加字幕。剪映的字幕添加功能既智能又便捷，这也是它成为短视频制作者首选工具的重要原因之一。使用剪映，我们不仅可以将视频中的口播内容一键转换为文字，还能在缺乏创作灵感时通过模板辅助剪辑。下面将详细介绍几种常用的字幕添加方法。

1. 剪映 App

打开剪映 App，在主界面点击"开始创作"按钮■，进入素材添加界面，将素材添加至视频编辑界面。在下方工具栏中点击"文本"按钮▣，如图 2-67 所示，即可打开文本添加二级工具栏，如图 2-68 所示。

（1）新建文本

01　在"文本"二级工具栏中点击"新建文本"按钮▣，进入新建文本窗口。首先映入眼帘的是"字体"窗口，当我们在文本框中输入文字后，在"字体"窗口中选择一款喜欢的字体，即完成制作文本的第一步，如图 2-69 所示。

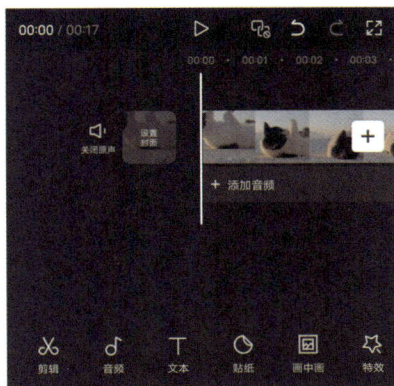

图 2-67

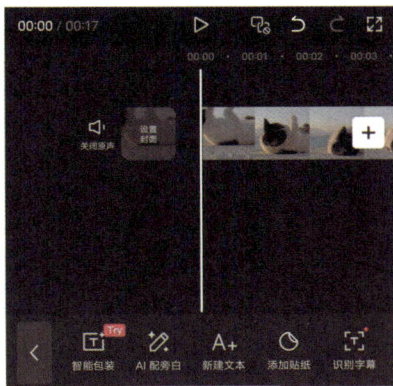

图 2-68

02 点击"样式"选项，进入文字样式设置窗口，如图 2-70 所示。在该窗口中，我们可以设置文字颜色、文字背景、字号、粗体、斜体等基础文字样式。

图 2-69

图 2-70

03 点击"花字"选项，进入花字设置窗口，我们可以选择剪映系统储存设置好的文字样式，这样可极大节省剪辑时间，如图 2-71 所示。

04 完成字体设置后，我们可以在预览区中手动调整文字大小和位置。双指在文字上向两侧拉动可将文字放大，单指选中文字可调整文字的位置，如图 2-72 所示。

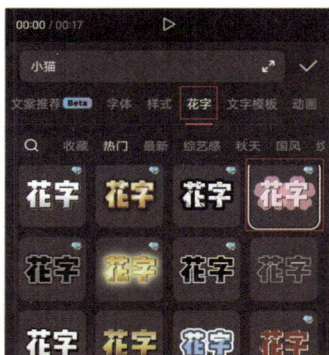

图 2-71

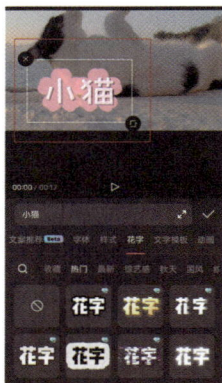

图 2-72

（2）文字模板

01 剪映提供了大量的文字模板，方便用户直接添加文字效果。

02 在"文本"二级工具栏中，点击"文字模板"按钮 🅰，如图 2-73 所示，即可进入文字模板窗口，选择一个合适的模板，更改文字内容即可，如图 2-74 所示。

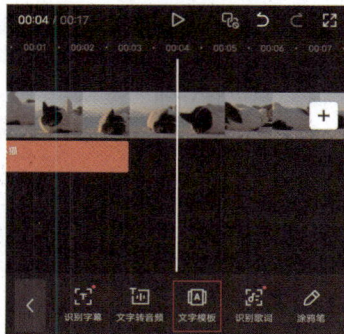

图 2-73

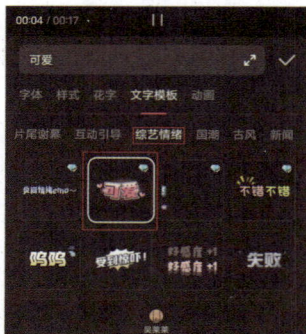

图 2-74

（3）"识别字幕"和"识别歌词"

剪映的"识别字幕"和"识别歌词"功能可以将含有视频中的人声自动转化为文字，无需用户手动逐条添加字幕，系统可直接生成文本内容。此外，歌词还可通过预设模板自动生成，无需手动设置字幕效果，如图 2-75 所示。

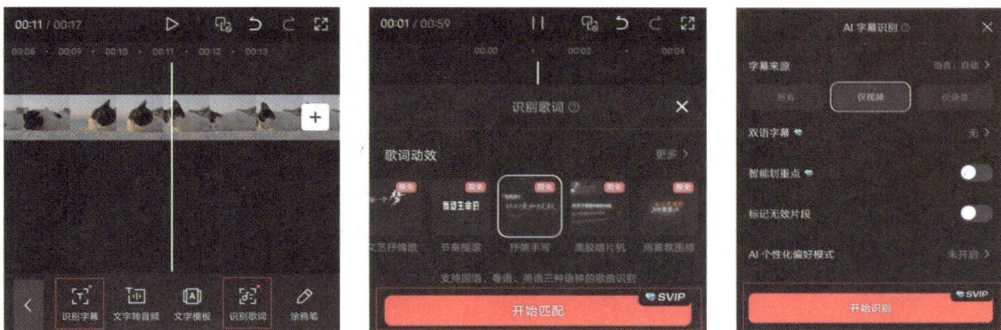

图 2-75

2. 剪映专业版

（1）新建文本

剪映专业版文字添加与剪映 App 基本类似。在常用功能区中单击"文本"按钮 **TI**，即可打开"文本"选项框，默认为"新建文本"选项框。将"默认文本"选项拖至时间线轨道中即可添加文本，在素材调整区中输入文本内容即可，如图 2-76 所示。

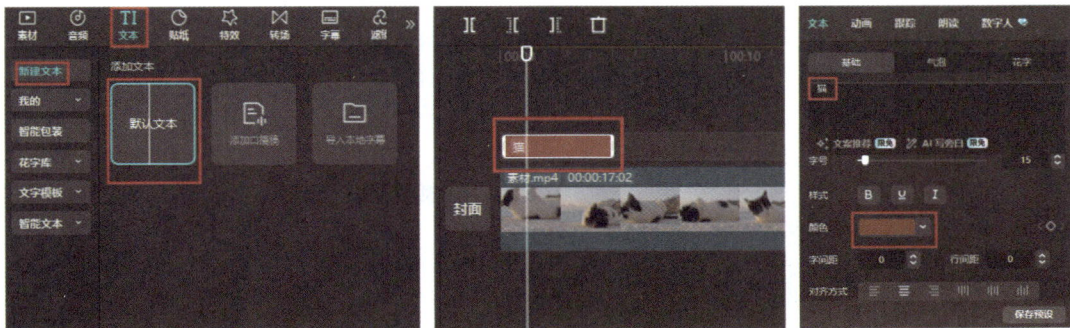

图 2-76

（2）文字模板

在"文本"选项栏中单击"文字模板"选项，即可打开文字模板选项框，选择合适的文字模板，在素材调整区中更改内容即可，如图 2-77 所示。

图 2-77

（3）"识别字幕""识别歌词"和"文稿匹配"

在"文本"选项栏中单击"智能文本"选项，即可打开"智能字幕""识别歌词""文稿匹配"3个功能窗口，如图2-78所示。"智能字幕"和"识别歌词"功能系统可以根据素材内容自动识别信息，自动生成字幕。"文稿匹配"则可以根据素材本身文本内容和视频画面进行匹配剪辑。

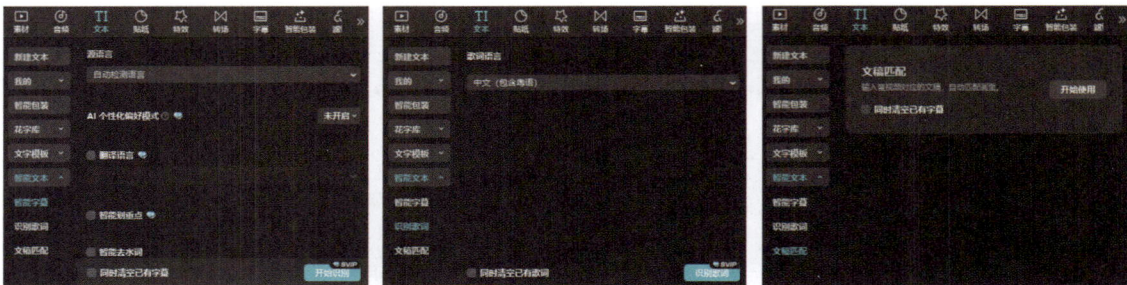

图 2-78

2.4.2 如何为视频批量添加字幕

批量添加字幕的方法多种多样，关键在于根据不同的情况选择合适的功能。例如，在上一节中我们讨论了使用剪映的"识别字幕"和"识别歌词"功能，这些功能能够自动识别视频中人物对话和歌唱的文本内容，用户仅需根据实际情况进行细节上的调整。

还有一种情况是素材本身没有人声，但需要添加大量字幕，这就需要通过剪映"添加口播稿"功能完成添加大量字幕工作。

此功能仅适用于剪映专业版。打开剪映专业版的视频编辑界面，点击"文本"|"新建文本"选项，选择"添加口播稿"，随即会弹出"添加口播稿"窗口。在该窗口中输入文本内容，并注意标点符号的正确使用。点击"添加到时间线"按钮后，文本将自动出现在时间线轨道上，形成字幕。用户仅需根据需要调整文字内容和断句，如图2-79所示。

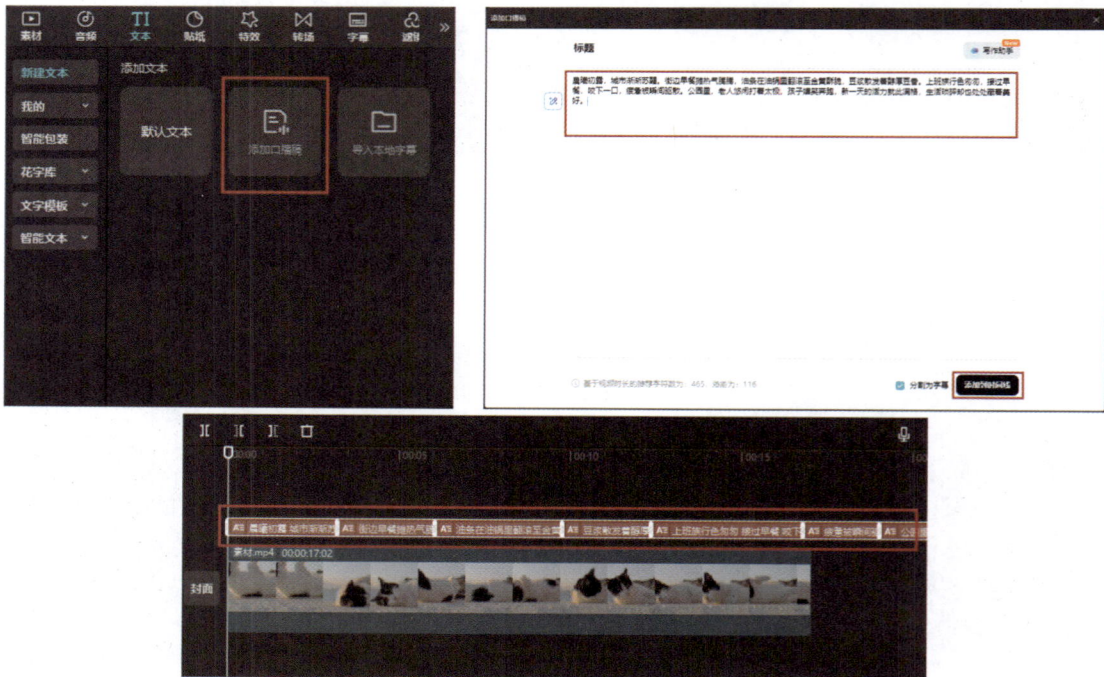

图 2-79

在剪辑没头绪时，还可以通过剪映的 AI 功能辅助批量生成文案，如图 2-80 所示。

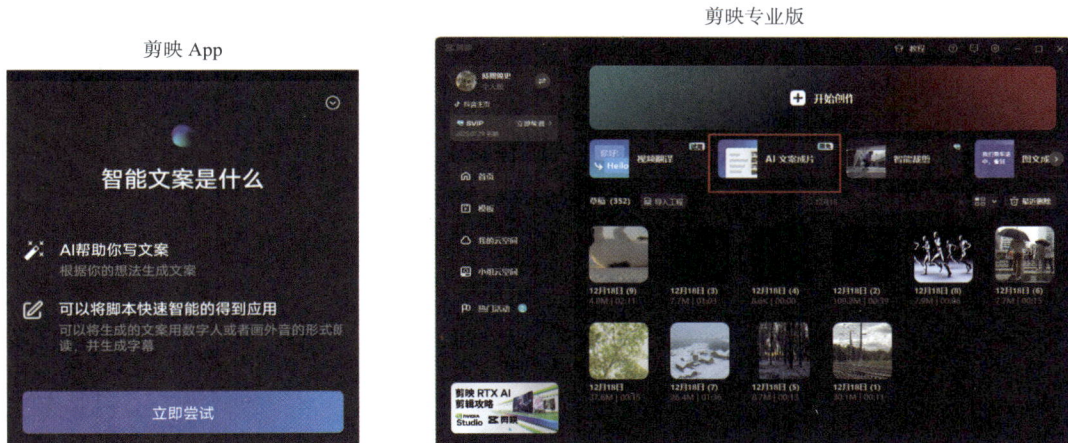

剪映 App

剪映专业版

图 2-80

2.4.3　3种高级感字幕排版方式

添加文字后，我们需要学会如何制作。有时在我们添加字幕后，看到成品会觉得画面过于冗杂，色彩过于艳丽，这就告诉我们需要对文字做减法。本小节将通过 3 种高级感常用字幕排版方式，向读者展示如何提升视频的品质。

1. 理论知识

在学会高级感字幕前，我们需要了解常用字体分为衬线字体、无衬线字体、手写字体、创意字体和书法字体，只有了解了各种字体的特点才能更好地运用。

（1）衬线字体

➢ 特点：在字的笔画开始、结束的地方有额外的装饰，而且笔画的粗细会有所变化。这种字体具有较高的可读性，给人一种传统、典雅、稳重的感觉。

➢ 适用场景：常用于书籍、报纸、杂志等印刷品的正文部分，因为衬线能够引导视线，使阅读过程更加流畅。在一些高端品牌的品牌名称、产品包装上也会使用，如一些高端酒类品牌，衬线字体可以传达出品牌的历史感和品质感。例如，Times New Roman 字体就是典型的衬线字体，常用于学术论文、文学作品等正式文本。

（2）无衬线字体

➢ 特点：没有衬线，笔画粗细比较均匀。这种字体看起来简洁、现代、清晰，具有很强的视觉冲击力。

➢ 适用场景：在数字屏幕上显示效果较好，被广泛应用于网页设计、电子设备界面、海报标题等。例如，Arial 字体常用于各种文档和网页内容，其简洁性有助于信息的快速识别；而 Helvetica 字体则被众多国际知名品牌采用于品牌标识和广告宣传中。

（3）手写字体

➢ 特点：模仿手写笔迹，包括草书、行书、楷书等多种风格。手写字体能够传达出个性、亲切、自然的感觉，有的手写字体还带有艺术感和复古气息。

➢ 适用场景：常用于婚礼请柬、个性化的贺卡、艺术作品的签名、品牌的个性化包装等。例如，一些具有文艺气息的咖啡馆，可能会在菜单或者店内装饰上使用手写字体，营造出温馨、独特的氛围。像 Copperplate 这种华丽的手写字体，常被用于制作高端的婚礼请柬，体现出优雅和浪漫。

（4）创意字体

➢ 特点：这类字体的形状、结构经过特殊设计，具有很强的创意性和艺术性。它们可能会打破常规的字体结构，加入图形元素、夸张的笔画变形等。

➢ 适用场景：在广告设计、品牌标志、影视标题、主题活动海报等需要吸引眼球、突出个性的场合使用。例如，一些科幻电影的海报标题会使用带有金属质感、未来感的创意字体，以增强视觉效果和科幻氛围；某些潮流品牌也会使用具有独特造型的创意字体来展示品牌的前卫和个性。

（5）书法字体

➢ 特点：具有深厚的文化底蕴和艺术价值，是中国传统书法艺术的数字化体现。书法字体笔画富有表现力，能够展现出力量感、灵动性等多种风格。

➢ 适用场景：在传统文化相关的产品、活动宣传中经常使用，如传统节日海报、古籍复刻版、中式餐厅的招牌等。例如，在春节期间的促销活动海报上使用书法字体来书写"福""贺岁"等字样，可以增强节日氛围，体现中国传统文化的魅力。

2. 高级感字幕排版

（1）Vlog 高级感字幕排版

Vlog 是我们最常剪辑的视频类型，而想剪出特色剪出风格，少不了字幕加持。在 Vlog 中我们可以设置手写字体，用线条隔开，加强画面感，如图 2-81 所示。

图 2-81

（2）叠加文字错位排版

我们可以通过设置书法字体，结合文字叠加，调节底层文字透明度，制作一个大气标题叠加文字排版，体现视频的文化底蕴和力量感；再通过错位摆放，使画面更加生动，如图 2-82 所示。

（3）文字切割排版

打破文字固有格式，将文字进行切割，在其中插入附加信息，营造常规被打破的文字张力，如图 2-83 所示。

图 2-82

图 2-83

2.4.4 实操：制作数字人口播视频

剪映当下最流行的就是数字人口播视频。随着一年多 AI 的高速发展，市场上 AI 产品层出不穷。剪映紧跟 AI 潮流，不仅仅在系统剪辑上的智能化进行革新。2024 年最大的亮点就是数字人功能。本节案例将以剪映专业版为例，向读者介绍如何在剪映中制作数字人口播视频，效果如图 2-84 所示，下面将介绍具体操作方法。

图 2-84

01 打开剪映专业版首页，在主界面单击"开始创作"按钮▣，进入视频编辑界面。不用添加任何素材，在"文本"|"新建文本"选项中单击"添加口播稿"选项，打开"添加口播稿"窗口，输入提前准备的文案，单击"添加到时间线"按钮，即可完成字幕批量添加，如图 2-85 所示。

图 2-85

02 选中所有字幕，在素材调整区中单击"数字人"选项，选择带有背景的数字人，再选择合适的音色进行文本朗读，即可完成数字人口播视频的制作，如图 2-86 所示。

03 生成数字人视频后，将数字人视频中的空白裁剪删除，并根据逗号断句，裁剪文字素材，如图 2-87 所示。

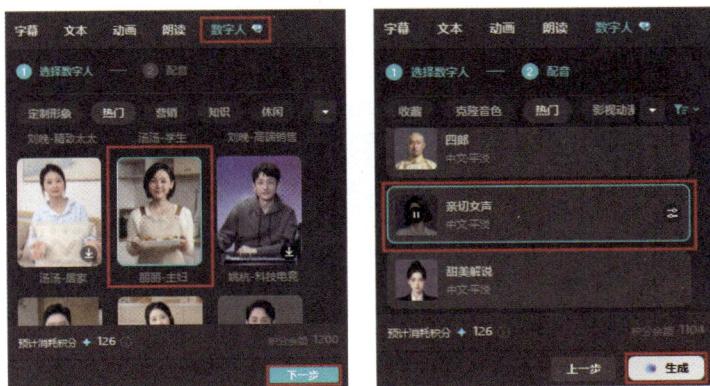

图 2-86

图 2-87

04 最后根据喜好调整字幕样式，如图 2-88 所示。

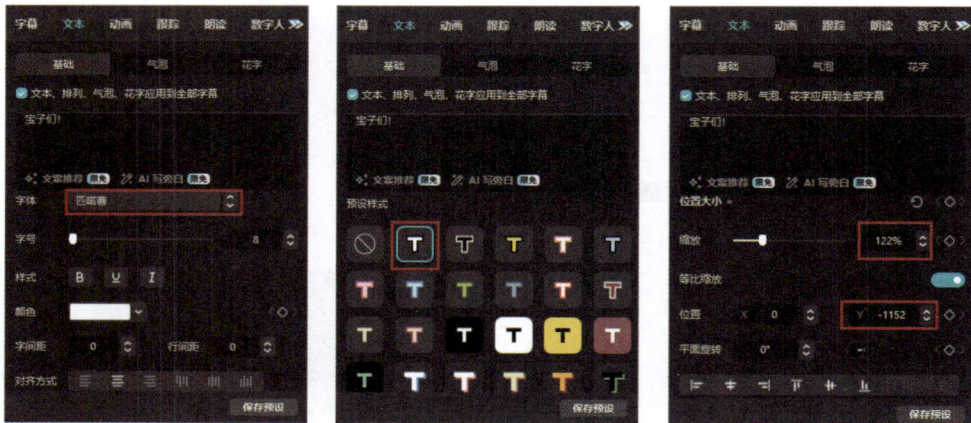

图 2-88

> 提示：批量添加口播文字或者视频转文字时，会自动生成前面带有"A"的文字素材，如图2-89所示。在素材调整区中勾选"文本、排列、花字应用到全部字幕"选项后，修改一段文字素材设置，即可应用到全部带有"A"的文字素材上。

图 2-89

────────── **拓展案例：使用剪映的"图文成片"功能** ──────────

　　剪映的"图文成片"功能，可以通过文案匹配视频内容来直接生成视频。本案例将简单讲解剪映App 的"图文成片"制作方法，最终效果如图 2-90 所示。

难度：★

相关文件：第 2 章 \2.4\2.4 拓展案例

效果视频：第 2 章 \2.4\ 图文成片效果视频 .mp4

本例知识点

❏ 在剪映 App 主页点击"AI 图文成片"，即再选择"图文成片"选项即可。

❏ 在"图文成片"选项框中，选择自己需要的主题，描述内容，即可智能生成文案。

❏ 通过生成的文案，智能匹配视频内容，即可生成视频。

图 2-90

2.5　好用的6种转场技巧，让视频更流畅

在视频中，转场是从一个场景顺畅地过渡到另一个场景的重要技巧之一。合理应用转场效果能够使画面的衔接更加自然，"看不见"的转场能够使观众忽略剪辑的存在，更加沉浸于故事之中，而"看得见"的转场则能够使画面看起来更为酷炫，给观众留下深刻的印象。本章将简单介绍在剪映中如何添加看得见的转场效果。

2.5.1　什么是转场

视频转场类似于文章中的过渡句。在视频制作中，当从一个场景过渡到另一个场景时，所使用的衔接效果即为转场。例如，如果前一个镜头是在海边观赏日出，而下一个镜头切换到山间徒步，通过添加渐变模糊或旋转切换等效果，便实现了转场。转场效果能够使视频的过渡显得自然和流畅，避免给观众带来突兀的感觉。常见的淡入淡出转场，通过画面逐渐变亮或变暗来切换场景，就像舞台上的幕布缓缓开启或闭合。恰当运用转场技巧，可以使整个视频作品更加连贯和引人入胜。

2.5.2　什么时候用转场

在视频制作的过程中，恰当地运用转场效果至关重要。

首先，从场景切换的角度来看，当画面从繁华的都市街道切换至宁静的乡村小道时，为了避免视觉上的冲击过于突兀，需要借助渐变溶解等转场效果来实现平滑的过渡。

其次，考虑到时间的流逝，从清晨阳光洒进卧室，到午后烈日高悬户外，运用旋转切换转场，能直观地展现时间的流逝，让观众紧随其节奏。

最后，关注情绪氛围的转换至关重要。假设前一场景是温馨的家庭聚餐，紧接着下一场景变为紧张刺激的职场谈判，通过使用闪白或闪黑的转场效果，可以迅速调整观众的情绪，让他们迅速融入新的氛围中。总的来说，根据场景、时间以及情绪的转变，精确地选择转场方式，是制作出既流畅又引人入胜视频的关键。

2.5.3　如何添加转场效果

首先，我们需要掌握在剪映中应用剪映转场库中转场效果的方法。

1. 剪映 App

01　启动剪映 App，在主界面点击"开始创作"按钮 ➕ ，进入素材添加界面，添加两个或更多素材至视频编辑界面。

02　点击两个素材中间的白色按钮 ▯ ，即可打开剪映转场库，如图 2-91 所示。

03　然后选择自己需要的转场效果，滑动滑块，调整时长即可，如图 2-92 所示。

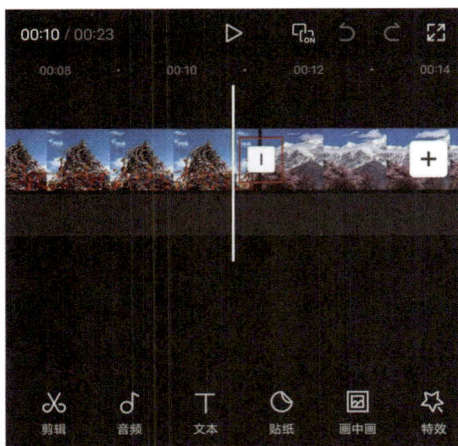

图 2-91

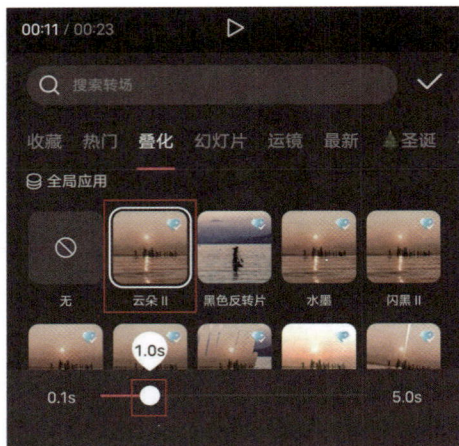

图 2-92

2. 剪映专业版

01 打开剪映专业版的首页，在主界面单击"开始创作"按钮 ➕，即可进入视频编辑界面。接着，将两个或更多的视频素材添加到时间线中。

02 在常用功能区单击"转场"按钮 ◁|▷，然后选择"转场效果"，这里包含了剪映转场库，用户可以自由挑选转场效果，并将其拖曳至两个素材之间，如图 2-93 所示。

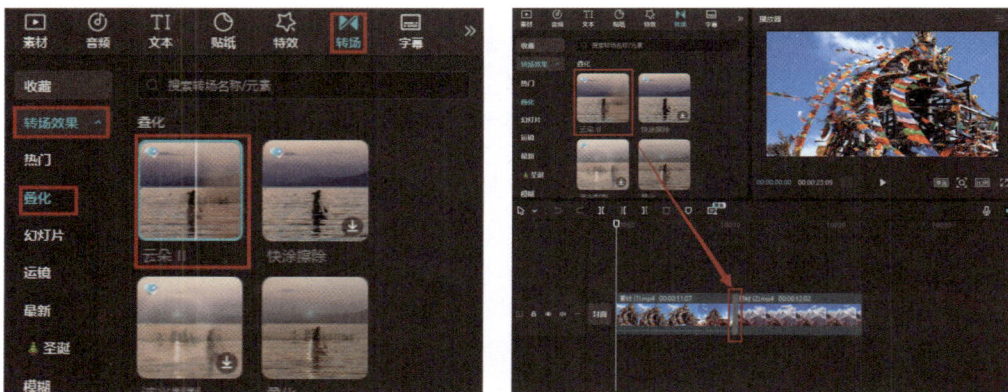

图 2-93

03 然后选中添加至时间线中的转场效果，在素材调整区中可以精细化调整转场时长，如图 2-94 所示。

> 提示：与其他剪辑软件不同的是，剪映的转场效果只能应用在两个素材中间，只能用作转场。素材收尾效果则可以通过剪映"动画"功能制作。

2.5.4 剪映常用的6种转场效果

本节案例将主要通过剪映专业版介绍剪映转场常用的6种效果。

1. 叠化转场

叠化转场是一种视频过渡效果。它是指前一个镜头渐渐模糊淡化的同时，后一个镜头慢慢清晰浮现，两个镜头在画

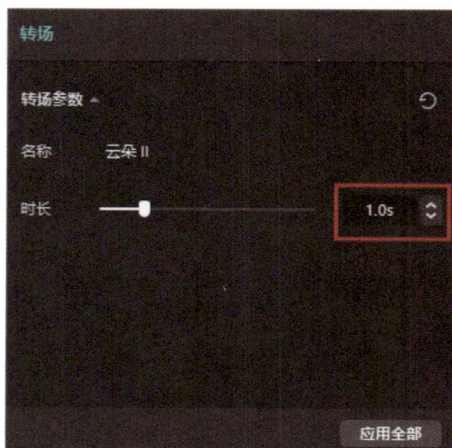

图 2-94

面上有短暂的重叠部分。就像是把两张照片的透明度逐渐调整，让它们在视觉上有一个融合的过程。例如，在电影中，从一个人物的回忆场景转换到现实场景时，可能会使用叠化转场，画面会有柔和的过渡，给人一种梦幻、舒缓的感觉，如图 2-95 所示。

图 2-95

使用场景：

➢ 时间过渡场景：当表示时间的流逝或者回忆、闪回等场景时，叠化转场很合适。比如从主人公童年的画面叠化到成年后的画面，能够自然地体现时间的跨度，让观众感受到岁月的变迁。

➢ 情绪舒缓场景：在情绪比较柔和、舒缓的情节转换中可以使用。例如，从一对情侣在海边漫步的场景叠化到他们在烛光晚餐的场景，这种转场能够延续浪漫、温馨的情绪，使整个视频的情感氛围更加连贯。

➢ 相似主题场景转换：如果前后两个场景的主题相似，如都是自然风光，从山间溪流的画面叠化到海边日出的画面，能够在保证连贯性的基础上，将观众的注意力从一个美景引导到另一个美景。

2. 闪黑转场

闪黑转场是指画面瞬间变黑，然后再过渡到下一个场景。这种转场方式类似于舞台上的灯光突然熄灭，然后又在新的场景亮起。通常情况下，闪黑转场的速度较快，黑场持续时间较短，如图 2-96 所示。

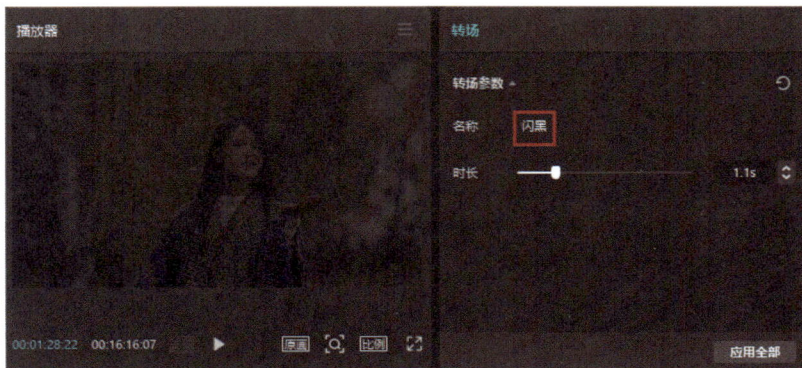

图 2-96

使用场景：

➢ 营造氛围：在一些紧张、恐怖或悬疑的情节中使用。例如，当主角突然发现自己陷入危险，画面闪黑，紧接着切换到反派的身影，能增强紧张感和悬疑氛围，让观众的心一下子提起来。

➢ 表示失去意识或昏迷：在剧情中有角色昏迷或者失去意识时，闪黑转场很合适。例如，主角头部受到撞击后，画面闪黑，随后出现主角在医院病床上醒来的场景，自然地过渡并体现了状态的变化。

> 时间和场景的省略：如果想要跳过一段不重要的时间或者场景，闪黑可以起到切割作用。比如从白天的工作场景闪黑后，直接切换到晚上的聚会场景，中间的通勤等过程被省略。

3. 闪白转场

闪白转场与闪黑相反，是画面突然变白，随后进入下一个场景。它如同一道强光闪过，然后展现新的画面。闪白的过程也是极其短暂的，如图 2-97 所示。

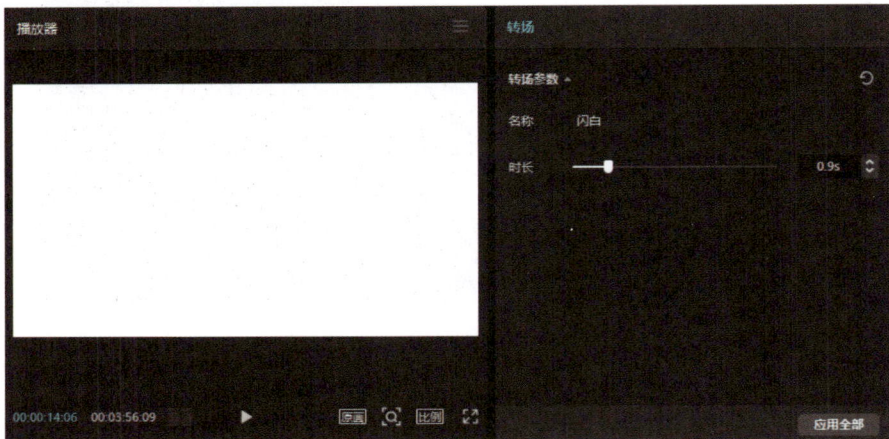

图 2-97

使用场景：

> 营造强烈情绪：在情绪激动、震撼或者出现戏剧性转折的时刻使用。例如，在一场激烈的战斗中，主角使出关键一击，画面闪白，然后出现敌人倒下的场景，能够强化这种震撼的情绪。

> 梦境或幻想场景转换：当从现实场景转换到梦境或幻想场景，以及从这些场景返回现实时，闪白转场是个不错的选择。例如主角陷入回忆中的美好幻想，画面闪白后，出现了过去的甜蜜场景，使过渡带有一种虚幻感。

> 强调新的开始或希望：如果想表达一个新的时代或希望的曙光，闪白可以发挥作用。例如，在经过漫长的黑暗时期后，画面闪白，随后展现重建后的美好家园，象征着新的开始。

4. 叠加转场

叠加转场是一种将两个或多个视频画面以叠加的方式进行过渡的效果。它通常是把后一个镜头的画面以某种透明度或者混合模式，叠加在前一个镜头画面之上，形成一种独特的视觉效果。例如，可能会看到新画面以半透明的状态逐渐覆盖旧画面，就像两张透明胶片叠放在一起，随着时间推移，上面的胶片完全覆盖下面的，如图 2-98 所示。

图 2-98

使用场景：

➢ 营造艺术氛围：在制作具有艺术感、抽象感或者梦幻感的视频时非常有用。例如在制作音乐视频时，当歌手的特写镜头转换为舞台全景时，可以采用叠加转场效果，将舞台画面以较低透明度叠加在歌手特写之上，再逐渐调整透明度，从而达到虚实结合的艺术效果，使歌手的情感与整个舞台空间相融合。

➢ 强调主题关联：如果前后两个镜头的主题存在某种内在联系，如情感延续或者元素呼应。比如从一个孩子手中放飞的气球镜头转换到天空中一群飞鸟的镜头，使用叠加转场，将飞鸟画面叠加在气球画面上，能强调自由的主题，并且让观众更好地理解这种关联，同时画面也更具美感。

➢ 创意过渡场景：在一些创意视频或者广告中，为了吸引观众眼球，叠加转场是很好的选择。例如，在一个电子产品广告中，从产品的细节特写转换到它的使用场景，通过叠加转场，让使用场景的画面以特殊的混合模式叠加在细节画面上，如颜色减淡或者正片叠底模式，这样可以创造出一种高科技、前卫的视觉感受，使广告更具吸引力。

5. 模糊转场

模糊转场是指画面从清晰逐渐变得模糊，或者从模糊状态逐渐清晰，以此来完成两个场景之间的过渡。它可以是整体画面的模糊，也可以是部分区域的模糊。例如，镜头可能从一个清晰的人物面部特写逐渐模糊，然后过渡到下一个模糊后逐渐清晰的风景画面。这种转场效果就像是我们的眼睛在调整焦距，或者是记忆从清晰到模糊再清晰的过程，如图 2-99 所示。

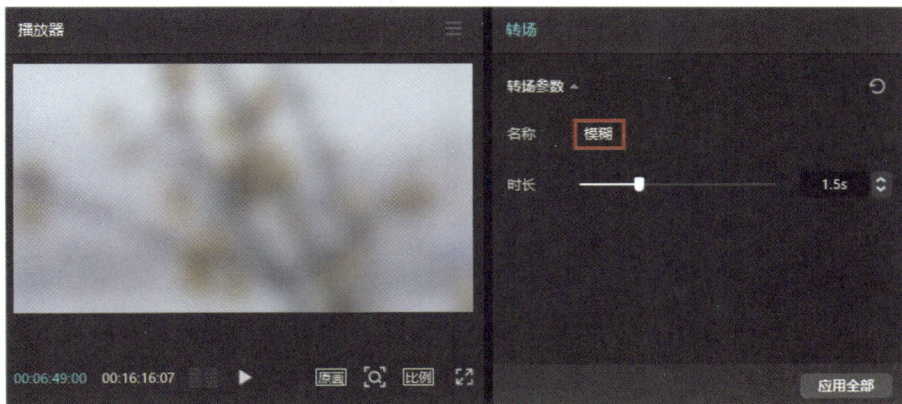

图 2-99

使用场景：

➢ 场景切换与过渡：当从一个近景切换到远景，或者从细节场景转换到更宏观的场景时，模糊转场能发挥很好的作用。例如，从一个工匠制作工艺品的手部特写，通过模糊转场，过渡到整个工坊的全景，让观众的视线自然地从细节延伸到整体环境，使过渡更加自然。

➢ 情绪转换：在情绪从专注、紧张过渡到放松、舒缓的时候可以使用。比如，在一场紧张的考试场景后，画面逐渐模糊，就像主角紧张的思绪慢慢放空，然后逐渐清晰地呈现出主角在户外享受自然的场景，帮助观众也随之转换情绪。

➢ 营造梦幻氛围：如果要制作带有梦幻、迷离感觉的视频，模糊转场是很好的选择。例如，在一个回忆过去美好时光的情节中，从现在的清晰场景逐渐模糊，再浮现出过去模糊后逐渐清晰的记忆画面，这种转场方式能增强回忆的虚幻感和美好氛围。

6. 前后对比转场

前后对比转场是一种通过展示两个具有明显差异的场景来进行过渡的转场方式。这种差异可以体现在场景内容、色彩、风格、情绪等多个方面。例如，前一个画面是古老破旧的房屋，后一个画面是崭新现代的高楼大厦；或者前一个场景是黑暗压抑的地下室，后一个场景是阳光明媚的草地。这种强烈的对比，使观众清晰地感知到场景的转换，同时也能强调变化带来的视觉和心理冲击，如图 2-100 所示。

图 2-100

拓展案例：在剪映专业版中导入其他剪辑软件的工程文件

剪映的"图文成片"功能，可以通过文案匹配视频内容直接生成视频。本案例将简单讲解剪映 App 的"图文成片"制作方法，最终效果如图 2-101 所示。

难度：★

相关文件：第 2 章 \2.5\2.5 拓展案例

效果视频：第 2 章 \2.5\ 导入工程文件视频 .mp4

本例知识点

❑ 在剪映专业版主页点击"导入工程"，在打开的窗口中选择需要在剪映中剪辑的工程文件即可。

❑ 由于软件具有一定不兼容性，读者在导入工程文件后，需要根据实际情况进行修改。

图 2-101

03

第3章

掌握短视频精剪技术，
新手秒变高手

本章导读

经过第 2 章的学习，我们已经熟练掌握了剪映的基础剪辑技能，包括视频编辑的基本流程与功能应用，这些技能足以帮助用户制作简单的短视频。然而，在自媒体行业日趋饱和的当下，我们需要进一步提升短视频剪辑的精致度。在本章节中，我们将在此基础上深化学习，进行剪辑的"精加工"。我们将探索如何通过调整色彩、制作特效以及设计出人意料的开头和结尾，从而使视频作品更具吸引力。

3.1 两个步骤，教你用剪映调出令人惊艳的大片

调色是视频剪辑中不可或缺的操作，指对图像或视频进行颜色校正和调整的过程，旨在满足特定的视觉需求或情感表达。通过调整画面的颜色、对比度以及明暗和光线效果，可以强调或弱化某些元素，从而引导观众的注意力，使画面更具表现力和生动逼真。本章将通过实例制作的方法，向读者介绍视频后期制作的几个基本方法，以提升视频画面的美观度。

3.1.1 调色的两个步骤

掌握调色技巧首先要求我们熟悉调色的基本流程。剪映软件功能十分强大，它不仅允许我们根据个人需求进行细致的调色，其"滤镜"功能还提供了丰富的滤镜素材，使得一键式调色成为可能。此外，我们可以将这两种方法结合起来，以提高剪辑工作的效率。接下来，我将分别介绍剪映 App 和剪映专业版的调色技巧。

1. 剪映 App

01　打开剪映 App，在主界面点击"开始创作"按钮 ✚，添加素材，进入视频编辑界面。

02　选中素材，在下方工具栏中点击"调节"按钮，进入调节选项栏对某一调节选项进行调整，即可在轨道区域生成一段可调整时长及位置的色彩调节素材，如图 3-1 所示。

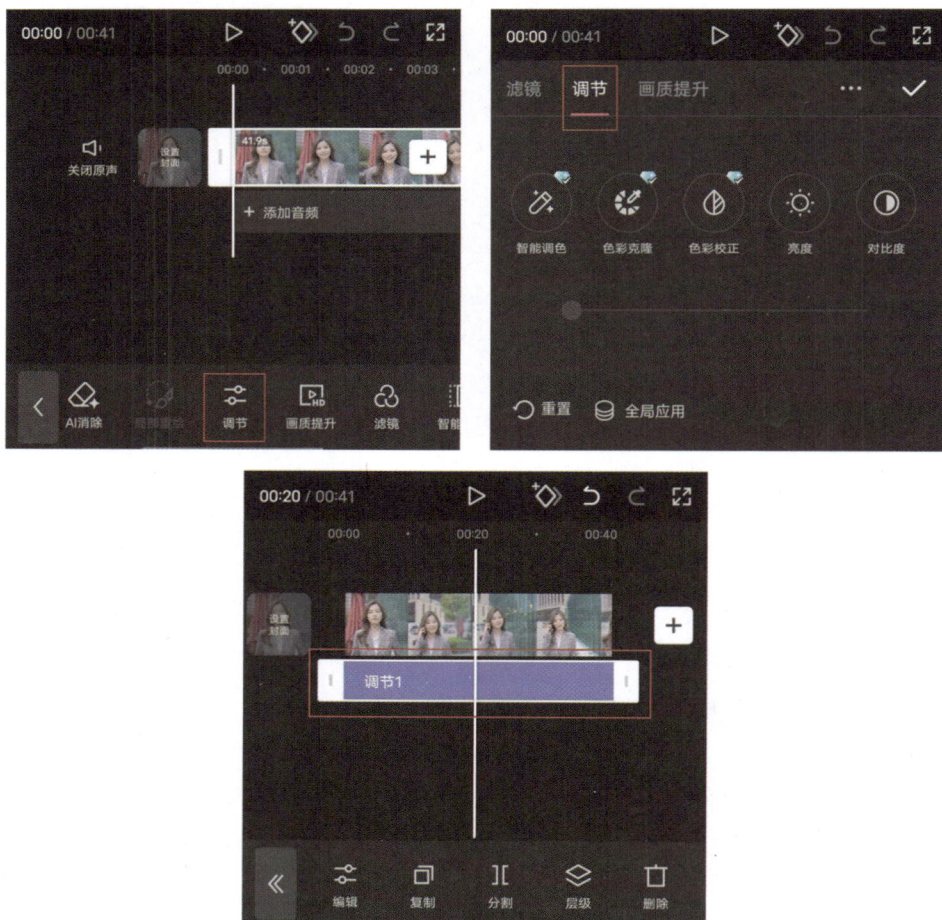

图 3-1

03　然后选中素材，在工具栏中点击"滤镜"按钮，即可在其中选择合适的滤镜，并拖动下方白色滑块调整滤镜数值，同时滤镜也可在轨道区域生成一段可调整时长及位置的滤镜素材，如图 3-2 所示，为刚才通过"调节"功能调色的素材添加更加丰富的色彩。

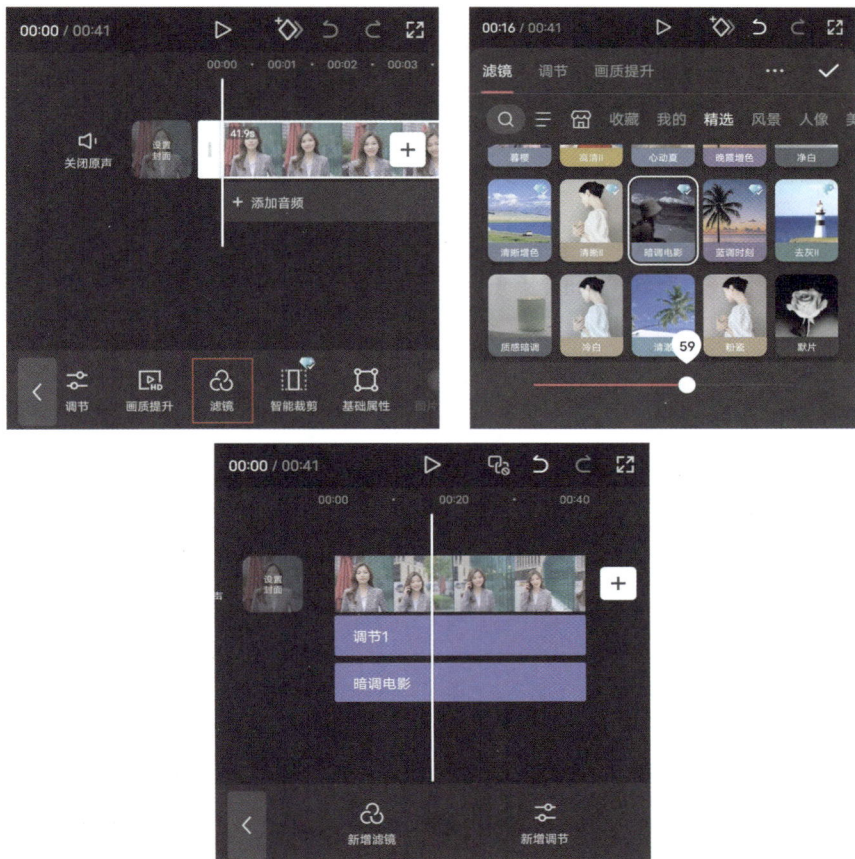

图 3-2

04　最终效果对比如图 3-3 所示。

原视频　　　　　　　　　　　调节　　　　　　　　　调节＋滤镜

图 3-3

2. 剪映专业版

01　打开剪映专业版首页，在主界面单击"开始创作"按钮，进入视频编辑界面。

02　在素材区导入素材，并将素材拖动至时间线中的轨道，在播放器中单击右上角按钮，执行"调色示波器"|"开启"命令，即可在播放器中打开调色示波器。示波器分为分量示波器（RGB）、波形示波器和矢量示波器。在调色示波器中可查看该帧画面的色彩数据，客观的色彩数据分布图可帮助我们更快更准进行调色，如图 3-4 所示。

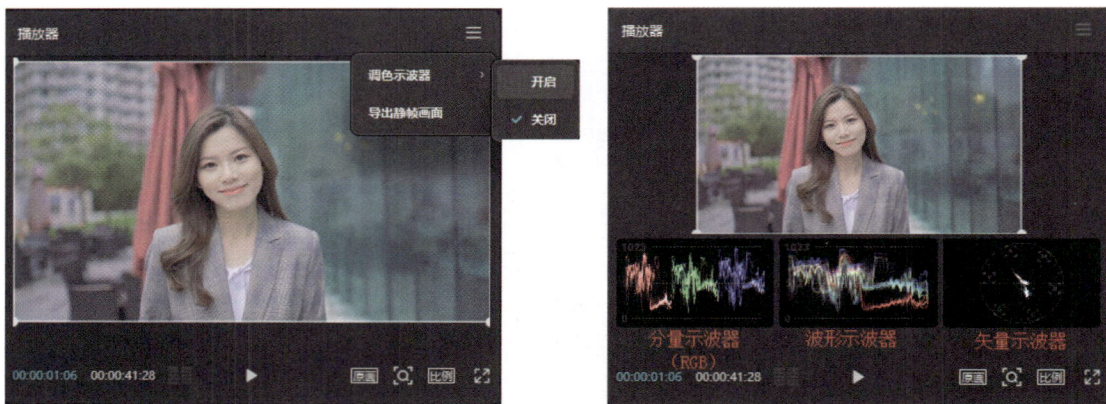

图 3-4

03 启动调色示波器后，选择所需素材，在素材调整区单击"调节"按钮，便能依据调色示波器的
　　指示进行色彩调整，使画面变得更加明亮和清晰，如图 3-5 所示。

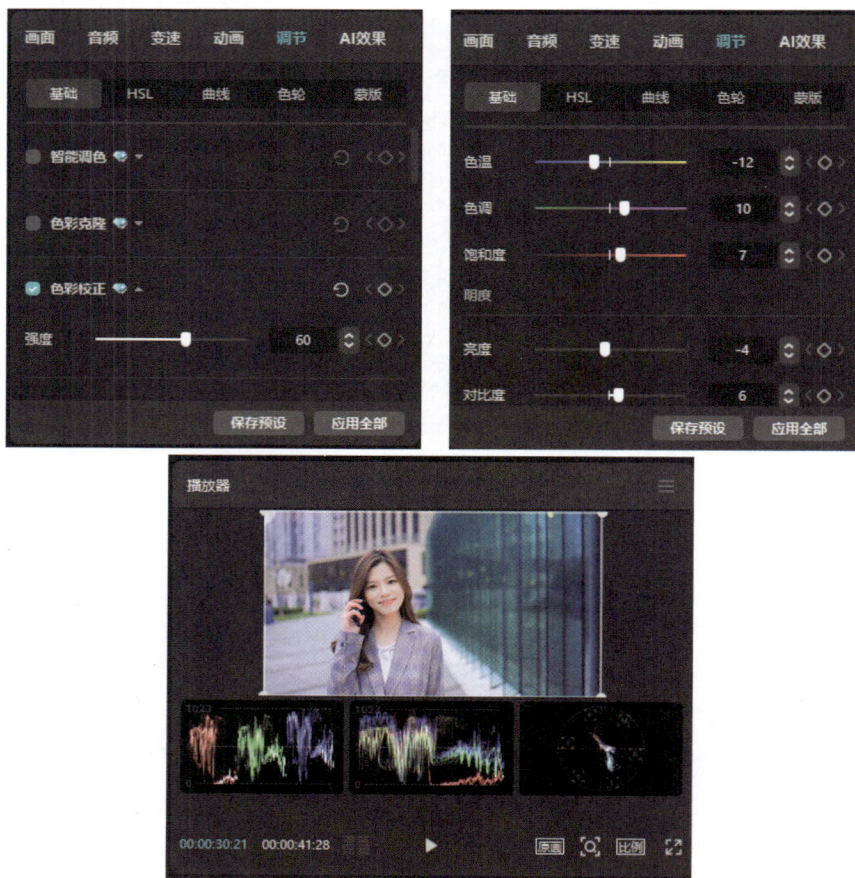

图 3-5

04 完成基础调节后，单击"常用功能区"中"滤镜"按钮，在下方滤镜素材库中选中喜欢的滤镜，
　　将其拖动至时间线轨道中，即可一键添加滤镜，如图 3-6 所示。

05 我们还可以叠加两层滤镜效果，让画面效果更加丰富，如图 3-7 所示。

06 最终对比如图 3-8 所示。

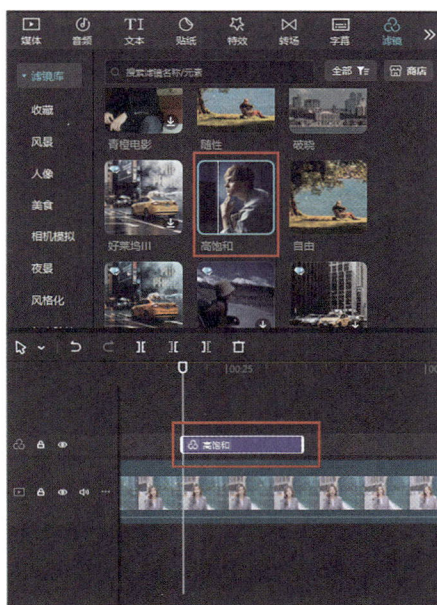

图 3-6

一层滤镜　　　　　　　　　　　　两层滤镜

图 3-7

无调色　　　　　　　　　　　　有基础调节

一层滤镜　　　　　　　　　　　　两层滤镜

图 3-8

提示：（1）分量示波器（RGB）：启动分量示波器，将展示红、绿、蓝3个通道的波形，便于观察画面中亮部、中间调和暗部的色彩偏差。若亮部以蓝色波形为最高，其次是绿色波形，而红色波形更接近暗部，那么画面将呈现蓝色和绿色的偏色。

（2）波形示波器：用于展示图像的波形信息，涵盖RGB色彩分量波形和亮度波形等。若将画面亮度调低，波形会相应下移，波形主要集中在底部区域，而顶部附近则几乎无波形显示，这表明画面曝光不足。相反，增加曝光量会使波形向上偏移。

（3）矢量示波器：该设备用于评估画面的色彩偏差和饱和度，通常以圆形图表的形式展示色相与饱和度信息，可视作色盘功能的简化版本。

3.1.2　剪映的主要调节参数详解

在先前的章节里，我们已经了解到调色的初步步骤是在"调节"功能中对素材进行基础处理。剪映的"调节"功能允许我们调整画面的亮度、对比度、饱和度等基础参数。随着剪映 AI 技术的进步，现在还集成了色彩校正、色彩克隆以及智能调色等高级功能，使得调色过程更加高效和精准。

鉴于剪映 App 与剪映专业版的调节功能几乎相同，本节将通过剪映专业版的调节板块来进行操作演示。启动剪映专业版，单击首页的"开始创作"按钮＋，即可进入视频编辑界面。在素材调整区单击"调节"选项，在基础选项框中找到"调节"选项，如图 3-9 所示，它包括色彩、明度、效果 3 个子板块。

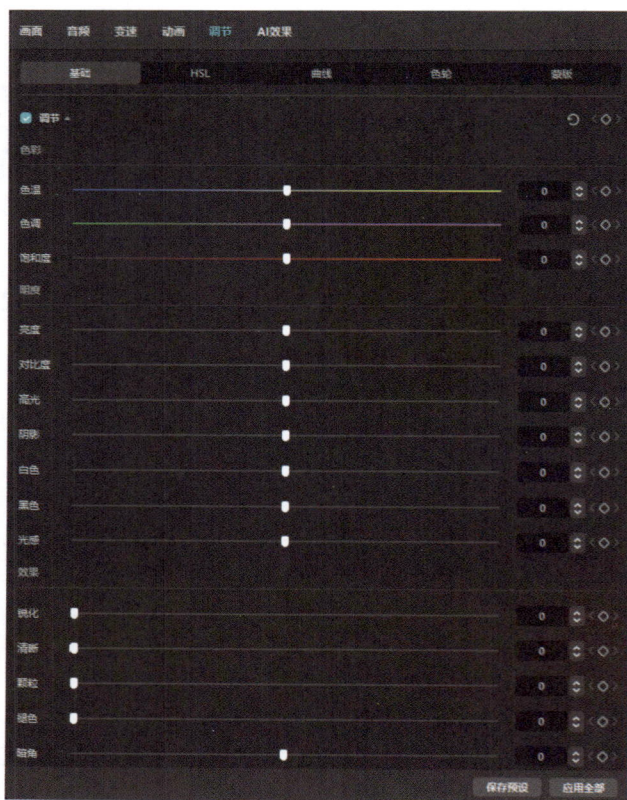

图 3-9

下面是常用参数具体介绍。

➤ 亮度：用于调整画面的明暗程度。数值越高，画面越明亮。

➤ 对比度：用于调整画面中最亮与最暗部分的差异度。

➤ 饱和度：指色彩的纯度，数值越高，画面的饱和度越高，色彩也就越鲜艳。

> ➢ 锐化：用于调整图像的清晰度。数值越高，图像细节越明显。
> ➢ 高光 / 阴影：用于优化图像中的高光和阴影区域。
> ➢ 色温：用于调整画面色彩的冷暖倾向。数值越高，画面越偏向于暖色调；数值越低，画面越偏向于冷色调。
> ➢ 色调：用于调整画面中色彩的色相倾向。
> ➢ 褪色：指调整图像中色彩饱和度，以达到减弱颜色附着的效果。

3.1.3　实操：使用曲线调整画面明暗关系

曲线调色技术通过调整视频的亮度、对比度以及色彩，实现了对图像的精细控制。通过改变曲线的形状，可以调整不同亮度区域的色彩和亮度，从而精确地控制画面的色调和氛围。在曲线调节过程中，若将左下方的滑块向上移动，可以使得暗部区域变得更亮；相反，若向下移动，则会使暗部区域变得更暗。本小节的案例将展示如何为草原视频进行调色，效果如图 3-10 所示。下面将介绍具体操作方法。

原视频　　　　　　　　　　　　　亮度曲线

亮度曲线 + 红色通道　　　　　亮度曲线 + 红色通道 + 绿色通道

亮度曲线 + 红色通道 + 绿色通道 + 蓝色通道

图 3-10

01　打开剪映专业版的首页，在主界面单击"开始创作"按钮➕，即可进入素材添加界面。在这里，添加本实例的视频素材"素材 .mp4"，然后将视频素材拖动至时间轴的主轨道上。

02　将时间轴定位到 00:00:03:00，单击"分割"按钮，选中分割后的第 2 段视频。在素材调整区，进入"调节"选项框，选择"曲线"，在"曲线"选项框中找到"亮度"曲线。将鼠标指针移动至亮度曲线斜线上，会显示一个"添加点"的符号。通过在斜线上添加点，我们可以精确地调节画面颜色，如图 3-11 所示。

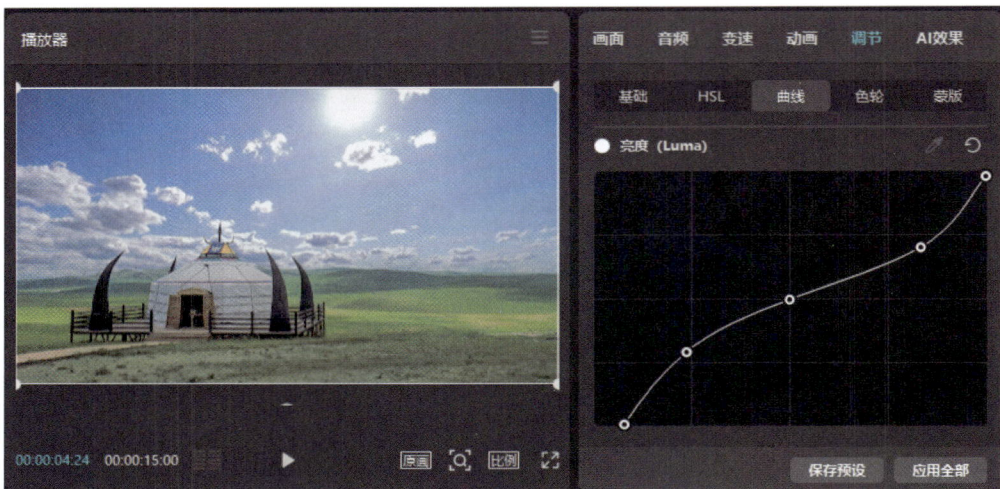

图 3-11

03 在完成亮度曲线调色之后，将时间指示器定位到 00:00:06:00 的位置，单击"分割"按钮。接着选中分割后的第 2 段视频，我们将在步骤 02 的基础上继续进行红色通道曲线的调节。

04 在"曲线"选项框中向下滚动，找到"红色通道（R）"，添加并调整点位，如图 3-12 所示。此步骤将调整画面中间区域的颜色，使其偏向粉红和红色，从而增强画面的梦幻效果。

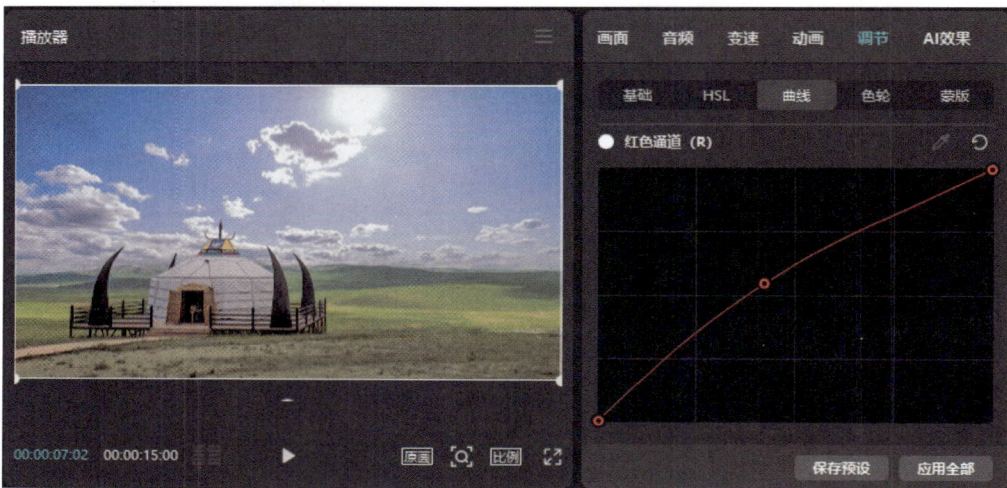

图 3-12

05 将时间轴定位到 00:00:09:00，单击"分割"按钮，然后选中分割后得到的第 2 段视频。我们将继续进行绿色通道曲线的调节，如图 3-13 所示。这一操作旨在增强画面中绿色草地的色泽。

06 最后时间指示器移动至 00:00:12:00 的位置，单击"分割"按钮，选择分割后的第 2 段视频。接下来，我们将在步骤 05 的基础上，进行蓝色通道曲线的调节，如图 3-14 所示。这一操作旨在调整画面中天空的颜色，使整体视觉效果更加和谐。

3.1.4 实操：小清新人像调色

在本节实操课程中，我们将深入探讨如何运用剪映软件的调色功能，掌握小清新人像的调色技巧。我们将结合之前未涉及的 HSL 调整、色轮工具以及蒙版技术，帮助读者更加熟练地掌握剪映的调色工具，效果如图 3-15 所示，接下来将介绍具体操作方法。

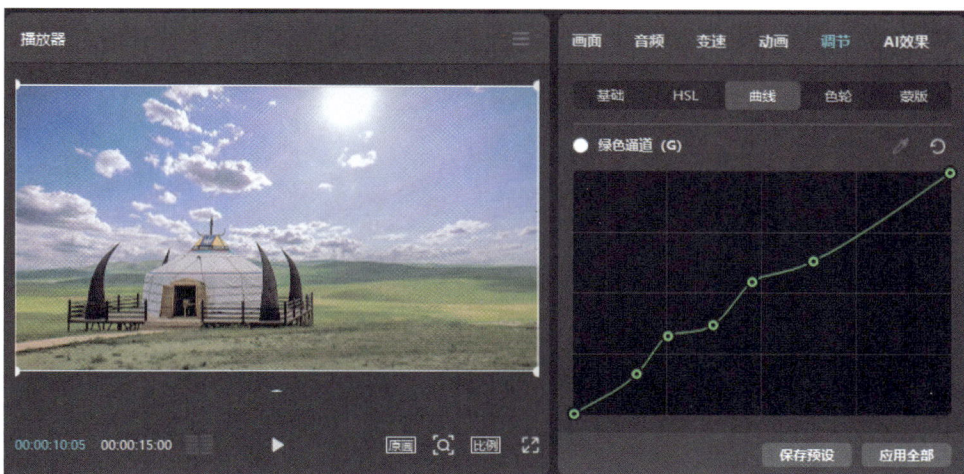

图 3-13

图 3-14

初始　　　　　　　　　　　　　　　调色后

图 3-15

01　在剪映专业版的首页，单击主界面的"开始创作"按钮 ⊕，即可进入素材添加界面。在这里，添加本实例所需的视频素材"素材.mp4"，然后将素材区中的视频素材拖动到时间轴的主轨道上。

02　将时间轴定位到 00:00:03:00，单击"分割"按钮，然后选中分割得到的第 2 段素材。在素材调整区域，单击"调节"选项，打开"基础"选项框，首先单击"智能调色"按钮，画面将自动变得更加明亮，如图 3-16 所示。

图 3-16

03 单击"色彩校正"选项，调整强度值，将自动调整画面的对比度、阴影等数值，如图 3-17 所示。

图 3-17

04 向下滑动，执行基础调节，首先是"色彩"调节。适当调整色温和色调数值，鉴于本案例涉及的是人物小清新风格的调色，我们将数值向蓝色和绿色偏移，如图 3-18 所示。

图 3-18

05 小清新人物的调色特点在于营造一种舒适、和谐、宁静的氛围。为了达到这一效果，我们应当降低对比度，并提升高光的亮度，如图 3-19 所示。

图 3-19

06　我们还可以适当调整"效果"栏中的锐化值和清晰度，以增强画面中元素的清晰度，使人物轮廓更加鲜明。这样，在进行调色处理时，图像也不会出现失真现象，如图 3-20 所示。

图 3-20

07　HSL 代表色相（Hue）、饱和度（Saturation）和亮度（Lightness），是调整视频颜色的 3 个关键参数。通过精确调整这些参数，我们可以对视频中的色彩进行细致的控制。选择 HSL 选项后，我们可以利用颜色调整工具对视频画面进行优化，如图 3-21 所示。

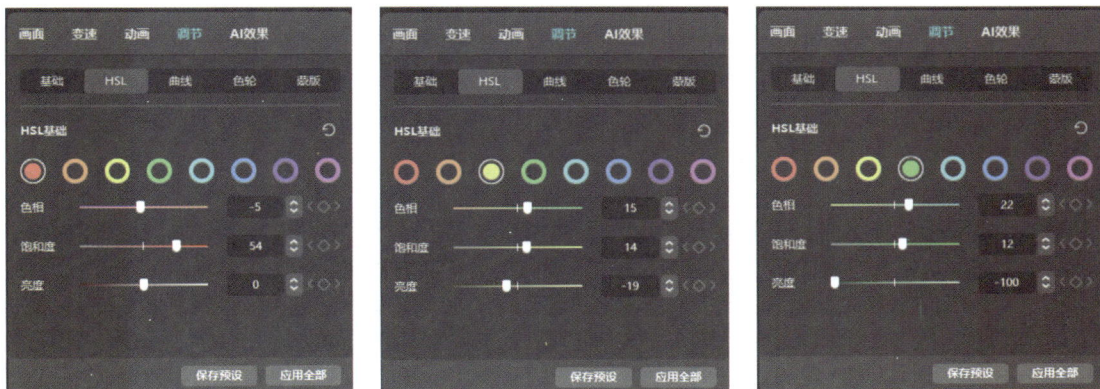

图 3-21

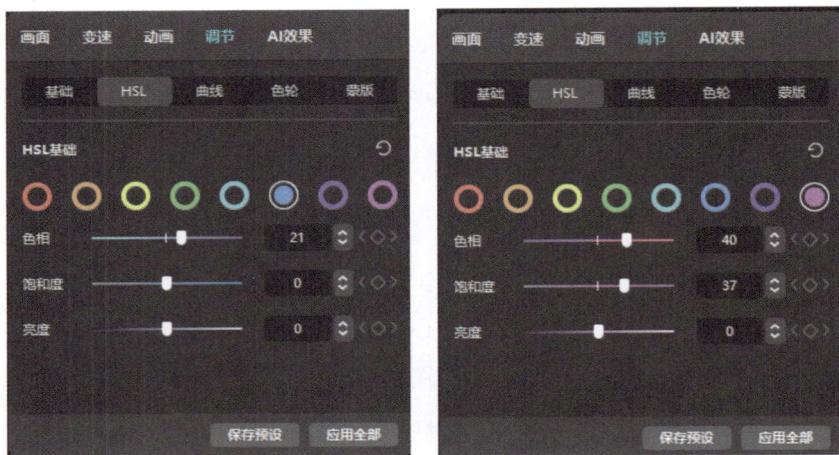

图 3-21（续）

08 单击"曲线"选项后，首先调整"亮度"曲线，如图 3-22 所示，可以将人物高光凸显出来，增强画面的梦幻感。

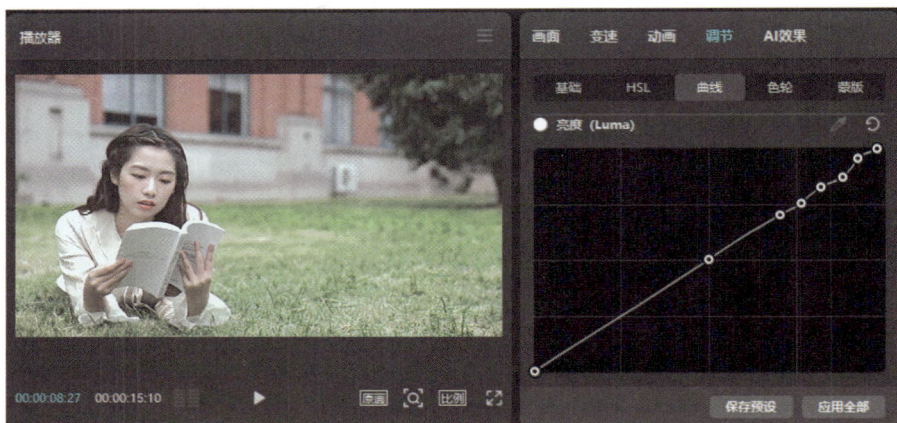

图 3-22

09 分别调整"红色通道""绿色通道"和"蓝色通道"的曲线，以进行细节上的优化，如图 3-23 所示。

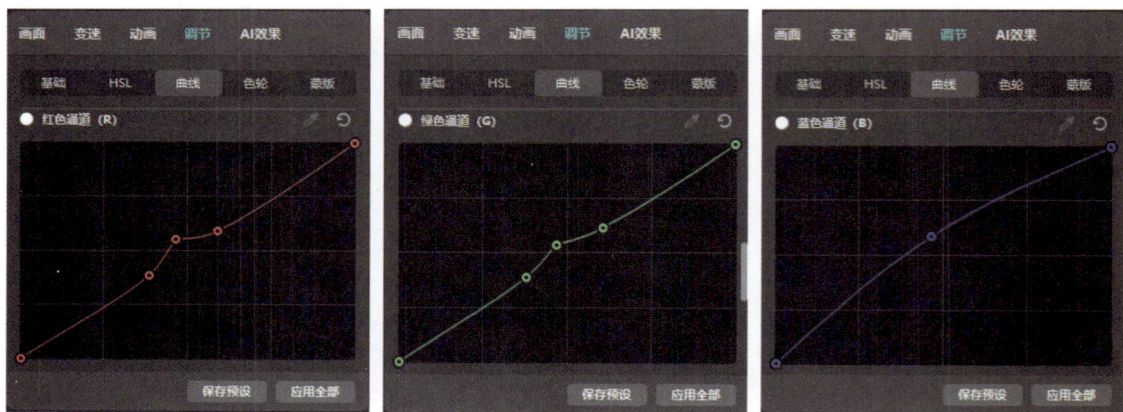

图 3-23

10 Log 色轮只存在于剪映专业版中，是对视频色彩的深度控制和微调，允许用户在更广泛的色彩范围内进行精细的调整。单击"色轮"选项，将阴影色轮中间的圆块向紫色移动，并适当调高左侧饱和度阴影值，调低右侧亮度阴影值；将中间调色轮中间的圆块向绿色移动，适当调低中间调左侧饱和度和右侧亮度数值，如图 3-24 所示。

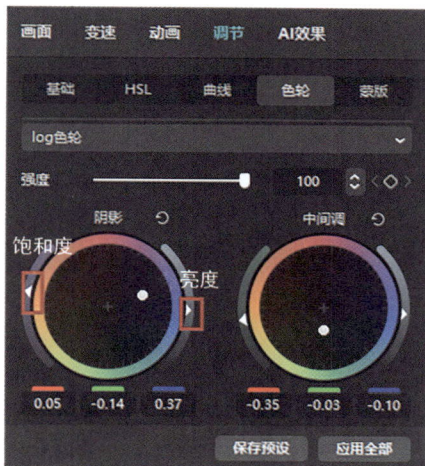

图 3-24

11　一级色轮同样只存在于剪映专业版中，一级色轮基于 HSL 模型，可调整图像颜色区域的色调、饱和度和亮度。其操作方式与 Log 色轮基本一致，移动中间圆块，再调整左右两侧饱和度和亮度数值。

12　在"色轮"选项框中，展开下方选项框，选择"一级色轮"，如图 3-25 所示，即可打开一级色轮。将暗部色轮中间的圆块向橘红色移动，并适当调高饱和度数值，如图 3-26 所示。

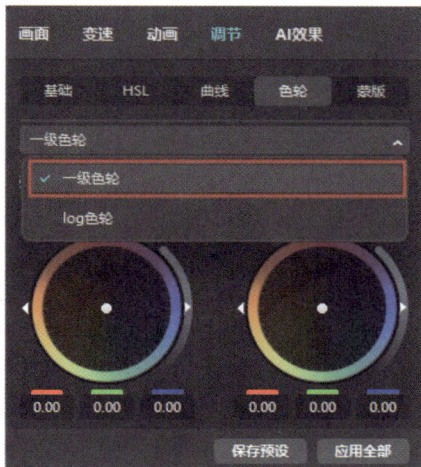

图 3-25

图 3-26

13　上述步骤涉及了对画面整体的调色处理，然而我们还需要对人物进行细致的单独调色。首先，选中已经调色的第 2 段"素材 .mp4"，然后按住 Alt 键并拖动，以在上方轨道复制一层第 2 段"素材 .mp4"。接着，选中复制出的第 2 段"素材 .mp4"，在素材调整区中单击"画面"|"蒙版"选项，并单击"添加蒙版"按钮，如图 3-27 所示。

14　选择"抠像"蒙版，在播放器画面中用"智能画笔"将人物抠出，如图 3-28 所示。

15　然后选中复制第 2 段"素材 .mp4"，在素材调整区中单击"调节"|"曲线"选项，将红色通道、绿色通道、蓝色通道更改，如图 3-29 所示。

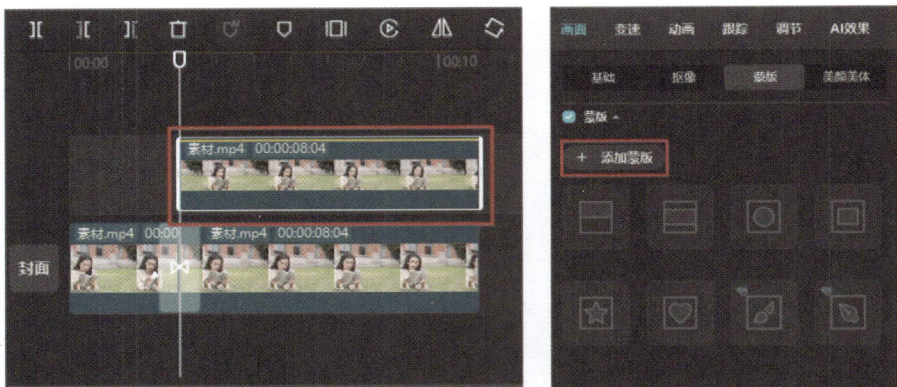

图 3-27

图 3-28

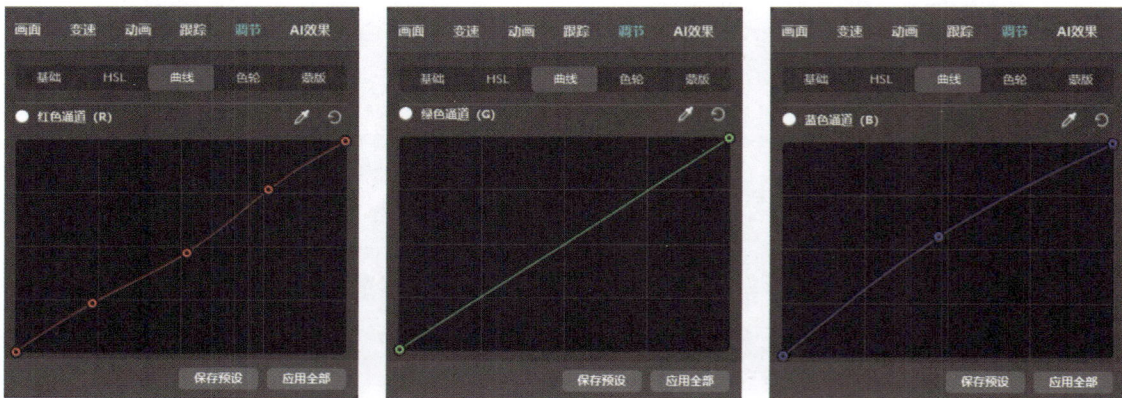

图 3-29

> 提示：剪映新添加的"蒙版调节"功能，方便用户进行简单的调色，特别是"抠像"和"钢笔"蒙版
> 功能，可以自由选择调色区域，比如可以随意调整书本的颜色，如图3-30所示。

3.2 画中画和蒙版，始终形影不离

在视频剪辑过程中，画中画技术允许我们在单一画面内嵌入另一个画面，从而展示多样化的素材内容。蒙版技术则可以精确控制画面中特定区域的显示、隐藏、透明度以及与其他元素的融合效果。当这

两种技术结合使用时，蒙版能够巧妙地将画中画素材的特定部分抠取出来，实现边缘的平滑过渡。此外，蒙版还可以调整画中画的光影和色调，使其与主画面更加和谐地融合，从而创造出更加丰富和引人入胜的视觉效果。

图 3-30

3.2.1　画中画

通俗地说，"画中画"就是使画面中再出现一个画面。"画中画"功能不仅能使两个画面同时播放，还能实现简单的画面合成操作，制作出各种各样的效果，如多屏显示、人物遮挡转场、一人分饰 N 角等。

1. 剪映 App

01　打开剪映 App 首页，在主界面点击"开始创作"按钮，进入素材添加界面，添加相应素材视频"素材 1.mp4"，点击右下方"导入"按钮，进入视频编辑界面。

02　首先选择"素材 1.mp4"，将其大小调整为 50%，并放置在预览区画面中左上方位置，如图 3-31所示。

03　然后，在未选中任何素材的状态下，点击"画中画"按钮，再点击"新增画中画"按钮，如图 3-32 所示，即可进入添加画中画素材界面。

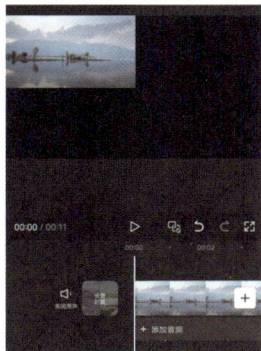

图 3-31

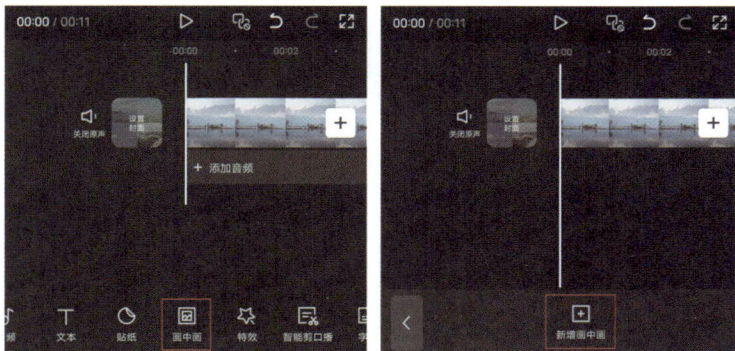

图 3-32

04 我们可以一次性选择多个素材："素材 2.mp4""素材 3.mp4""素材 4.mp4"，如图 3-33 所示，这样可以一次性添加至画中画轨道中。

05 添加完"素材 2.mp4""素材 3.mp4""素材 4.mp4"后，调整素材大小为 50%，并分别放置在预览区画面中其余位置，如图 3-34 所示。

图 3-33　　　　　　　　　　　　　图 3-34

2. 剪映专业版

与手机版界面不同，剪映专业版无需专门的"画中画"功能，只需在时间线主轨道上方的轨道添加素材，即可实现与"画中画"功能相同的效果，如图 3-35 所示。

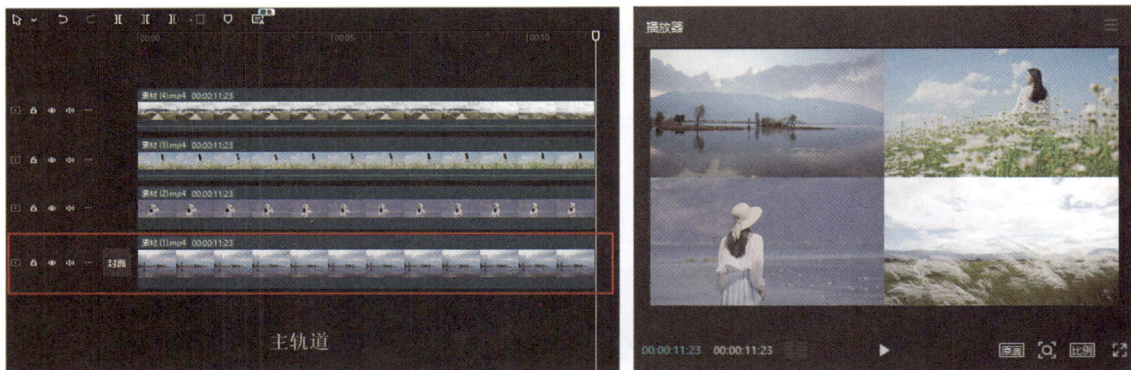

图 3-35

3.2.2　蒙版

"蒙版"功能，亦称为"遮罩"，是视频编辑中极为实用的工具之一。通过运用"蒙版"功能，可以轻松地遮蔽画面中的某些部分。随着剪映软件的持续更新与优化，最新版本引入了"钢笔"蒙版和"抠像"蒙版，并且支持在一个素材上叠加多个蒙版，有效解决了部分用户的编辑难题，使得剪映软件更加专业且操作简便，如图 3-36 所示。

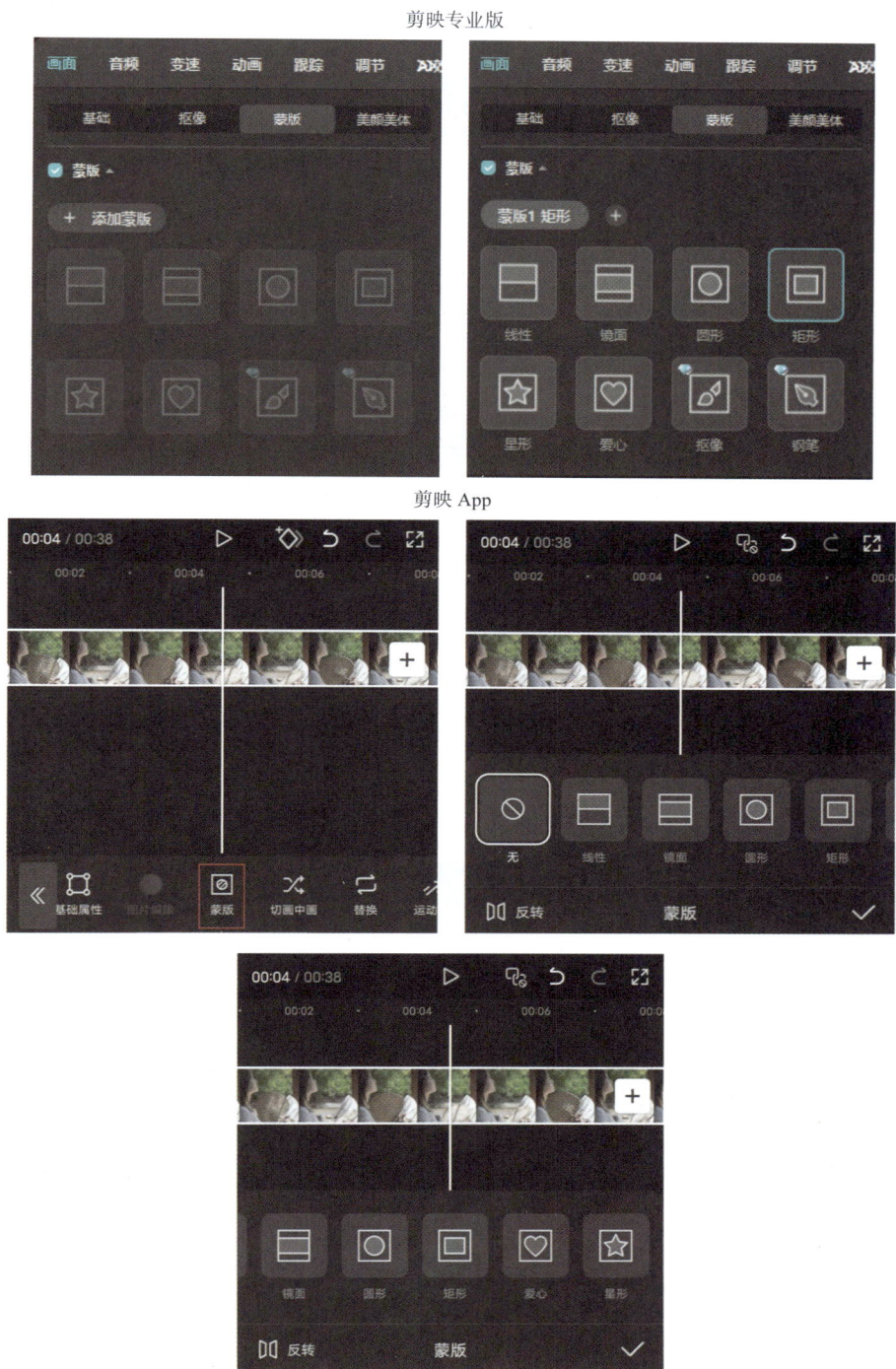

剪映专业版

剪映 App

图 3-36

1. "线性"蒙版

"线性"蒙版可用于在画面上划分出一个线性区域，通过该区域控制画面不同部分的显示、隐藏或透明度调整。例如，可用它将画面上下或左右分为两部分，一部分显示原素材，另一部分可添加其他内容；或通过添加关键帧，使一部分逐渐过渡到另一部分，从而制作渐变等效果。还可利用"线性"蒙版对特定区域进行单独调色，如图 3-37 所示。

图 3-37

2. "镜面" 蒙版

"镜面" 蒙版在 "线性" 蒙版的基础上增添了一条直线，可以通过 "镜面" 蒙版完成在画面中只显示中间部分的效果，一般可以用于制作裸眼 3D 效果，如图 3-38 所示。

图 3-38

3. "圆形" 蒙版

"圆形" 蒙版在短视频中频繁应用，用以增强视觉效果，凸显人物形象，强调画面重点，使构图更加生动。此外，我们亦可利用 "圆形" 蒙版创作个人专属的视频头像，如图 3-39 所示。

4. "矩形" 蒙版

"矩形" 蒙版是短视频制作中常用的蒙版之一，能够在画面中圈出一个矩形区域，并分别对该区域内外的画面进行操作。例如，可以保留矩形区域内的画面，同时隐藏矩形区域外的画面。这一功能常用于制作多屏蒙版效果，如图 3-40 所示。

5. "爱心" 和 "星型" 蒙版

"爱心" 和 "星型" 蒙版由于其独特的形状，使用频率较低，通常在剪映 App 中制作更为便捷，主要用于创建特殊图形的外框，以营造出独特的氛围，如图 3-41 所示。

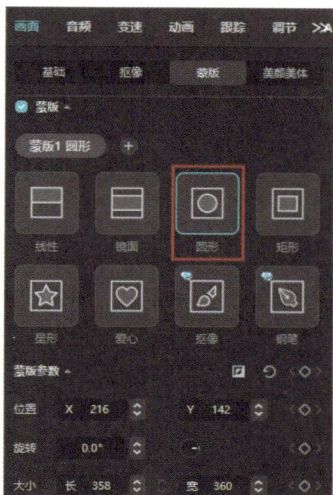

图 3-39

图 3-40

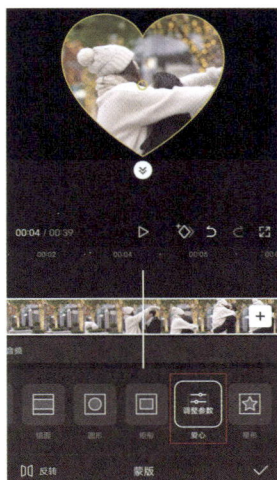

图 3-41

6. "抠像"蒙版

它与"抠像"功能相似，都能够将画面中需要的物体抠出，并且随着物体的移动而动态更新，如图3-42所示。

图3-42

与剪映的"抠像"功能相比，本工具的"抠像"蒙版支持添加关键帧，允许用户在电脑智能处理不足之处进行手动调整，从而使得画面更加精细和完善，如图3-43所示。然而，遗憾的是，在使用"抠像"蒙版抠出画面中的物体后，无法再利用"抠像"功能中的"抠像描边"选项，这意味着某些效果仍然需要通过传统的"抠像"功能来实现。

图3-43

7. "钢笔"蒙版

剪映新版引入了"钢笔"蒙版功能，为用户提供了自由选区的便利。这一功能是市场上几大主流专业剪辑软件的标准配置。为了使软件更加全面和专业，剪映持续进行迭代和优化。通过"钢笔"蒙版，我们的剪辑工作可以变得更加精细和专业。首先，在"画面"|"蒙版"选项中选择"钢笔"蒙版，然后在播放器画面上单击鼠标，就会添加一个点，如图3-44所示。正如"点成线，线成面"的原理，通过将需要框选的物体用点连接起来，可以自动形成一个蒙版，如图3-45所示。

将画面中物体框选出来后，会发现由于是直线与直线相连，均为直线角度，但是画面中许多拐弯点都是由弧线构成，是一条曲线。将鼠标指针放置在需要变成曲线的点处，同时按住Alt键和鼠标左键，即可出现曲线摇杆，如图3-46所示，将摇杆向两侧移动即可放大曲线角度，反之则缩小。

图 3-44

图 3-45

图 3-46

提示：在已经为曲线的点处单击，并按住Alt键和鼠标左键，即可取消曲线设置，变为直线。

3.2.3　实操：制作多屏蒙版卡点效果

多屏蒙版卡点效果是剪辑中常用的一种手法。本小节首先介绍如何制作多屏蒙版卡点效果，通过使用矩形蒙版和在多个轨道上放置素材来实现这一效果,具体效果如图3-47所示。下面将介绍具体操作方法。

图3-47

01 打开剪映专业版首页,在主界面单击"开始创作"按钮➕,进入素材添加界面。按照顺序在素材区添加素材,并将"素材(1).mp4"移动至时间线中。在"音频"|"音乐库"|"卡点"选项中选择一首合适的卡点背景音乐"Summer Guitar",如图3-48所示。

图3-48

02 在时间线音频轨道中选中背景音乐"Summer Guitar",在工具栏中单击"添加音乐节拍标记"按钮🎵,并选择"踩节拍Ⅱ",最终结果如图3-49所示。

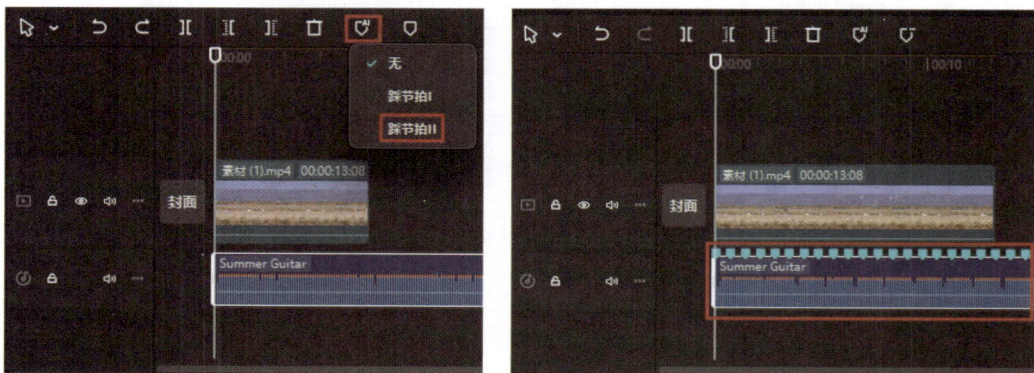

图3-49

03　将时间指示器移动至主轨道开头的位置，选中"素材（1）.mp4"，在素材调整区中"画面"｜"蒙版"选项下选中"蒙版"复选框，选择"矩形"蒙版，并添加多个关键帧，如图 3-50 所示。

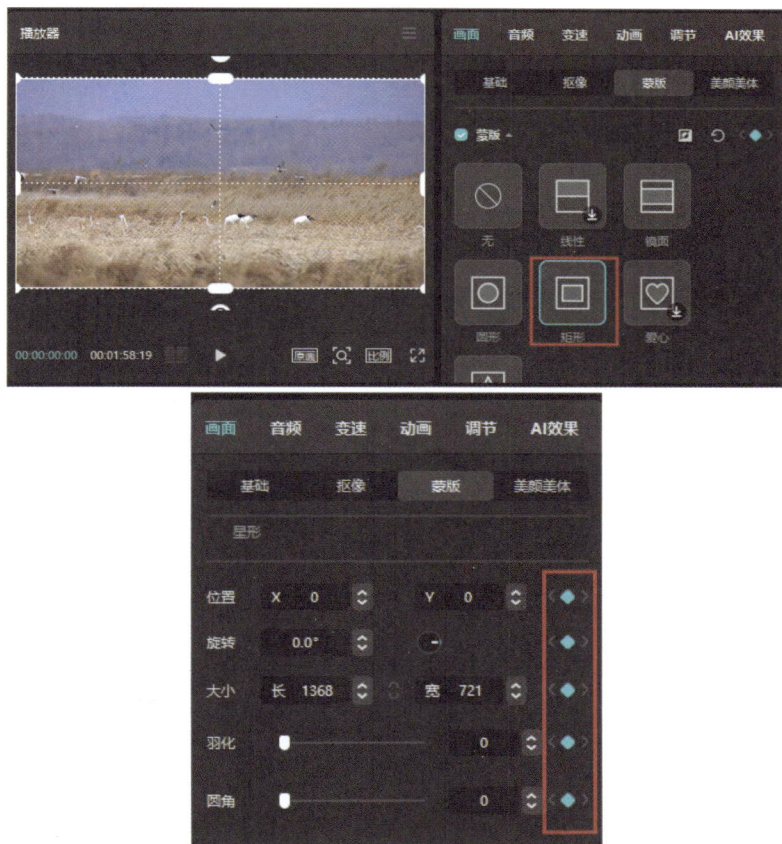

图 3-50

04　再将时间指示器移动至第 2 个节拍点位置，在播放器或蒙版参数中绘制蒙版，并添加关键帧，最终如图 3-51 所示。

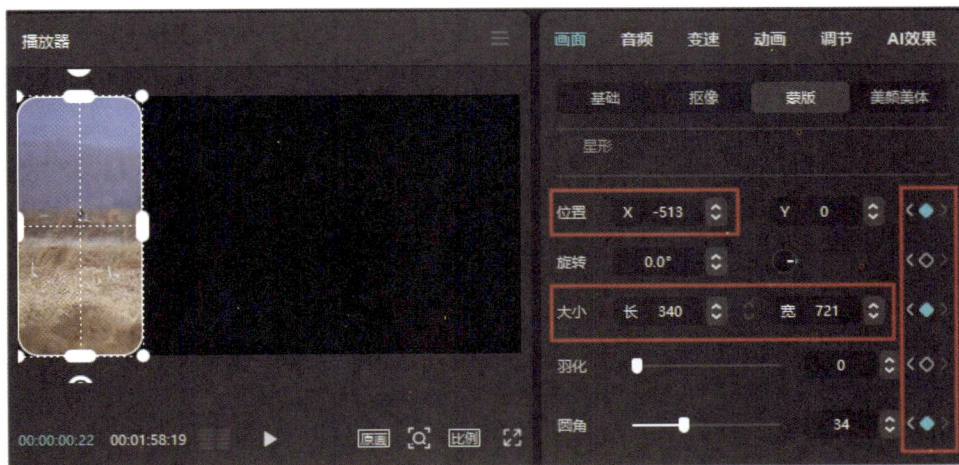

图 3-51

05　在第 2 个节拍点处，在主轨道上方轨道中添加"素材（2）.mp4"，如图 3-52 所示。

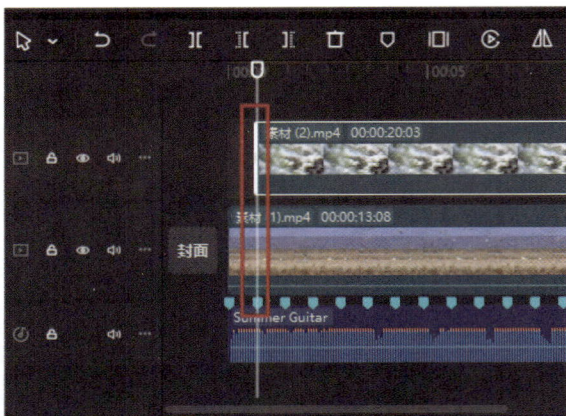

图 3-52

06 由于"素材（2）.mp4"初始画面不适合进行多屏蒙版制作，需要调整画面大小。选中"素材（2）.mp4"，单击鼠标右键执行"基础编辑"|"裁剪比例"命令，即可打开"调整大小"窗口，单击"AI扩展"选项，选择"扩展比例"为16:9，"原图缩放大小"为40%，并将其放置在预览区右侧，单击"开始生成"按钮，如图 3-53 所示。

图 3-53

07 单击"确定"按钮即可生成扩展图，如图 3-54 所示。

初始 扩展

图 3-54

08 选中"素材（2）.mp4"，选择"矩形"蒙版，在第 2 个节拍点处添加"蒙版参数"关键帧，具体设置如图 3-55 所示；再在第 3 个节拍点处添加"矩形"蒙版"蒙版参数"关键帧，具体设置如图 3-56 所示。

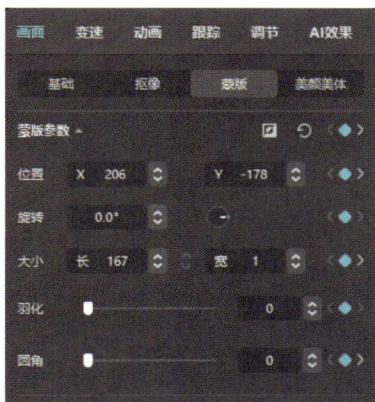

图 3-55

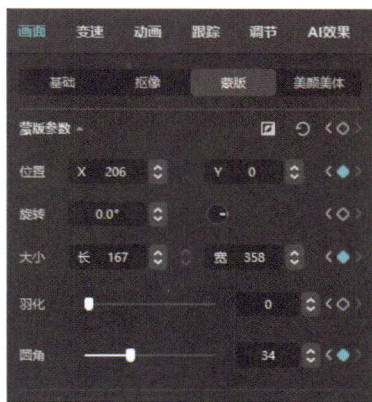

图 3-56

09　在第 3 个节拍点位置添加"素材（3）.mp4"，并根据同样的方法，选中"素材（3）.mp4"，在第 3 个节拍点处添加"矩形"蒙版"蒙版参数"关键帧，具体设置如图 3-57 所示；在 00:00:01:23 处添加"矩形"蒙版"蒙版参数"关键帧，具体设置如图 3-58 所示。

图 3-57

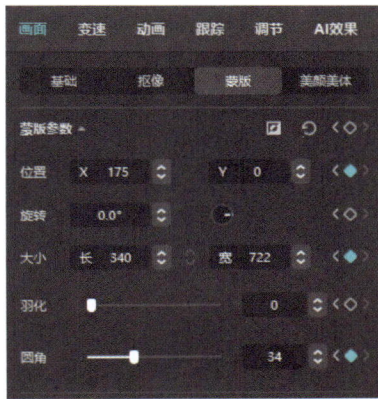

图 3-58

10　在 00:00:01:23 处添加"素材（4）.mp4"，选中"素材（4）.mp4"，在该位置添加"矩形"蒙版"蒙版参数"关键帧，具体设置如图 3-59 所示；在第 4 个节拍点处添加"矩形"蒙版"蒙版参数"关键帧，具体设置如图 3-60 所示。

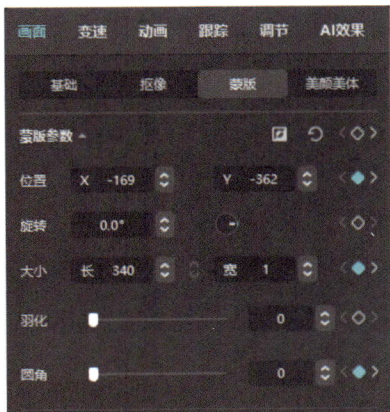

图 3-59

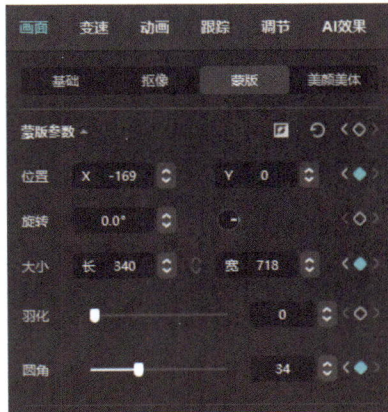

图 3-60

3.2.4 实操：制作剪映数字人绿幕抠像新闻播报视频

　　"绿幕抠像"是一种通过识别画面中绿色背景部分进行抠像的技术，其作用在于方便将绿色背景部分抠除，并替换为其他图像、视频或特效。该技术常用于科幻、玄幻和动作类影片中无法通过现实手段实现的场景。之所以选用绿色而非红色或蓝色，原因在于绿色与人体肤色差异显著，使得抠像时更容易精准区分背景与人物。此外，绿色在自然场景中出现的频率较低，如天空、肤色和大多数服装颜色中较少包含绿色，从而减少抠像过程中误将其他部分当作背景移除的情况。本案例将通过绿幕抠像技术制作新闻播报视频，效果如图 3-61 所示，下面将详细介绍具体操作方法。

图 3-61

01　打开剪映专业版首页，在主界面单击"开始创作"按钮 ➕，进入素材添加界面，按照顺序在素材区添加素材。首先将"新闻背景素材.mp4"和"新闻条素材.mp4"导入至时间线中，如图 3-62 所示，选中"新闻条素材.mp4"，在素材调整区中单击"变速"|"常规变速"，将其速度更改为 0.9×。

02　调整"新闻条素材.mp4"在画面中的位置，如图 3-63 所示。

03　在常用功能区中单击"文本"|"新建文本"选项，选择"添加口播稿"，在弹出的"添加口播稿"窗口中，输入本案例口播文案，如图 3-64 所示，完成后单击"添加到时间线"按钮。

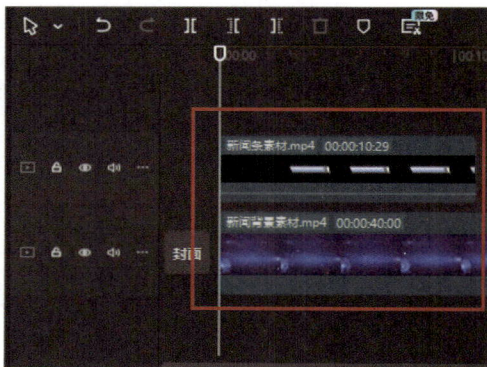

图 3-62

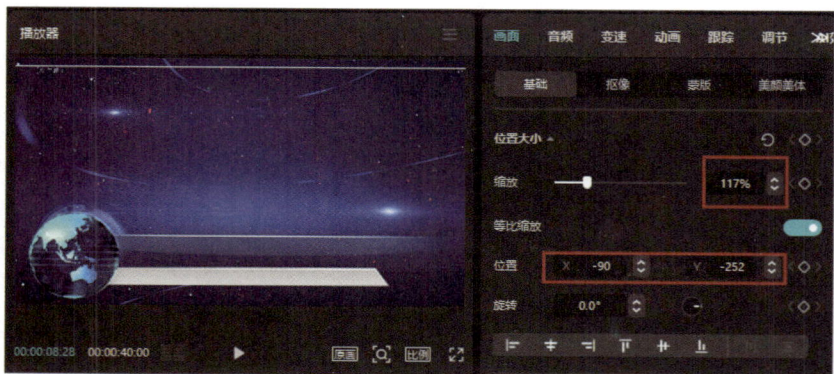

图 3-63

04　在时间线中根据实际口语习惯调整口播文案，完成后选中所有口播文案，在素材调整区中单击"数字人"选项，并从出现的数字人中选择一个合适的数字人。接着单击"下一步"按钮，选择数字人声音为"新闻女声"，并将语速调整为 1.25 倍，最后单击"生成"按钮，如图 3-65 所示。

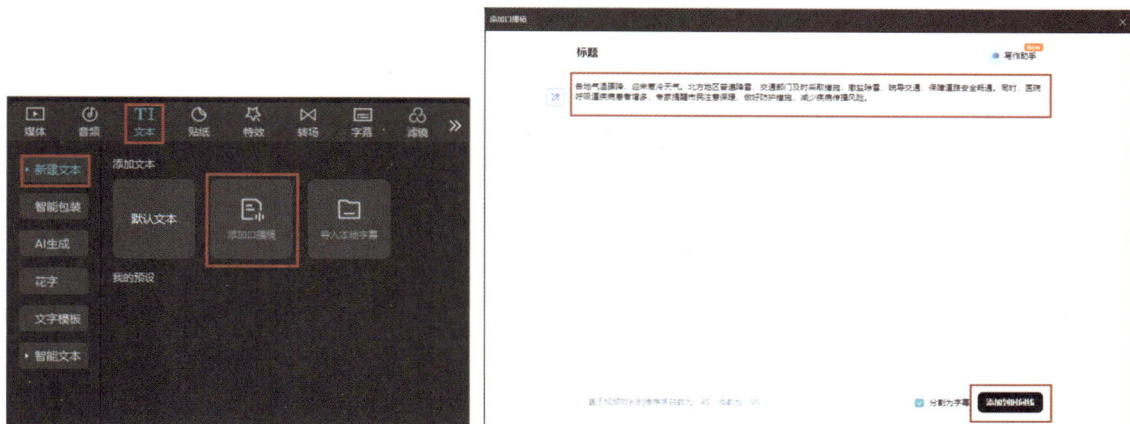

图 3-64

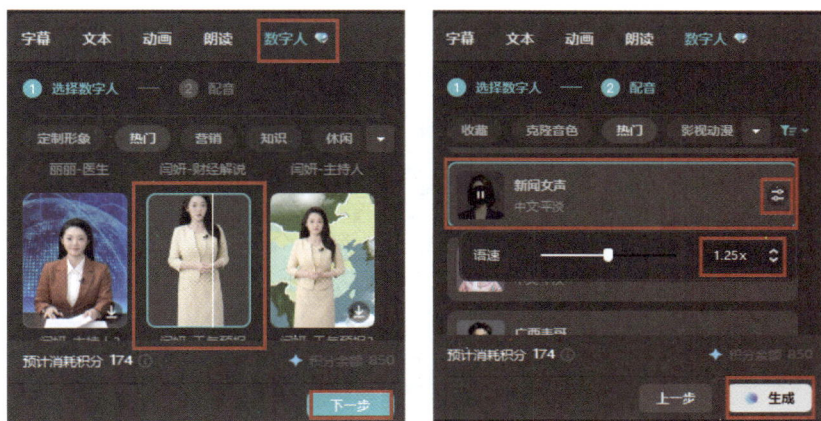

图 3-65

05　在文字轨道上方会自动生成数字人视频，由于生成的数字人视频中间间隙较大，如图 3-66 所示，我们可以通过"分割"和"删除"功能对数字人视频进行裁切，让视频变得更加紧凑，如图 3-67 所示。

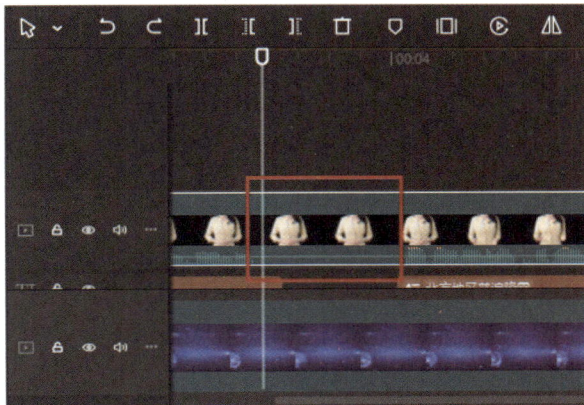

图 3-66

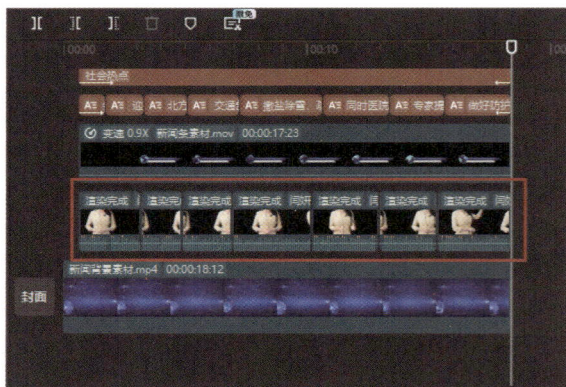

图 3-67

提示：口播素材也需进行裁剪，一个逗号为一句，除了"、"，基本不需要加标点符号。

06 在时间线中将数字人视频放置在"新闻背景素材.mp4"轨道上方，然后在上方轨道放置"新闻条素材.mp4"，在"新闻条素材.mp4"轨道上方放置口播文案，口播文案字体字样设置一致，将其放置在"新闻条素材.mp4"上方，然后在口播文案轨道上方添加新闻标题"社会热点"文字素材，具体设置如图 3-68 所示。

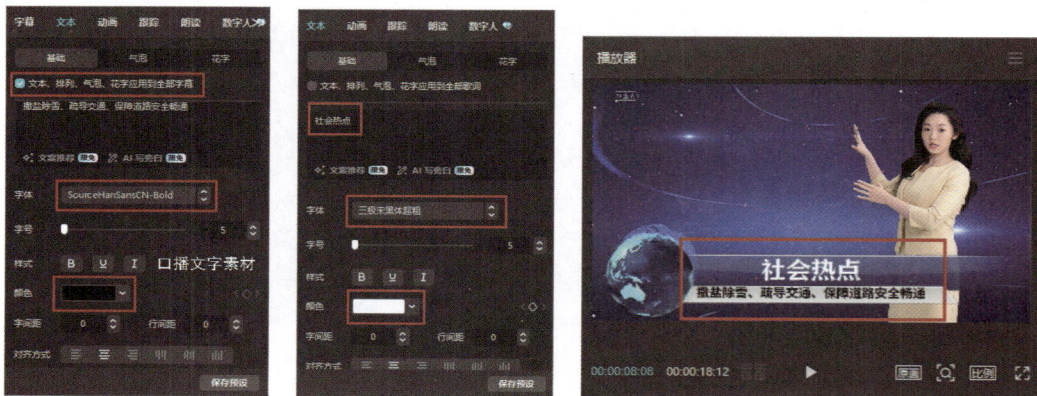

图 3-68

07 在常用功能区中单击"素材"|"官方素材"，搜索并添加"绿色背景.mp4"素材至"新闻背景素材.mp4"轨道上方，在素材调整区中单击"变速"|"常规变速"选项，将速度调整为 0.3×，如图 3-69 所示。

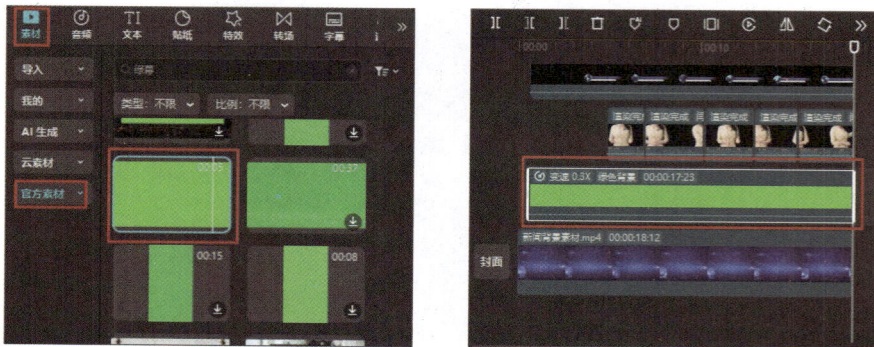

图 3-69

08　然后将"绿色背景.mp4"缩小，放置在画面左侧，具体如图 3-70 所示。

图 3-70

09　完成上述操作后，关闭主轨道磁吸 ，将时间指示器移动至 00:00:00:19 的位置，在主轨道中放置素材"新闻素材.mp4"，其余素材向上移，具体如图 3-71 所示。

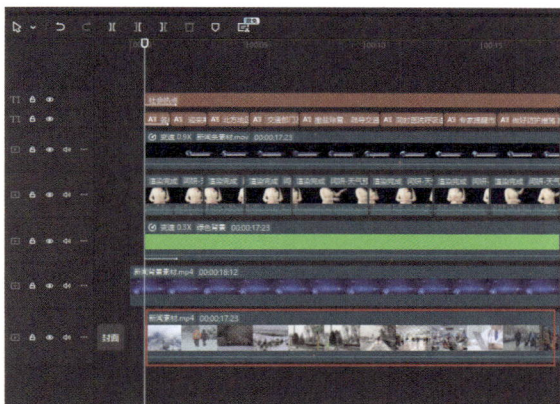

图 3-71

10　选中主轨道上方除文字素材外的所有素材，单击鼠标右键，执行"新建复合片段（子草稿）（Alt+G）"命令，则可生成"复合片段 1"，如图 3-72 所示。

图 3-72

11　选中"复合片段 1"，在素材调整区中点击"画面"|"抠像"选项，选择"色度抠图"，然后点击"取色器"，将画面中的绿色提取出来，然后更改"色度抠图"中的选项数值，具体如图 3-73 所示。

图 3-73

3.2.5 实操：制作盗梦空间视频

在前文关于"蒙版"基础知识的讲解中，我们提到"线性"蒙版能够将画面上下或左右分割为两部分：一部分用于展示原始素材，另一部分则可以添加其他内容。本案例正是利用"线性"蒙版的这一特性，制作出"盗梦空间"效果视频，效果如图 3-74 所示。接下来，我们将详细介绍具体的操作步骤。

图 3-74

01 打开剪映专业版首页，在主界面单击"开始创作"按钮 ⊞，进入素材添加界面，按照顺序在素材区添加素材，将"素材（1）.mp4"和"素材（2）.mp4"导入到时间线中，如图 3-75 所示。

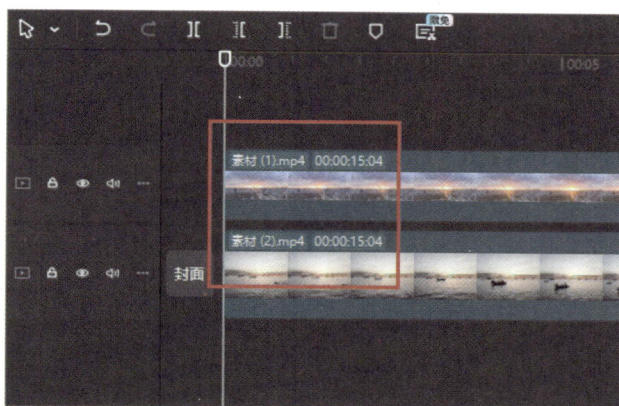

图 3-75

02　选中"素材（1）.mp4"，将其旋转180°，并放置在画面上方，如图 3-76 所示。

图 3-76

03　然后选中"素材（2）.mp4"，将其向下移动，如图 3-77 所示。

图 3-77

04　选中"素材（2）.mp4"，在素材调整区中选择"画面"|"蒙版"，添加"线性"蒙版，具体设置

如图 3-78 所示。

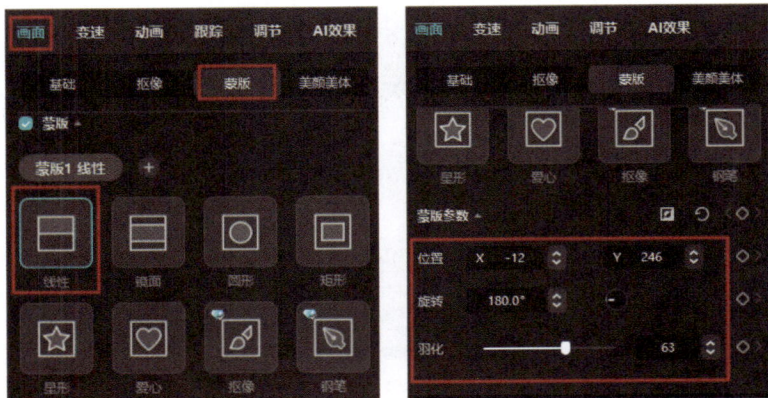

图 3-78

05 然后选中"素材（1）.mp4"，在素材调整区中选择"画面"|"蒙版"，添加"线性"蒙版，具体设置如图 3-79 所示。

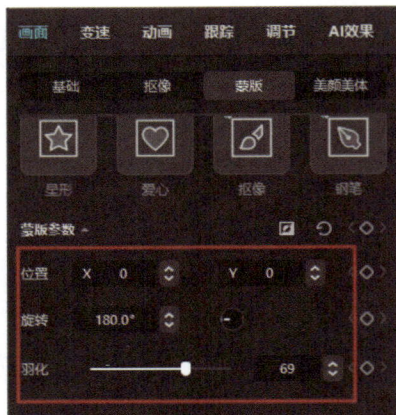

图 3-79

06 盗梦空间效果即制作完成，读者还可以根据自己的喜好添加背景音乐。

拓展案例：蒙版调色

蒙版调色的操作步骤如下：首先在画面上添加蒙版，划出一个特定区域，该区域可以是任意形状。随后，仅对蒙版覆盖的区域进行色彩调整，例如改变色相、饱和度或明度等。通过蒙版调色，我们可以使画面色调更加和谐统一。本案例将简要介绍蒙版调色的方法，最终效果如图 3-80 所示。

图 3-80

难度：★★★

相关文件：第 3 章 \3.2\3.2 拓展案例

效果视频：第 3 章 \3.2\ 蒙版调色效果视频 .mp4

本例知识点

☐ 在时间线轨道中复制粘贴两次"素材 .mp4"。

☐ 对主轨道"素材 .mp4"进行整体调色，重点调整海的颜色。

☐ 对"素材（复制 1）.mp4"运用"抠像"蒙版将人物抠出，更改画面中人物色彩，使皮肤显得更加明亮和白皙。

☐ 对"素材（复制 2）.mp4"运用"线性"蒙版调整天空的颜色。由于天空的颜色和海洋颜色相似，需要单独分别调色。在贴纸上方的轨道再次复制粘贴"素材 2.mp4"，将图片中的左手抠出来，放置在贴纸上方即可。

☐ 除了在调节功能中调整色彩，还可以添加"滤镜"和"特效"。本拓展案例需要在上方轨道添加"发光"特效。

3.3　神奇关键帧，静止画面也能动起来

视频是动态的，这不仅体现在拍摄时捕捉运动场景或运用运镜技巧，剪辑过程中同样能让静态图像动起来。借助剪辑软件中的各种效果，我们可以赋予画面动态效果，还可以通过添加关键帧来让画面动起来。关键帧的核心功能是记录视频在特定时刻的视觉状态，包括物体的位置、尺寸、旋转角度以及颜色和透明度等属性。通过在不同时间点设置关键帧，软件能够自动生成这些帧之间的过渡帧。例如，要创建一个物体从画面一侧移动到另一侧的动画效果，我们只需在起始位置设置一个关键帧来记录物体的初始状态，在结束位置设置另一个关键帧来记录物体的最终状态，软件便会自动生成物体的过渡帧，实现物体自然的移动。此外，关键帧还可以用来调整视频的节奏，如实现加速或减速的效果，并可以控制视频特效的变化，如让特效从无到有或者从弱到强等。本节将介绍如何在剪映软件中运用关键帧来制作动画效果。

3.3.1　认识动画功能

在深入探讨关键帧之前，让我们先熟悉一下剪映的"动画"功能。剪映的"动画"功能允许用户在视频的开始和结束时添加动画效果，使整个素材变得生动，从而剪辑出类似混剪的视频效果。在剪映专业版的素材调整区域，单击"动画"选项，用户可以选择"入场""出场"或"组合"动画效果。而在剪映 App 中，用户需要先选择相应的素材，接着在下方工具栏中找到并单击"动画"按钮，同样可以找到"入场""出场"和"组合"动画效果选项，选择一个合适的动画效果，如图 3-81 所示。

剪映专业版

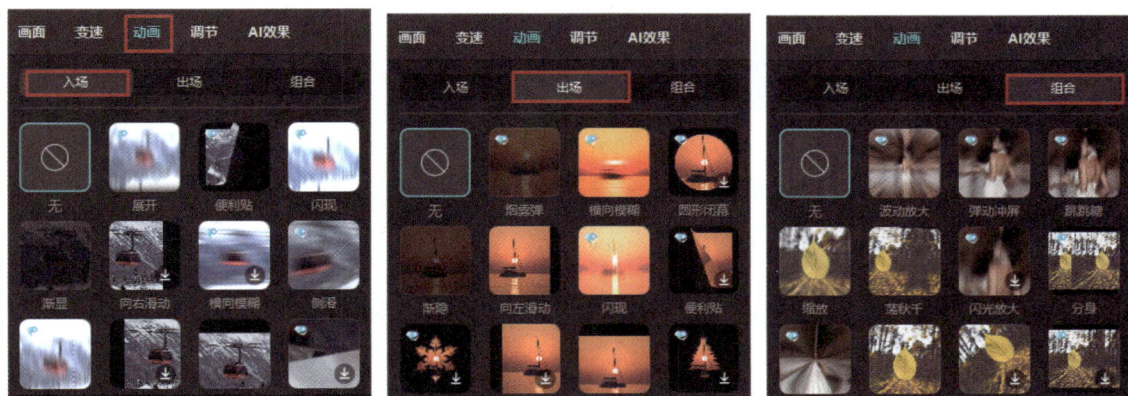

图 3-81

剪映 App

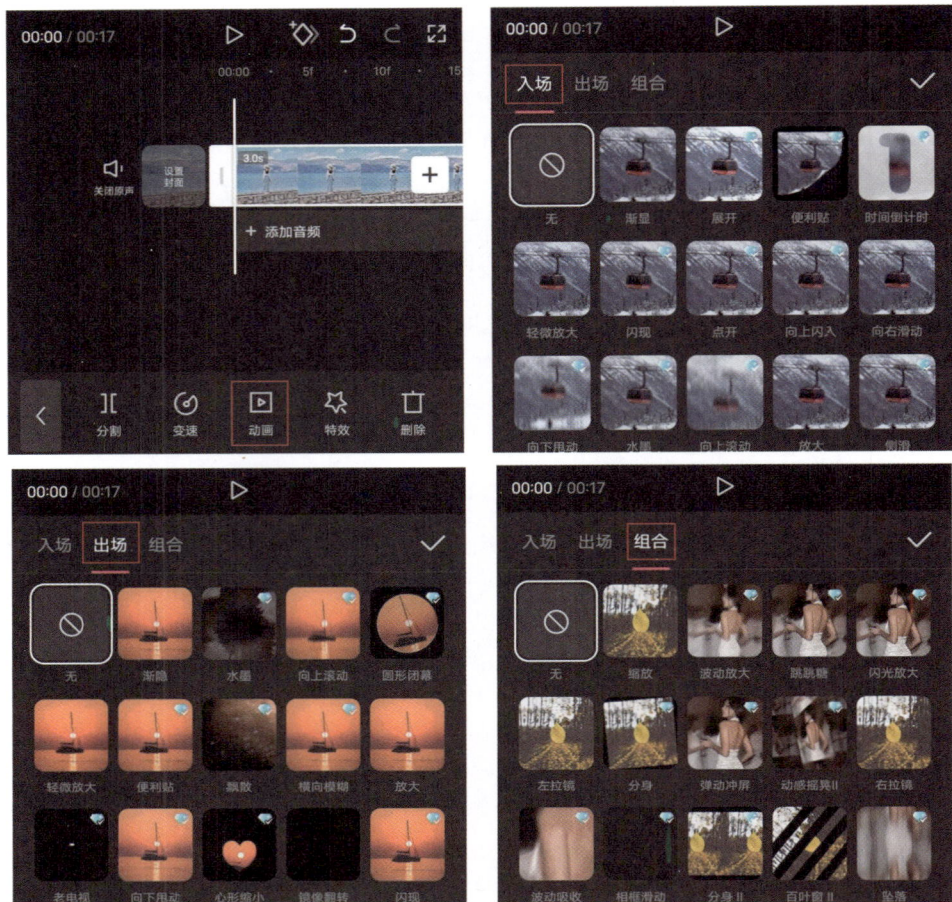

图 3-81（续）

剪映的"动画"功能，主要被运用于实现"转场"功能无法完成的特殊转场效果。至于画面动画，我们同样可以在"特效"功能中寻找到适合制作动画的选项，它包括"画面特效"和"人物特效"两大类，如图 3-82 所示。

剪映专业版

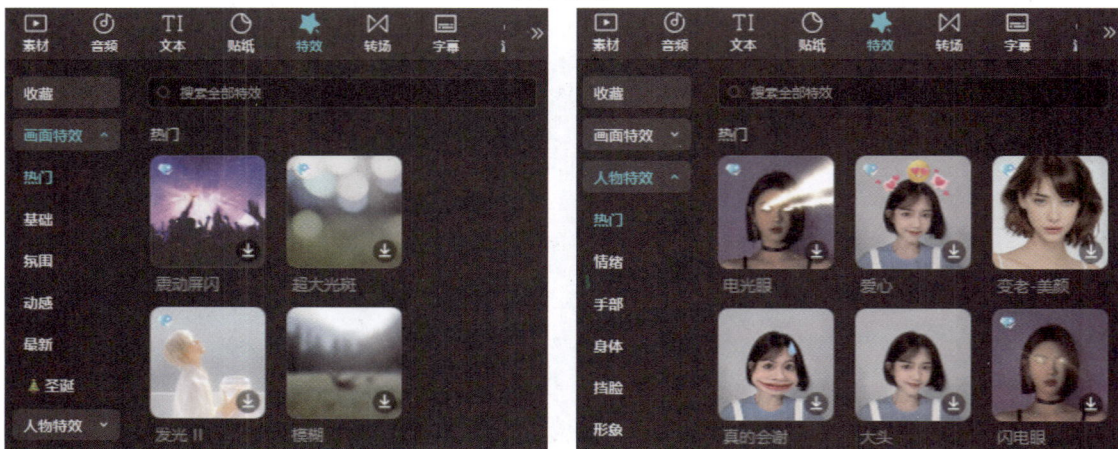

图 3-82

剪映 App

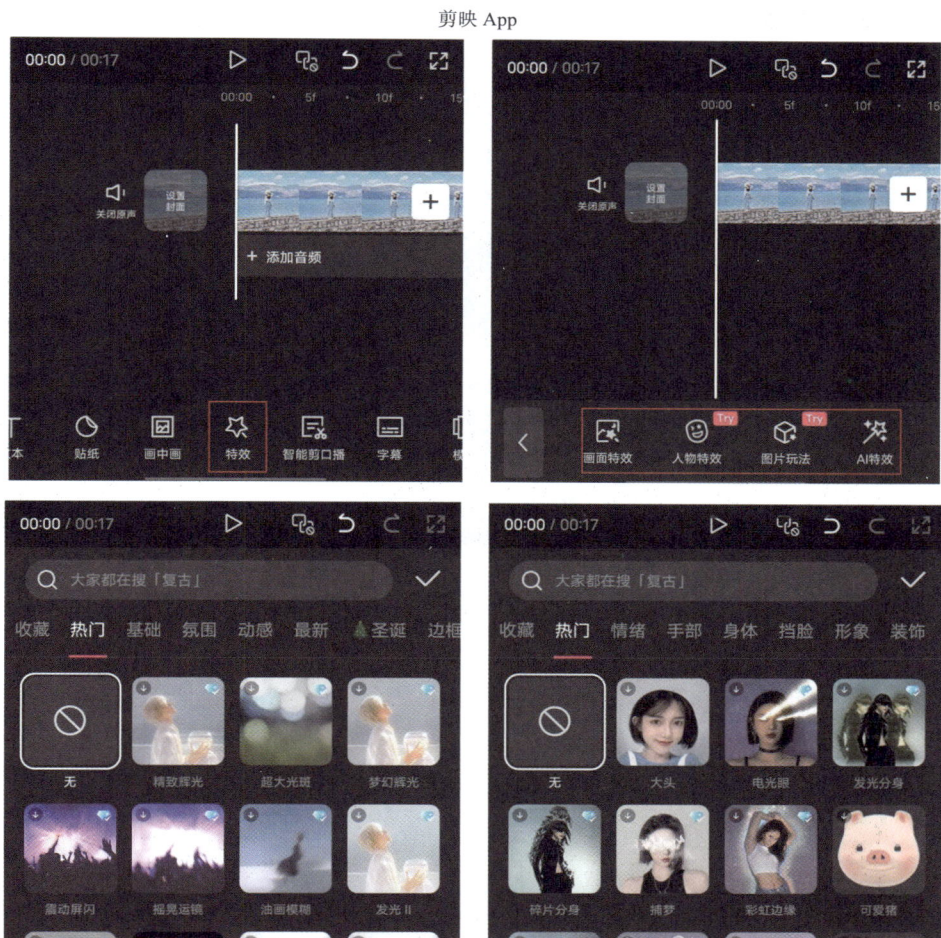

图 3-82（续）

3.3.2　关键帧具体操作

在剪辑中，关键帧是一种用于精确控制视频元素动态变化的工具，它定义了一个对象在特定时间点的位置、大小、旋转、透明度或其他属性。为了让读者对关键帧的添加和制作有一个系统的基础认识，本小节将以添加位置关键帧为例，从添加、移动、修改、复制 4 个维度进行讲解说明。

1. 剪映 App

01　打开剪映 App 首页，在主界面点击"开始创作"按钮🞤，进入素材添加界面，添加相应视频素材"素材 .mp4"，点击右下方"导入"，进入视频编辑界面。

02　进入视频编辑界面后，选中"素材 .mp4"，我们可以看到预览区下方有一个菱形按钮◈，这就是添加关键帧按钮。点击添加关键帧按钮◈，添加关键帧，所有设置保持不变，如图 3-83 所示。然后将时间指示器移动至 00:02 的位置，再添加一个关键帧，在预览区画面中将画面放大且旋转 30°，此时已经添加好缩放和旋转关键帧，如图 3-84 所示。

提示：（1）具体数值，我们可以通过选中"素材.mp4"，在"基础属性"中进行查看，如图3-85所示。

　　　（2）鉴于剪映App的调节功能不支持通过关键帧直接设置颜色渐变，我们可以通过利用"蒙版"功能来添加关键帧，从而实现颜色渐变的效果。

图 3-83

图 3-84

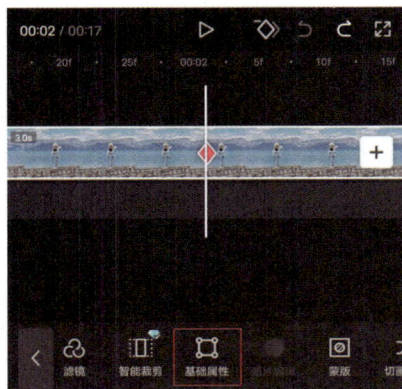
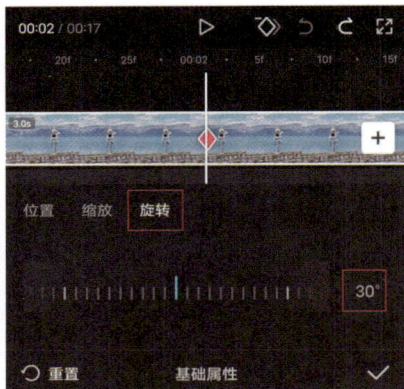

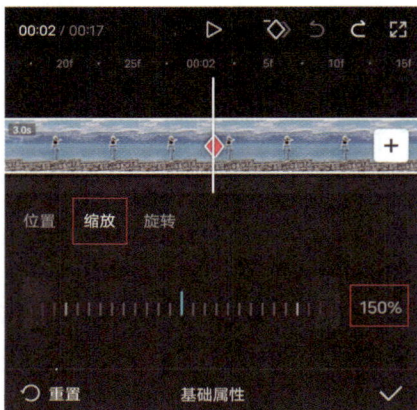

图 3-85

2. 剪映专业版

01 相较于 App 版界面限制，专业版在关键帧添加和制作方面要更加全面且便捷，并且在剪辑时更加直观。进入视频编辑界面后，选中"素材 .mp4"，将时间指示器移动至开始位置。在素材调整区"画面"|"基础"选项中，我们可以看到选项右侧有白色线条菱形 ◇，单击"位置大

小"右侧菱形标记，即可添加"位置大小"关键帧，白色线条菱形则变为蓝绿色菱形 ◆，如图 3-86 所示。

02　然后将时间指示器移动至 00:00:01:10 的位置，再添加一个"位置大小"关键帧，数值如图 3-87 所示。

图 3-86

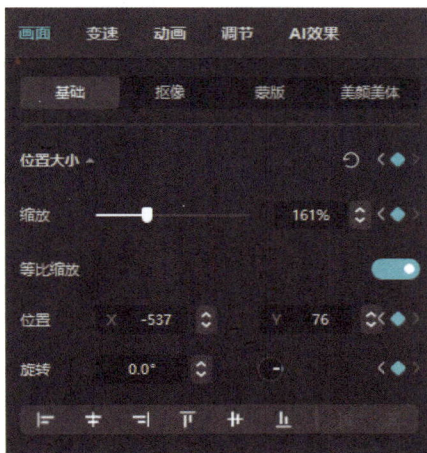

图 3-87

3.3.3　实操：镂空文字开场视频

镂空文字效果在众多影视剧作品中被广泛运用，它不仅能够揭示画面内容，还能传达关键信息。本案例将演示如何制作一个从画面过渡到镂空文字的开场视频，其效果如图 3-88 所示。接下来，我将详细介绍具体的操作步骤。

图 3-88

01　打开剪映专业版首页，在主界面单击"开始创作"按钮 ➕，进入素材添加界面，并在素材区添加本案例素材"素材 .mp4"。首先，在常用功能区中选择"素材"|"官方素材"选项，找到"黑场"素材并添加至时间线主轨道中，如图 3-89 所示。我们可以随意更改"黑场"时长，将"黑场"时长延长至 00: 00: 16: 06。

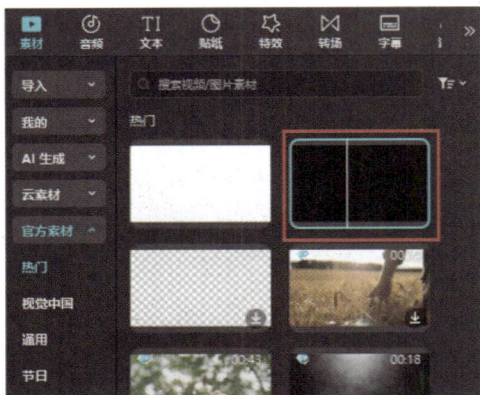

图 3-89

提示：延长时长并不固定，这里只是将其稍微
延长，方便后续修改。

02 在"黑场"素材上方添加文字素材"1979"，颜色要更改为绿幕颜色，具体设置如图 3-90 所示，
然后将文字素材时长调整至与"黑场"时长一致。

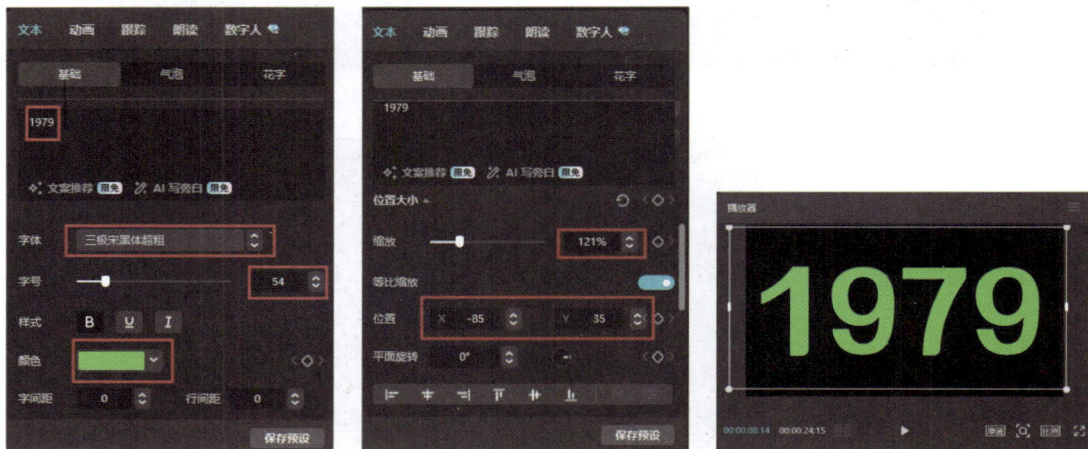

图 3-90

03 选中文字素材"1979"和"黑场"素材，单击鼠标右键执行"新建复合片段（子草稿）（Alt+G）"
命令，如图 3-91 所示，即可新建"复合片段 1"。

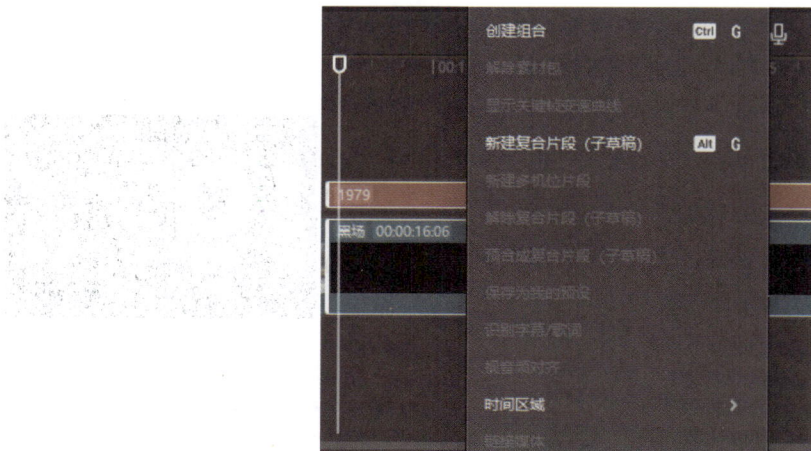

图 3-91

04　将"复合片段 1"放置在主轨道上方的轨道中，然后将"素材 .mp4"添加至主轨道中，如图 3-92 所示。

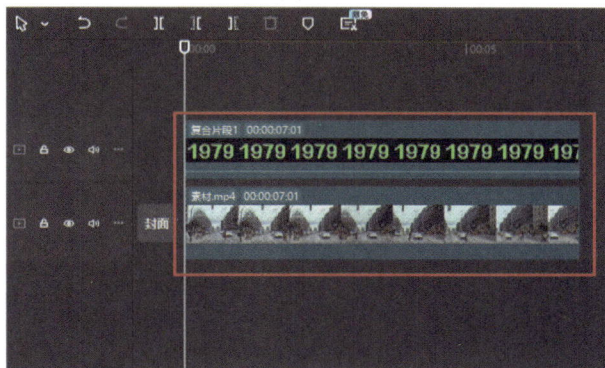

图 3-92

05　选中"复合片段 1"，在素材调整区中选择"画面"|"抠像"选项，选择"色度抠图"，将画面中文字的绿色抠除，如图 3-93 所示。

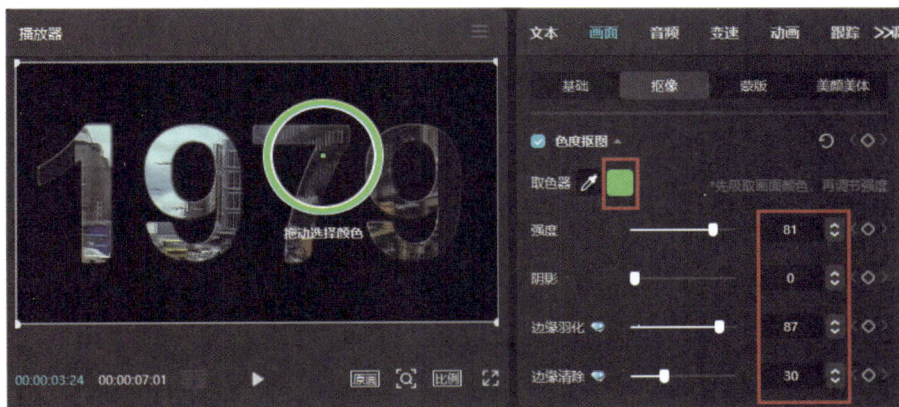

图 3-93

06　然后将时间指示器移动至 00:00:02:15 的位置，在此处添加"位置大小"关键帧，数值保持不变，再将时间指示器移动至 00:00:00:00 的位置，添加"位置大小"关键帧，将画面放到最大，具体设置如图 3-94 所示。

图 3-94

图 3-94（续）

3.3.4 实操：裸眼3D效果

在前面介绍蒙版时，我们探讨了蒙版的应用，并提到"镜面"蒙版能够辅助实现裸眼 3D 效果。然而，仅凭添加"镜面"蒙版是不足以完成裸眼 3D 效果的，它需要与"抠像"技术以及关键帧动画配合使用。本案例旨在制作一个飞机仿佛即将飞出屏幕的裸眼 3D 视频，效果如图 3-95 所示。下面将介绍具体操作方法。

图 3-95

01 打开剪映专业版首页，在主界面单击"开始创作"按钮 ⊞，进入素材添加界面，并在素材区添加本案例素材，将"素材 .mp4"移动至时间线的主轨道中，选中"素材 .mp4"并同时按住 Alt+ 鼠标左键，在上方的轨道中复制并粘贴"素材 .mp4"，如图 3-96 所示。

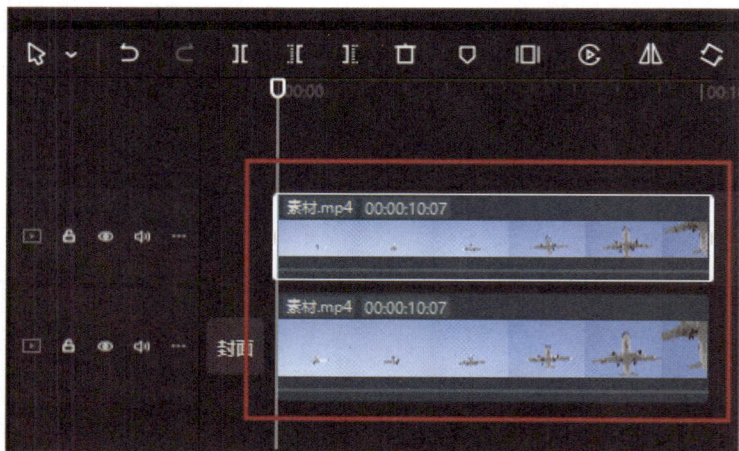

图 3-96

02 选中主轨道视频素材"素材 .mp4"，在素材调整区中选择"画面"|"蒙版"选项，选择"镜面"蒙版，将时间指示器移动至 00:00:05:16 处，添加"蒙版参数"关键帧，再将时间指示器移动至 00:00:05:28，添加"蒙版参数"关键帧，具体数值设置如图 3-97 所示。

03 然后选中复制"素材 .mp4"，在素材调整区中选择"画面"|"蒙版"选项，选择"抠像"蒙版，

将画面中的飞机抠出，即可完成裸眼 3D 效果，如图 3-98 所示。

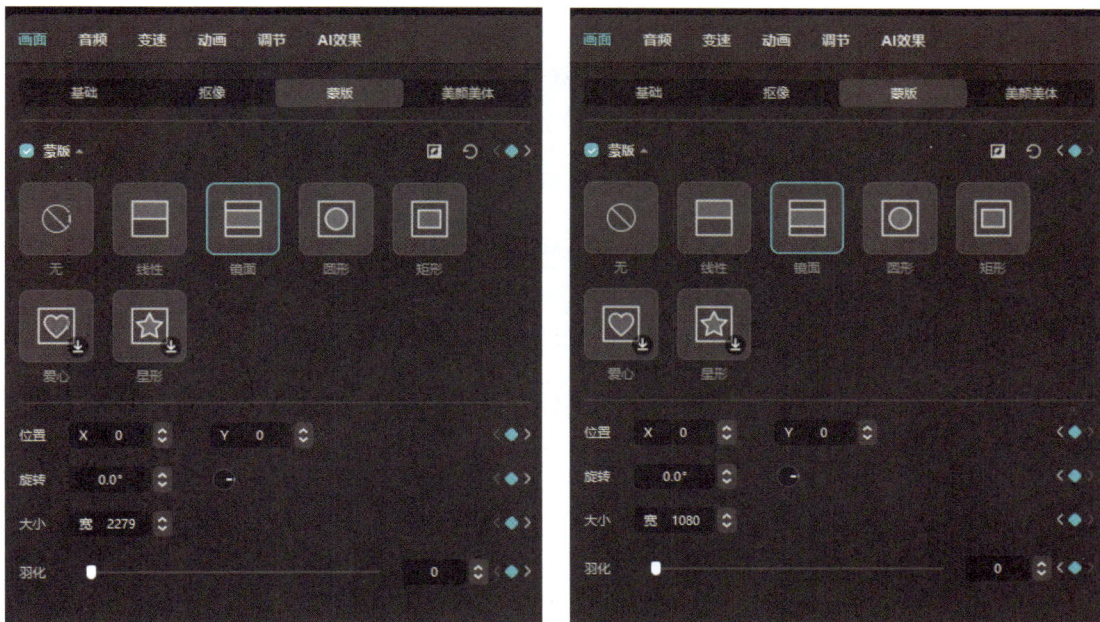

图 3-97

图 3-98

3.3.5　实操：制作声音由远及近效果

关键帧的应用领域十分广泛，它不仅是画面制作的基础，还可以用于创造声音效果。本小节将简要介绍如何利用关键帧制作声音由远及近的效果。

01　打开剪映专业版首页，在主界面单击"开始创作"按钮 ➕，进入素材添加界面，并在素材区添加本案例素材，将"火车素材 .mp4"移动至时间线的主轨道中。

02　在常用功能区中选择"音频"|"音效库"选项，搜索并选择火车音效，如图 3-99 所示。

03　将音效素材添加至时间线轨道后，将时间指示器移动至开始位置，在此处添加一个音量关键帧，音量为 -37.4dB，再将时间指示器移动至画面中火车已经出现的位置，也就是 00:00:02:01 处，再添加一个音量关键帧，音量为 0.0dB，具体数值设置如图 3-100 所示。

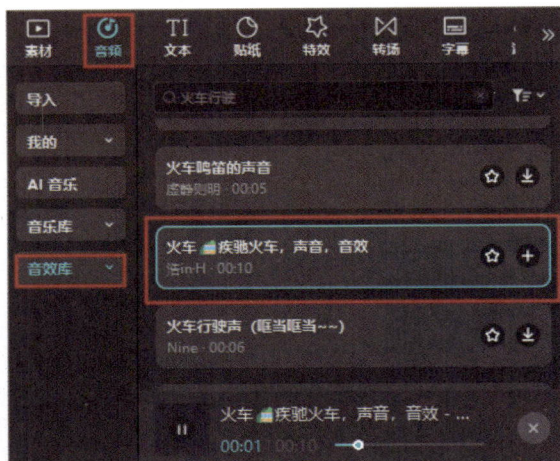

图 3-99

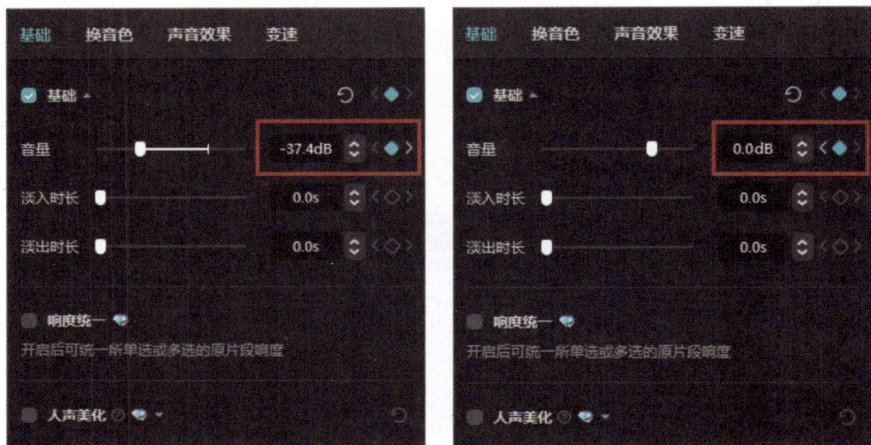

图 3-100

拓展案例：静态图变为动图

将静态图片变为动图视频，需要通过添加关键帧制作。本案例将简单讲解制作要点，效果如图 3-101 所示。

难度：★

相关文件：第 3 章 \3.3\3.3 拓展案例

效果视频：第 3 章 \3.3\ 静态变为动态效果视频 .mp4

本例知识点

❑ 在结尾添加一个数值不变的固定关键帧。

❑ 每隔 3s 添加位置缩放关键帧即可。

图 3-101

3.4 创意片头和片尾，掌握吸引观众眼球的秘诀

在介绍完前面的内容后，我们需要综合运用这些知识进行剪辑。本节将通过 1 个案例介绍开头剪辑技巧，以及 2 个案例介绍片尾制作常用技巧，让观众瞬间被吸引，迫不及待想继续看下去，为整个视频

奠定好基调，使其从一开始就脱颖而出。

3.4.1 实操：可爱圣诞宣传片文字镂空片头

　　每逢圣诞节，商家们都会迎来年底的最后一次促销热潮，而如何有效利用这一关键时期，便需要一个引人入胜的圣诞宣传视频。本案例旨在制作一个具有特色的圣诞宣传片开头，读者可以触类旁通，效果如图 3-102 所示，下面将介绍具体操作方法。

图 3-102

01　打开剪映专业版首页，在主界面单击"开始创作"按钮 ⊞，进入素材添加界面，并在素材区添加本案例素材，然后在"音乐库"中选择一首合适的圣诞背景音乐添加至时间线轨道中，如图 3-103 所示。

02　在官方素材库中将"黑场"素材添加至时间线主轨道中，时长大致为 7s。然后在上方轨道中添加文字素材"2015"，时长与"黑场"时长一致，字体设置具体如图 3-104 所示。

图 3-103

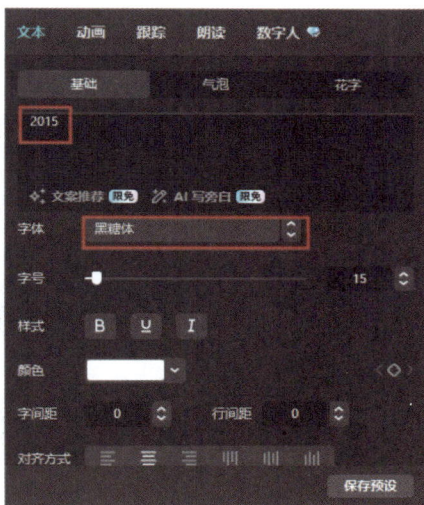

图 3-104

03　在上方轨道中复制一层文字素材"2015"，然后选中最上方文字素材，保留文字"15"，具体位置设置如图 3-105 所示。

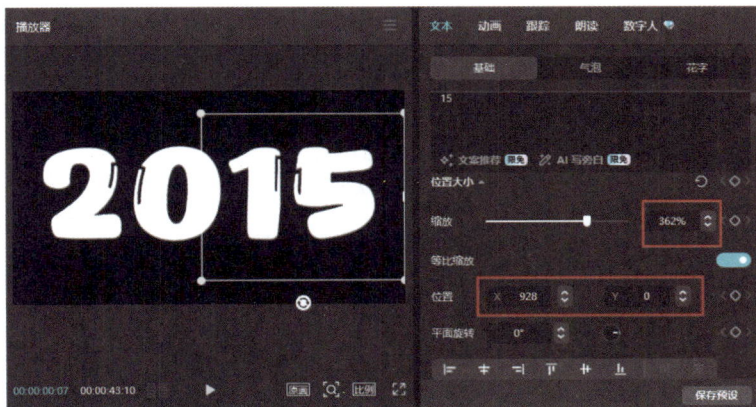

图 3-105

04　然后选择下方文字素材，保留文字"20"，具体位置设置如图 3-106 所示。

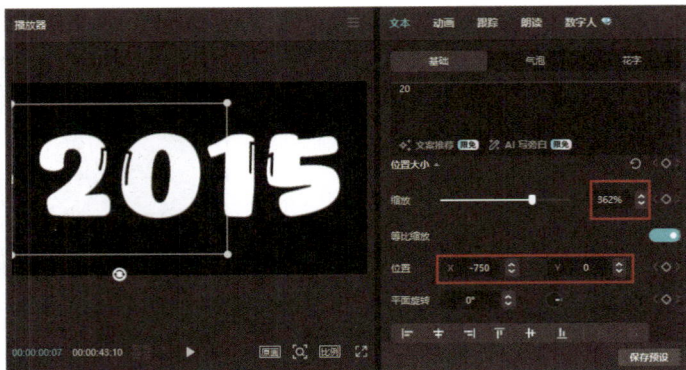

图 3-106

05　选中背景音乐，单击"添加音乐节拍标记"按钮 ，并选择"踩节拍Ⅱ"。

06　然后放大时间线，选中文字素材"15"，将时间指示器移动至第 2 个节拍点位置，也就是 00:00:01:26 处，单击"分割"按钮 ，然后每隔 5f 单击一次"分割"按钮 ，共 10 次，然后从分割后第 2 段开始更改文字内容为"16"，依次递增，直至"25"，如图 3-107 所示。

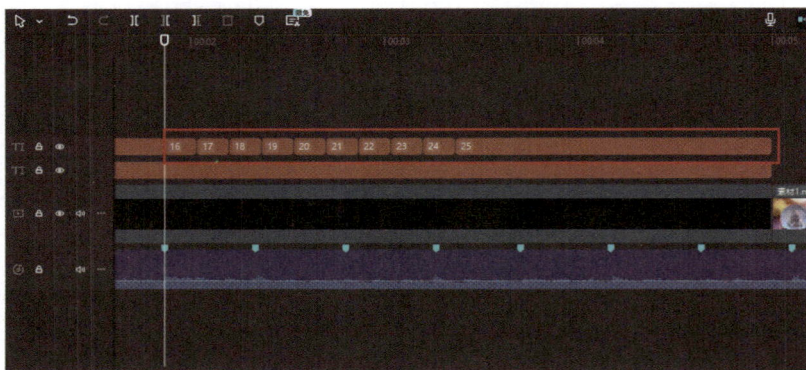

图 3-107

07　选中文字素材"20"和"15"，添加入场动画"金粉飘落"，时长为 1.5s，然后分别选中文字素材"20"和"15"，在开头位置添加"缩放"关键帧，数值为 362%，在 00:00:01:11 处再添加"缩放"关键帧，数值为 130%，如图 3-108 所示。

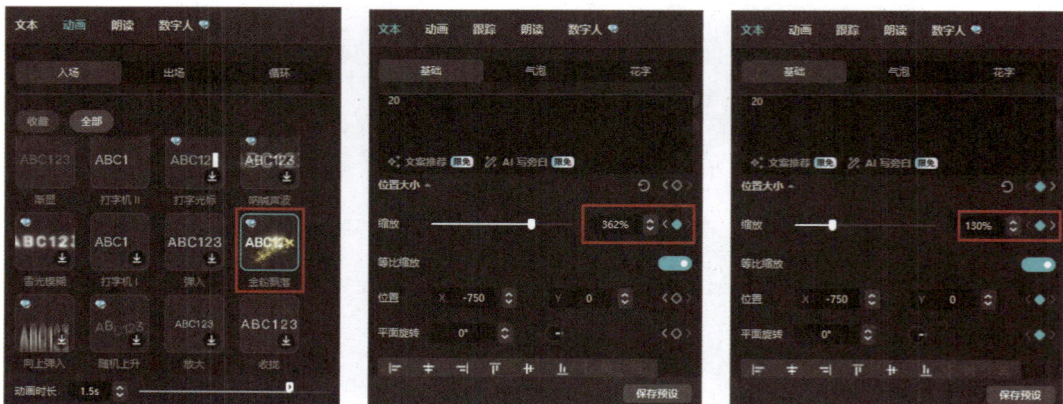

图 3-108

08　然后在画面中添加合适的关于圣诞的贴纸，在画面中进行排版，最终参考如图 3-109 所示。然后选中"小火车"贴纸，调整时长与文字时长一致，并在开头添加"位置"关键帧，如图 3-110 所示，再在 00:00:01:11 处添加"位置"关键帧，如图 3-111 所示。

图 3-109

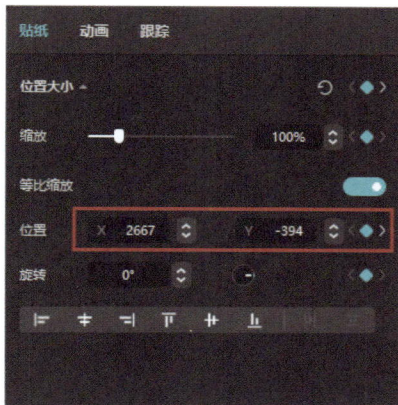

图 3-110

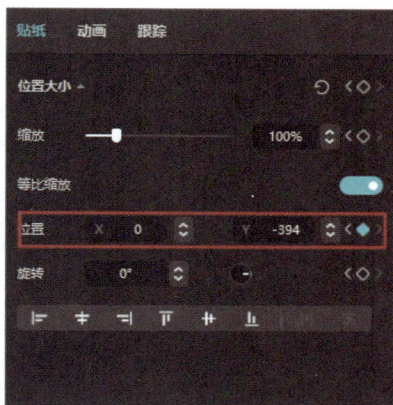

图 3-111

09　选中其余贴纸素材，开头位置为 00:00:01:11，结尾位置为 00:00:07:00，然后均添加入场动画"渐显"，如图 3-112 所示。

10　将"圣诞树"贴纸放置在文字素材"20"下方的轨道中，"小火车"贴纸素材放置在文字素材"15"上方的轨道中，"彩带"贴纸素材放置在"小火车"贴纸素材上方的轨道中，然后选中"圣诞树"贴纸和文字素材"15""20"，单击鼠标右键执行"新建复合片段（子草稿）（Alt+G）"命令，建成"复合片段 1"，如图 3-113 所示。

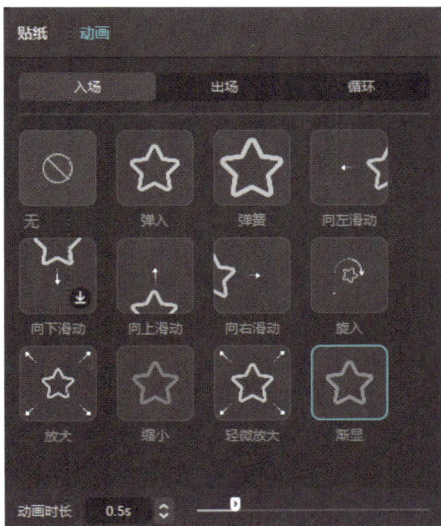

图 3-112

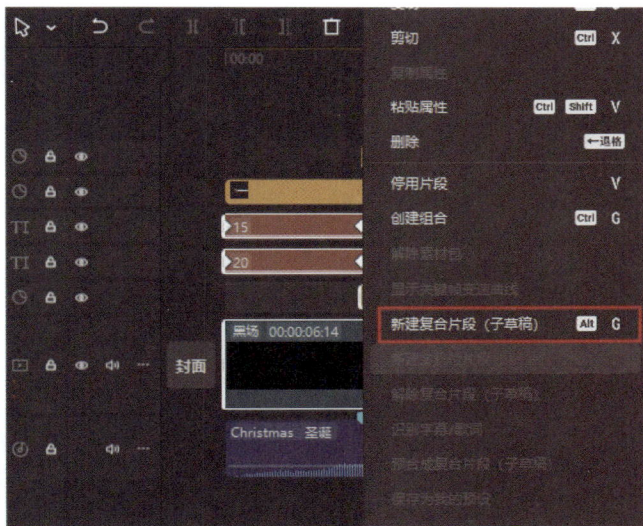

图 3-113

11　完成上述操作后，将刚刚制作的素材向上方轨道移动，然后在主轨道按顺序添加"素材 1.mp4"至"素材 13.mp4"，因为本案例主要讲解文字镂空片头制作，读者可以根据自己的喜好和习惯根据节拍点进行裁剪，具体内容不过多赘述。

12　将时间指示器移动至 00:00:01:19 的位置，单击"分割"按钮，选中分割后的第 2 段素材，在"画面"|"抠图"中选择"色度抠图"，用取色器选择画面中的白色，具体设置如图 3-114 所示，然后在分割点处添加"叠化"转场，这样过渡更自然，如图 3-115 所示。

图 3-114

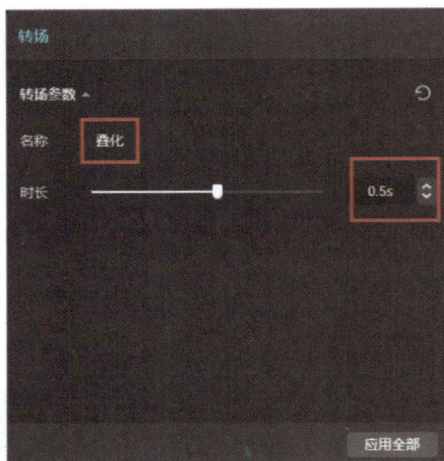

图 3-115

13 为了开头能更好地让片头能更自然地过渡到正片，将时间指示器移动至第 10 个节拍点处，选中"复合片段 1"，添加"缩放"关键帧，数值为 100%，然后将时间指示器移动至第 11 个节拍点处，添加"缩放"关键帧，数值为 500%，具体设置如图 3-116 所示。

图 3-116

14 完成上述操作后，将时间指示器移动至第 12 个节拍点处，选中主轨道上方所有素材，单击"向右裁剪"按钮 ，然后为第 2 段素材和其余贴纸添加"渐隐"出场动画，时长为 0.5s。

3.4.2　实操：滚动片尾字幕

电影的滚动片尾字幕是一种常见的手法，随着短视频的兴起，它也被广泛应用于许多短视频的结尾。本案例将详细介绍如何制作滚动片尾字幕，效果如图 3-117 所示。

图 3-117

01　打开剪映专业版首页，在主界面单击"开始创作"按钮 ，进入素材添加界面，并在素材区添加本案例素材，将"素材 .mp4"移动至主轨道中。

02　首先在"音乐库"中选择一首合适的背景音乐，如图 3-118 所示，将其添加至时间线音频轨道中。

03　然后将时间指示器移动至 00:00:04:20 的位置，在此处添加一个"位置大小"关键帧，所有数值保持不变，如图 3-119 所示。然后将时间指示器移动至 00:00:07:00 的位置，再添加一个"位置大小"关键帧，将画面缩小，并放置在左侧，具体设置如图 3-120 所示。

图 3-118

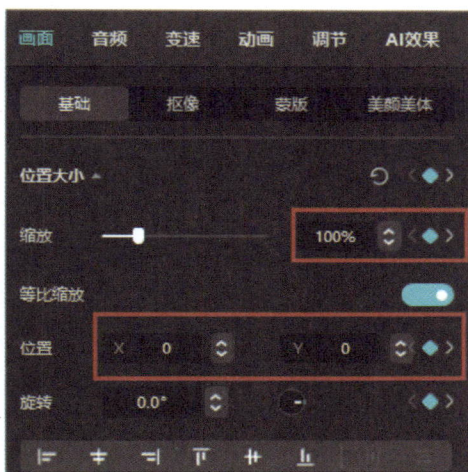

图 3-119

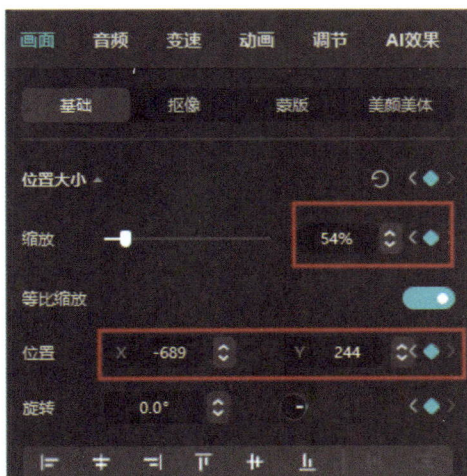

图 3-120

04 为了让片尾画面更有趣、美观，将时间指示器移动至00:00:06:14的位置，在上方视频轨道中添加官方"黑场"素材，并将其延长至"素材.mp4"结尾处，下面将制作弧形边框制作。

05 将"黑场"素材缩小，并放置在左侧，具体如图3-121所示。

06 选中"黑场"，添加"圆形"蒙版，将时间指示器移动至00:00:06:23的位置，添加一个"蒙版参数"关键帧，设置如图3-122所示。然后将时间指示器移动至00:00:07:00处，添加一个"蒙版参数"关键帧，设置如图3-123所示。

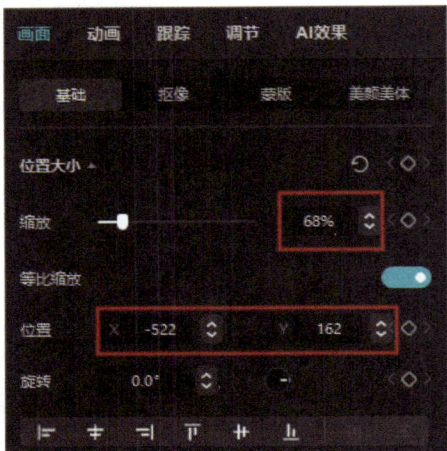

图 3-121

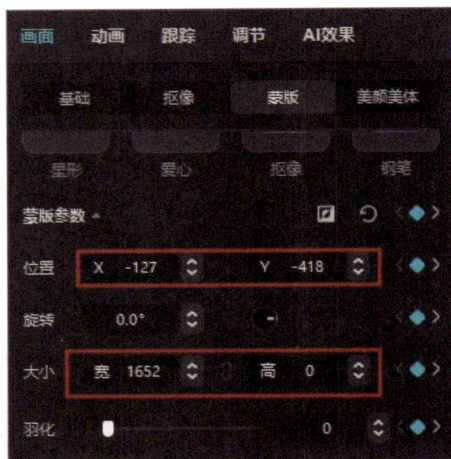

图 3-122

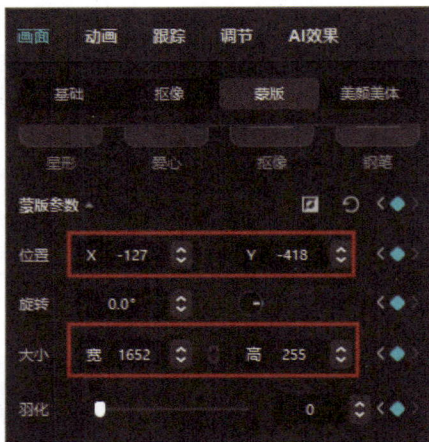

图 3-123

07 添加完第1个"圆形"蒙版后，还需在上方再制作一个弧形边框。无需在上方轨道复制"黑场"，直接在"画面"|"蒙版"选项中单击新增蒙版按钮 ，可以直接添加一个"圆形"蒙版，如图3-124所示。

08 将时间指示器移动至00:00:06:14处，在"蒙版2圆形"中添加"蒙版参数"关键帧，设置如图3-125所示。然后将时间指示器移动至00:00:07:00处，在"蒙版2圆形"中再添加"蒙版参数"关键帧，设置如图3-126所示。

09 完成画面制作后，将时间指示器移动至00:00:09:07的位置，在"黑场"上方轨道中添加文本素材，输入文本"字幕"，将文字素材延长至"素材.mp4"结尾处。

10 然后在文本框中分别选中标题字眼"领衔主演""联合主演""特邀出演""主创团队""特别感谢"，字体设置如图3-127所示。然后选中其余文字，字体设置如图3-128所示。

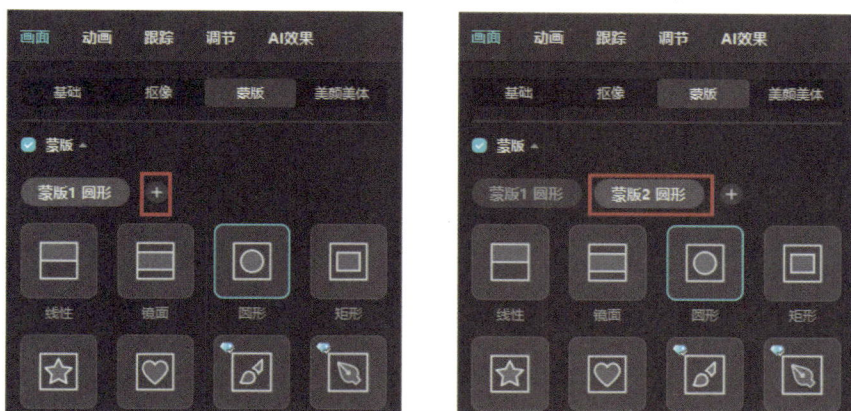

图 3-124

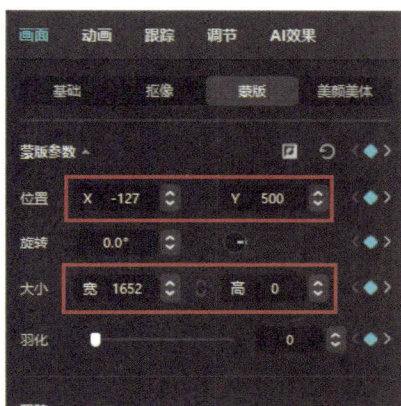

图 3-125

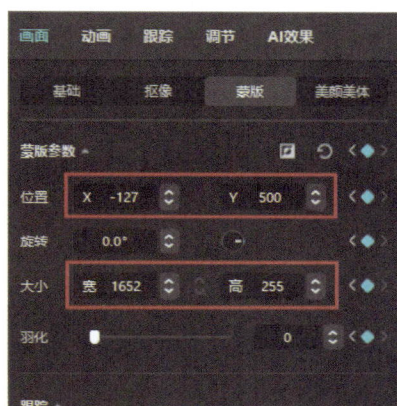

图 3-126

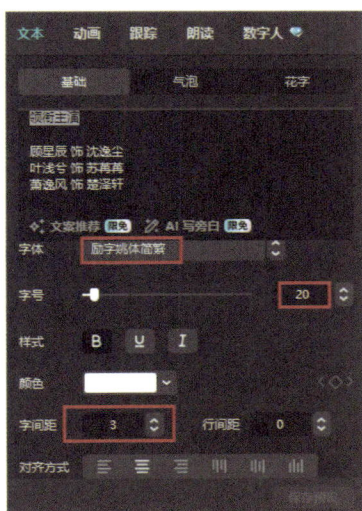

图 3-127

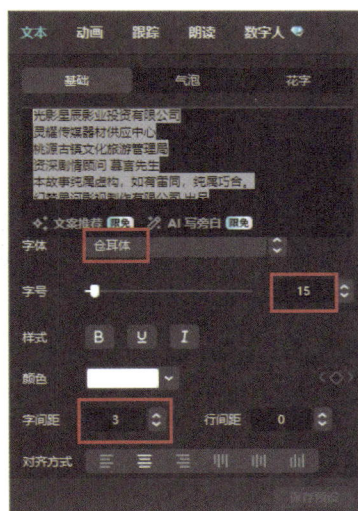

图 3-128

11　完成上述操作后，将时间指示器移动至 00:00:09:07 的位置，添加一个"位置大小"关键帧，具体设置如图 3-129 所示，再将时间指示器移动至 00:00:27:24 处，添加一个"位置大小"关键帧，具体设置如图 3-130 所示。

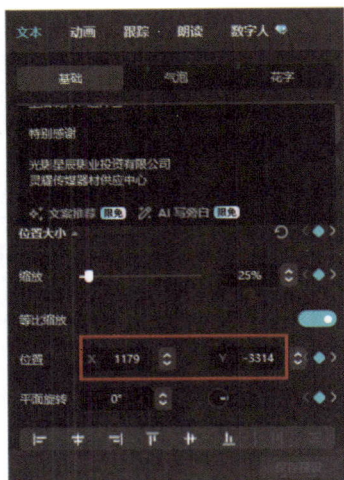
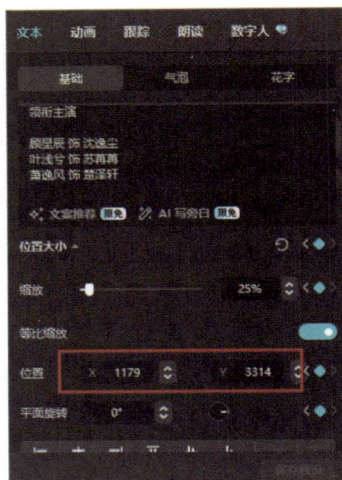

图 3-129　　　　　　　　　　　　　　图 3-130

12　完成上述设置后，将时间指示器移动至"素材 .mp4"结尾处，选中音乐素材，单击"向右裁剪"按钮 即可。

3.4.3　实操：画面轮播片尾

画面轮播效果是短视频中常用剪辑手法之一。在上一小节制作了片尾滚动字幕，本小节将制作片尾滚动画面，效果如图 3-131 所示。

图 3-131

01　打开剪映专业版首页，在主界面单击"开始创作"按钮 ，进入素材添加界面。在素材区添加本实例需要的视频素材。

02　首先，添加"素材 1.mp4"至主轨道中，时长裁剪为 6s，在开头、结尾和中间分别添加"位置大小"关键帧，中间的关键帧不改变数值，首尾更改位置数值，如图 3-132 所示。

03　完成上述步骤后，复制"素材 1.mp4"，由于共有 7 个视频素材，在上方轨道粘贴 6 次，如图 3-133 所示，然后间隔 00:00:03:01 摆放，例如将"素材 1(复制 1).mp4"放置在 00:00:03:01 的位置，将"素材 1(复制 2).mp4"放置在 00:00:06:02 的位置……最终如图 3-134 所示。

04　长按素材区中的剩余素材，将素材拖动至时间线轨道中"素材 1(复制 1).mp4"上，即可替换素材，如图 3-135 所示，按照顺序替换其他素材。

中间　　　　　　　　　　　　　　　　开头

结尾

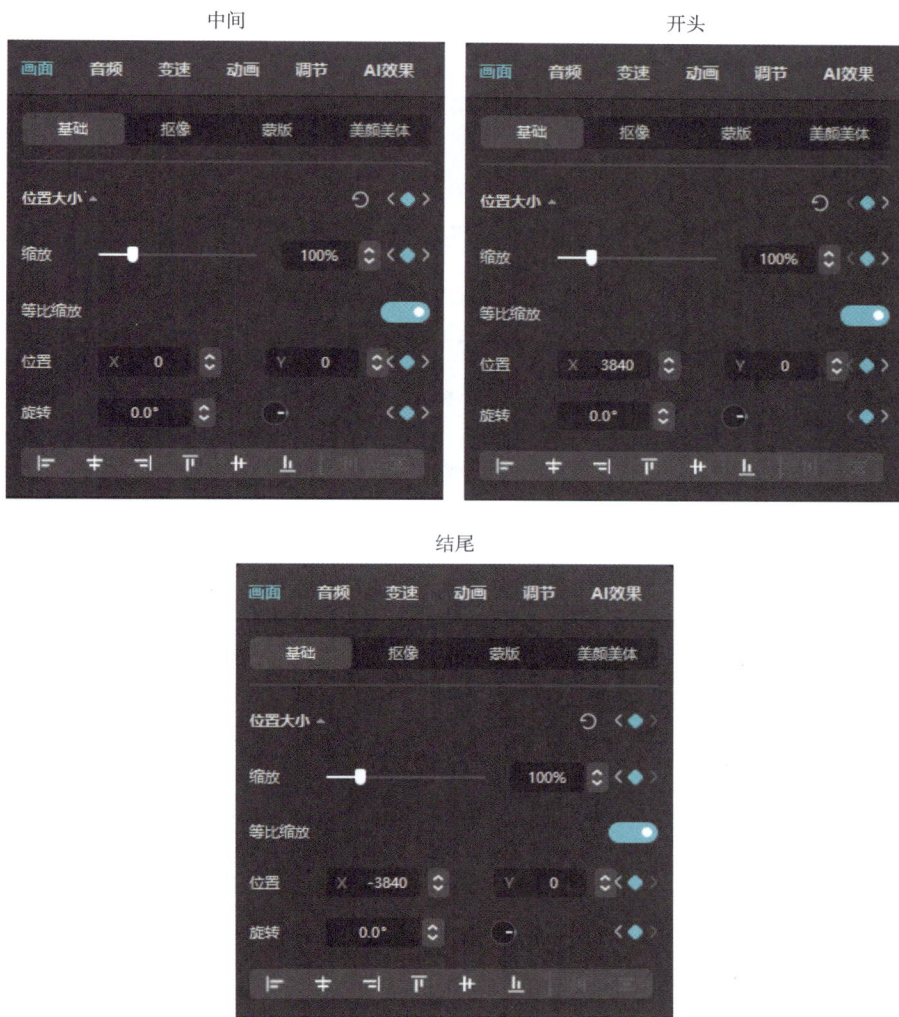

图 3-132

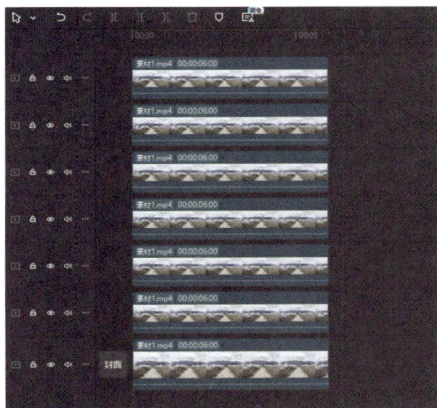

图 3-133

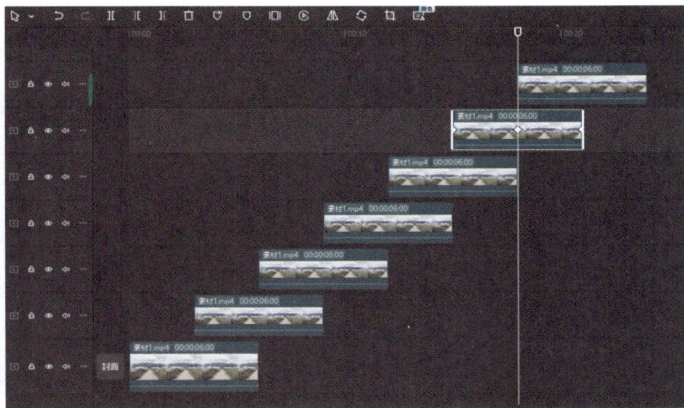

图 3-134

05　然后在最上方轨道添加官方"黑场"素材，时长与视频总时长一致。在素材调整区中选择"画
面"|"蒙版"选项，选择"圆形"蒙版，与上一小节制作方法一致，为素材视频制作一个弧形

边框，首先添加"蒙版1圆形"，蒙版参数数值如图3-136所示。然后添加"蒙版2圆形"，数值设置如图3-137所示。

图 3-135

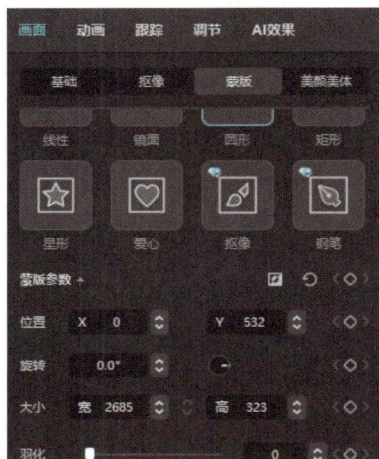

图 3-136

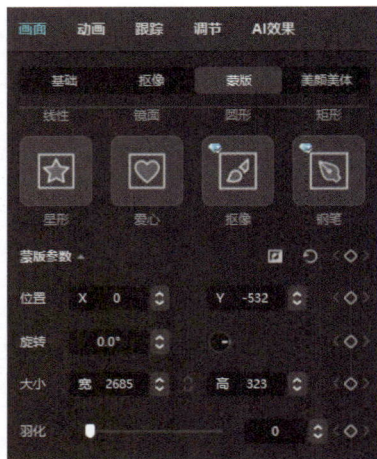

图 3-137

06 完成上述操作后，在"黑场"素材上方轨道中添加贴纸"电影片尾"和文字素材"大理"，如图3-138所示。

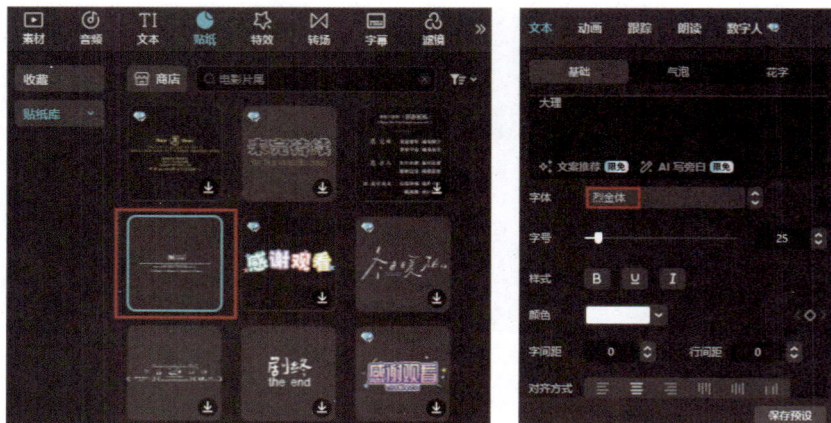

图 3-138

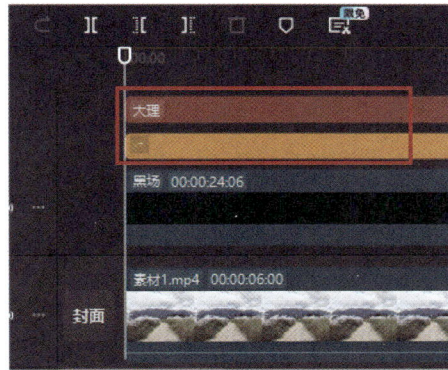

图 3-138（续）

07　将贴纸素材和文字素材时长延长至视频结尾（00:00:24:06）。选中文字素材"大理"，添加入场动画"开幕"，时长为 3.0s。

04

第4章

学会流行剪辑技法，
掌握爆款短视频的秘诀

本章导读

在前文中，我们系统讲解了剪映的基础操作要领、高效编辑方法、音频与字幕功能的应用技巧，以及调色与画中画蒙版的核心要点。这些基础技能为我们搭建起了稳固的剪辑知识框架。然而，要在视频剪辑领域取得更高成就，掌握流行的剪辑技法与打造爆款视频的核心技巧至关重要。本章将以此为基础，通过深入的理论解析与丰富的实战案例，帮助您系统掌握进阶剪辑技巧，使您能够创作出既紧贴时代潮流又彰显个人特色的优质视频作品。

4.1　学会这个原理，制作丝滑的曲线变速大片

掌握速度调整技巧对于增强剪辑作品的感染力至关重要，它能够重塑观众对时间的感知，并加强情感的传递。本节将系统性地带领您从基础速度调整逐步深入至高级的曲线变速应用，详细向您介绍如何一步步学会变速剪辑玩法，通过实操掌握如何根据视频内容进行剪辑，提升视频观看体验。

4.1.1　常规更改素材的速度

在剪映中，常规变速功能允许用户对选定的视频素材进行统一的调速处理。您只需在时间线区域选中需要调整速度的视频素材，然后应用常规变速操作即可。接下来，我将分别为您介绍剪映 App 和剪映专业版的具体操作步骤。

1. 剪映 App

01　打开剪映 App 首页，在主界面点击"开始创作"按钮 ⊞，进入素材添加界面，添加素材视频"素材 .mp4"，点击右下方"导入"，进入视频编辑界面。

02　进入视频编辑界面后，选中"素材 .mp4"，点击下方工具栏中"变速"按钮 ⊙，如图 4-1 所示。此时可以看到底部工具栏中有 3 个变速选项"常规变速""曲线变速""变速卡点"，如图 4-2 所示。

03　点击"常规变速"按钮，将速度调整为 0.8 倍速，如图 4-3 所示。

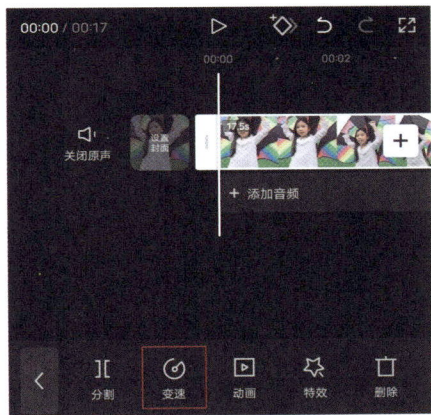

图 4-1

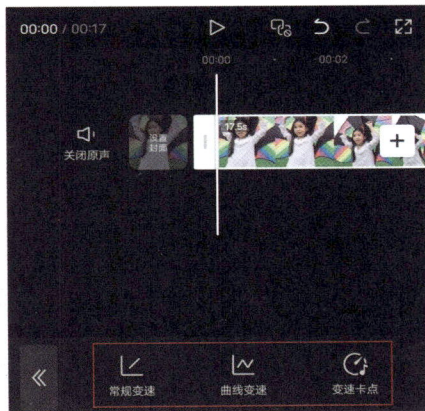

图 4-2

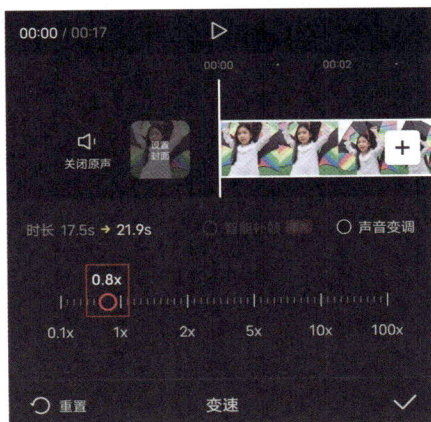

图 4-3

2. 剪映专业版

01 打开剪映专业版首页，在主界面单击"开始创作"按钮 ➕，
进入素材添加界面。添加"素材.mp4"，并将"素材.mp4"
移动至时间线中。

02 选中"素材.mp4"，在素材调整区中，选择"变速"功能，
该功能细分为"常规变速""曲线变速"和"变速卡点"3
个选项。单击"常规变速"选项，在"倍速"调整区中将"素
材.mp4"的播放速度调整为 2.0 倍，如图 4-4 所示。

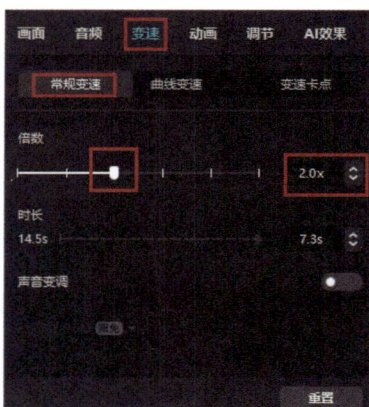

图 4-4

4.1.2 曲线变速

常规变速仅能实现素材速度的直线加速或减速，而曲线变速则
允许画面展现加速与减速的复合效果。例如，在一个素材视频中，
人物以匀速奔跑，应用曲线变速技术后，可以实现画面中人物时而
快速移动，时而缓慢行进的视觉效果。在剪映软件中，曲线变速功能提供了 6 种预设的变速曲线以及自
定义变速曲线选项。接下来将重点介绍如何使用剪映专业版进行操作。

1. 6 种预设

剪映的 6 种预设曲线变速分为"蒙太奇""英雄时刻""子弹时间""跳接""闪进""闪出"，如图 4-5 所示。

剪映专业版

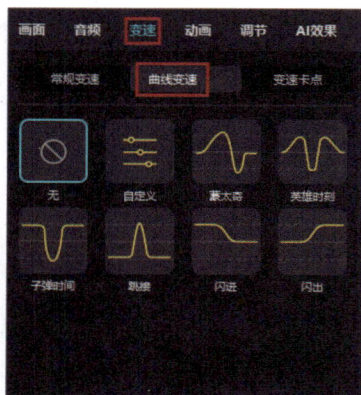

剪映 App

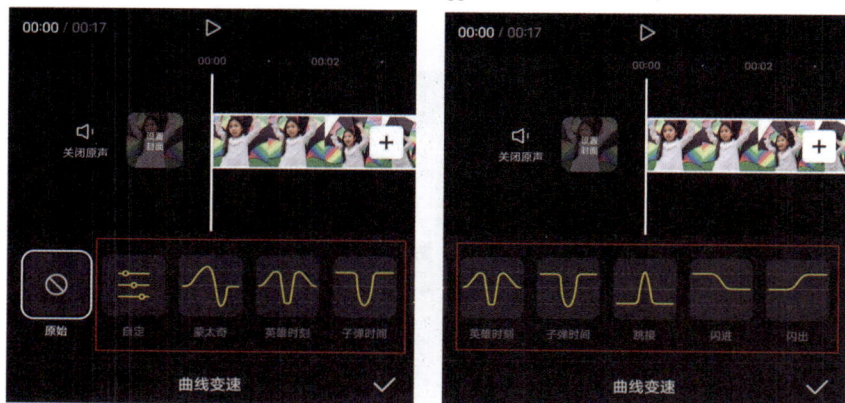

图 4-5

❑ 蒙太奇

"蒙太奇"通常用于大范围的运动镜头，通过快速的速度变化组合来营造一种富有节奏感的效果。

在实际拍摄中，可以借助无人机或手机稳定器拍摄出这样的效果，而曲线变速工具可以让用户在拍摄时减小难度。它会自动生成一种跳跃式的变速曲线，让视频在短时间内频繁地加速和减速，从而增加视频的紧张感和吸引力，使观众的注意力能够被有效吸引并保持在视频内容上，如图 4-6 所示，用户可以根据素材画面运动轨迹进行变速控制点调整，同时在调整速度时记得勾选"智能补帧"，让速度变换更顺滑。

图 4-6

❏　英雄时刻

"英雄时刻"预设非常适合体育赛事、极限运动或其他激动人心的场景。比如在球员投篮、灌篮等关键时刻，"英雄时刻"预设会自动放慢速度，让观众清晰地看到动作的精彩细节，如球员的表情、篮球在空中的旋转等。它主要是为了突出视频中的关键时刻而设计的。"英雄时刻"预设会在检测到动作的高潮部分（如运动中的冲刺、跳跃等瞬间）自动放慢速度，同时在其他部分适当加速，这样可以放大精彩瞬间，使观众能够更好地感受和记住这些重要的时刻，增强视频的感染力和观赏性，如图 4-7 所示。

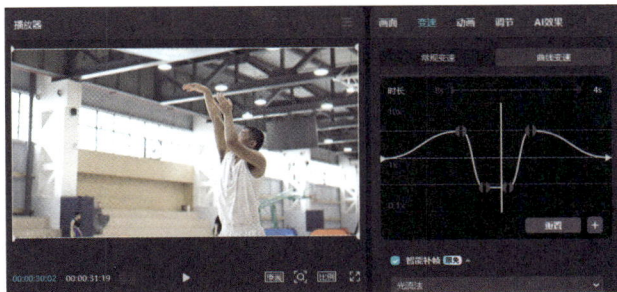

图 4-7

❏　子弹时间

"子弹时间"预设常用于围绕中心主体环绕的运动镜头制作慢动作效果。它会在视频的某些选定部分（通常是动作比较激烈或者具有表现力的部分）大幅降低播放速度，产生一种时间凝固的感觉，使观众能够聚焦于这些细节丰富的瞬间，这种效果类似于电影中为了突出某个精彩瞬间而采用的超慢动作镜头，给人一种强烈的视觉冲击，如图 4-8 所示。

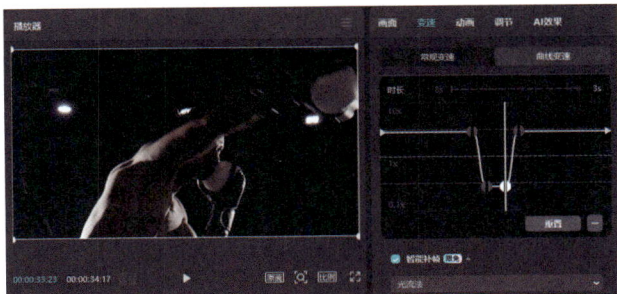

图 4-8

❑ 跳接

"跳接"预设通过在速度曲线上制造明显的、非连续的跳跃式变化，来改变视频的播放节奏。与传统的平滑变速不同，这种变速方式并非逐渐加速或减速，而是让视频的播放速度在特定时刻突然改变，就好像视频播放的时间轴经历了"跳跃"。在"跳接"预设中，我们可以根据视频素材调整控制点，还可以添加一个或多个"跳接"效果，以实现卡点效果，如图 4-9 所示。

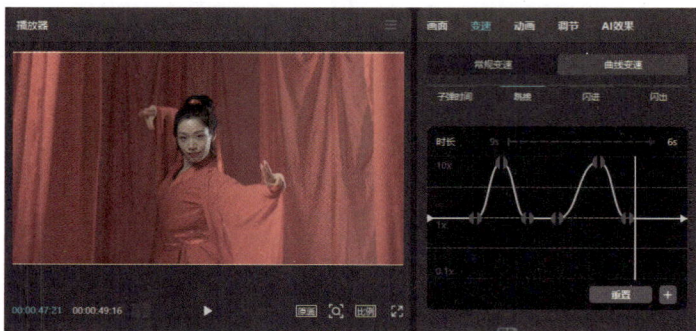

图 4-9

❑ 闪出和闪进

"闪出"预设通常用于上一个镜头的结尾，"闪进"预设通常用于下一个镜头的开始。在剪辑时，我们可以运用"闪进 + 闪出"的方法制作一个变速转场的效果。在实际操作中，我们可以根据素材进行控制点的调整，如图 4-10 所示。

图 4-10

2. 自定义

"自定义"也称为手动模式，允许用户根据自己的创意和视频的具体需求，自由地绘制视频播放速度的变化曲线。在打开曲线变速选项栏后，选择"自定义"，即可打开自定义曲线编辑面板，如图 4-11 所示。

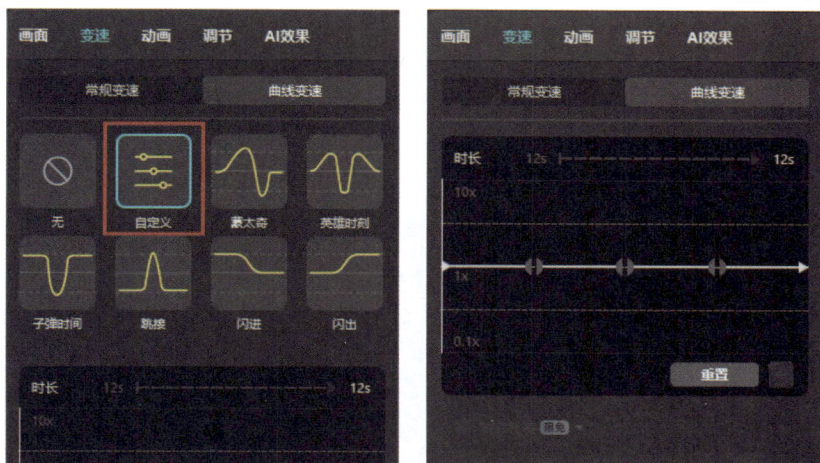

图 4-11

在"自定义"曲线变速面板中，将时间指示器移动至白线，单击或单击右下角"添加点"按钮，即可添加一个控制点。当时间指示器移动到某个控制点处，该控制点变为白色时，即可将该点删除，如图 4-12 所示。

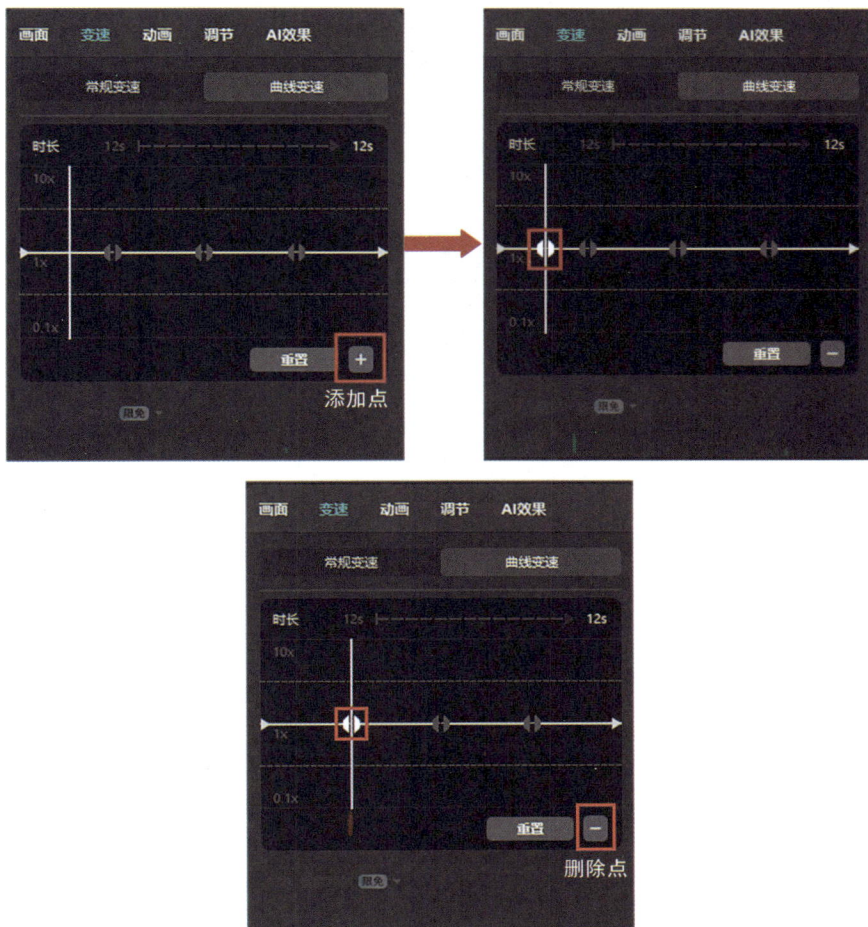

图 4-12

4.1.3 变速卡点

剪映最新推出的变速卡点效果模块，包括"闪光""摇摆模糊""闪黑变焦""复古运镜""彩虹"等，如图 4-13 所示。过去，用户在制作变速卡点时，需要添加节拍点，还要添加多个素材或多个滤镜特效，现在只需通过该功能即可实现节拍点和效果一键生成。然而，在进行专业级精细化剪辑时，建议您仍然采用手动调整的方式，以获得更精确的控制和更个性化的表现效果。

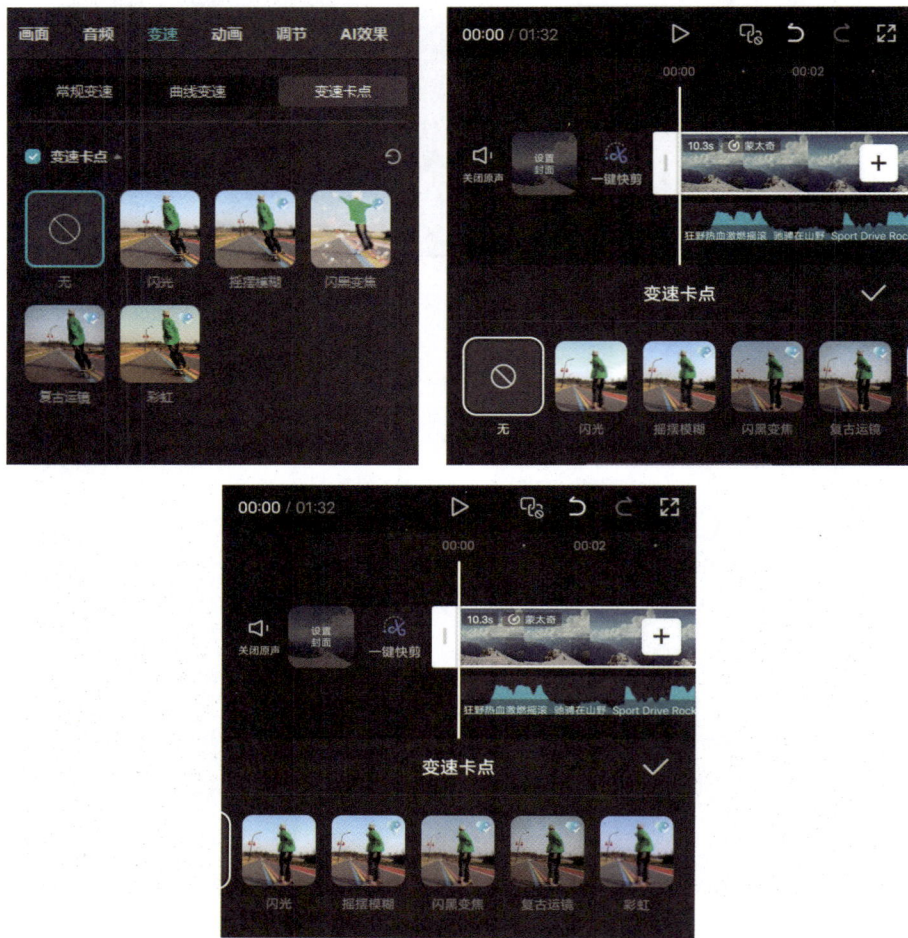

图 4-13

4.1.4 实操：氛围感慢动作

在掌握了剪映变速的基础操作技巧之后，本小节从"变速卡点"开始，我们将通过实例向读者深入展示如何运用剪映变速功能。变速卡点是短视频编辑中常用的一种技巧，它与"闪进"曲线变速预设类似，通过在结尾处使用慢动作卡点来突出画面内容，从而增强视频的氛围感。具体效果可参考图 4-14，接下来将详细介绍具体的操作步骤。

01 打开剪映专业版首页，在主界面单击"开始创作"按钮 ➕，进入素材添加界面。添加"素材 .mp4"，并将"素材 .mp4"添加至时间线。

图 4-14

02　在常用功能区中单击"音频"按钮，在"音乐素材"选项框的搜索文本框中搜索并选择合适的抖音热门卡点音乐，将其拖动至时间线中，如图 4-15 所示。

图 4-15

03　"闪进"预设前面的速度快于原速，而变速卡点视频需要将前面的速度调回原速，将后面的速度调整为慢速。

04　选择"素材 .mp4"，在素材功能区中选择"变速"选项，选择"曲线变速"，再选择"闪进"预设，根据背景音乐和时间线轨道中的控制点提示，定位至 00:00:03:26 的位置，将面板中的控制点调整成图 4-16 所示，变速卡点效果即完成。

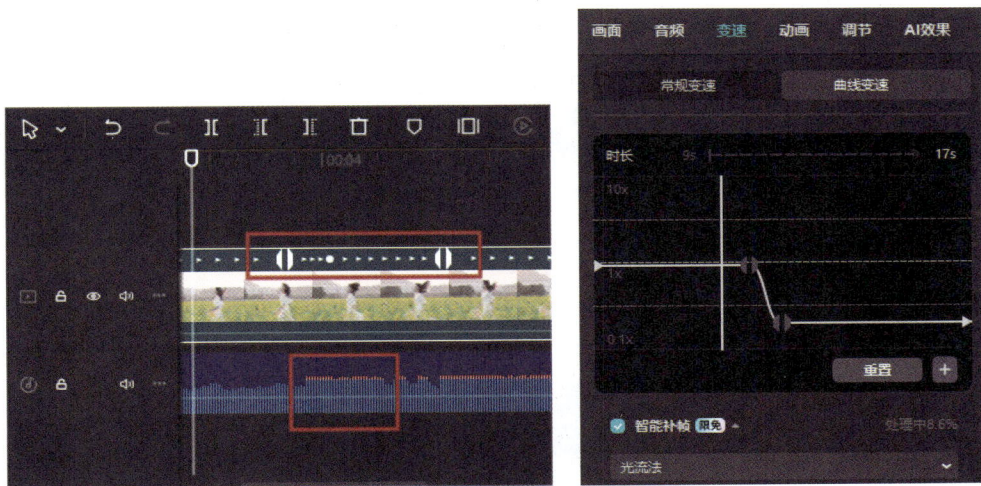

图 4-16

05　在完成变速卡点的制作之后，可以在慢动作播放时加入滤镜和特效，以突出画面效果，增强氛围感。

4.1.5　实操：三角曲线制作反转效果

三角曲线是"蒙太奇"变速曲线的变形，通过急速变换两点速度达到故事反转的效果。本案例展示如何将一段刷牙的视频剪辑成具有翻转氛围感的片段，效果如图 4-17 所示，下面将介绍具体操作方法。

图 4-17

01 打开剪映专业版首页，在主界面单击"开始创作"按钮🞣，进入素材添加界面。添加"素材.mp4"，并将"素材.mp4"移动至时间线。

02 在"音频"|"音乐库"的搜索框中搜索"氛围感卡点"，选择合适的卡点音乐，如图 4-18 所示，并将其添加至时间线音频轨道中。

03 在时间线中找到该音乐的卡点位置 00:00:07:04，如图 4-19 所示。

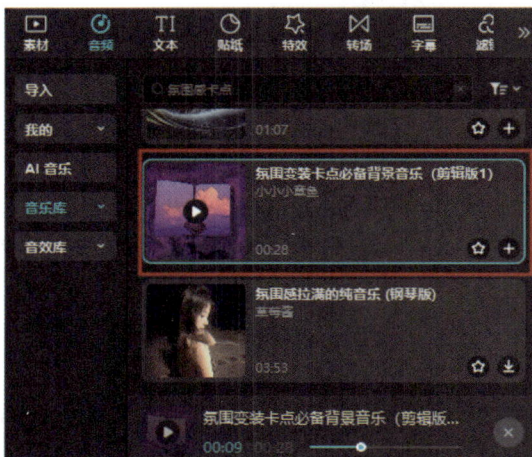

图 4-18

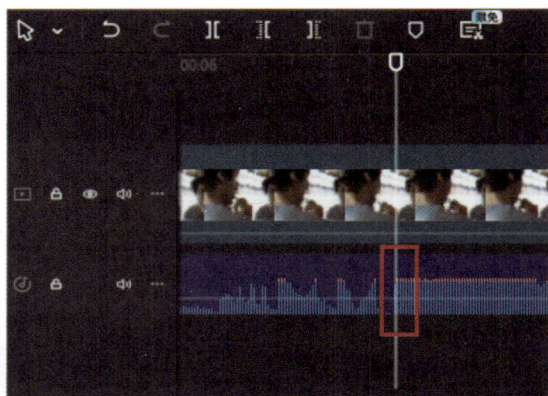

图 4-19

04 选中"素材.mp4"，在素材调整区中选择"变速"|"曲线变速"选项，选择"蒙太奇"曲线变速，如图 4-20 所示。

05 根据卡点位置和时间线轨道中的控制点，在素材调整区中调整面板中控制点的位置，如图 4-21 所示。

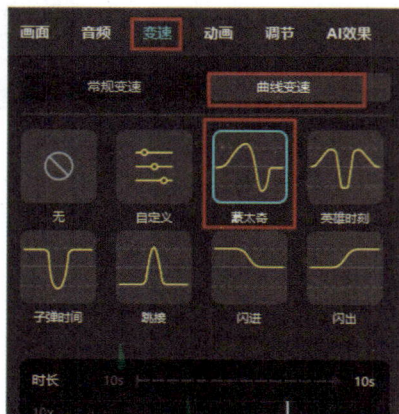

图 4-20

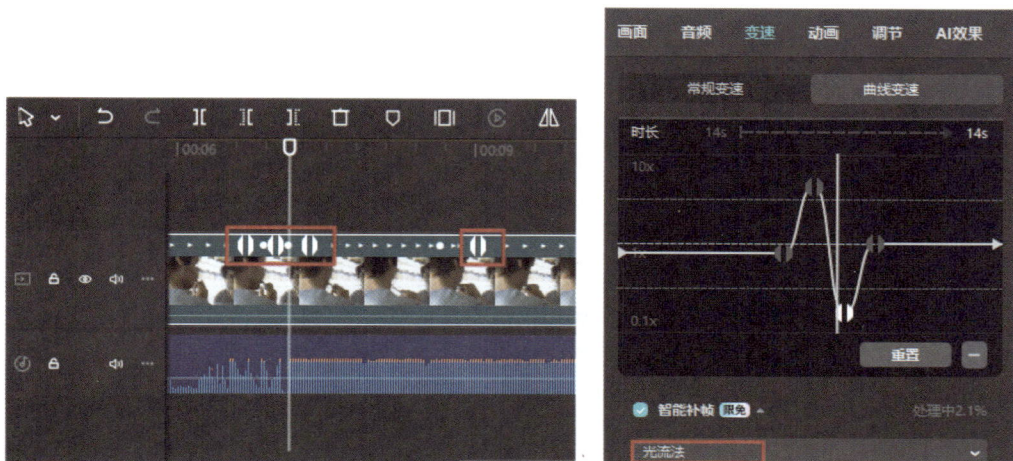

图 4-21

06　完成上述操作后，在时间线中定位至 00:00:09:28 处，选中"素材 .mp4"和背景音乐，在工具栏中单击"向右裁剪"按钮，将多余部分删除。

07　制作完曲线变速后，还需添加滤镜，突出前后反转效果。在常用功能区中选择"滤镜"，在"滤镜库"中分别选择"哥谭"和"蓝橙 II"滤镜，依次添加在 00:00:06:28 至 00:00:09:28 的时间区域内时间线轨道，如图 4-22 所示。

图 4-22

4.2　转场平平无奇？这4种创意转场更炫酷

转场是影视制作中的重要手法，特指连接不同场景、镜头或段落的过渡效果。这种技法犹如视觉纽带，通过镜头间的自然衔接帮助观众实现叙事空间的转换，确保画面的连贯性与节奏感。根据实现方式差异，转场主要分为无技巧转场（硬切）和有技巧转场（特效过渡）两大类。本节将系统解析二者的核心原理及具体应用场景。

4.2.1 无技巧转场

无技巧转场是指利用镜头的自然过渡来连接上下两段内容，强调视觉的连续性。在使用无技巧转场时，需注意寻找合理的转换因素，并做好前期的拍摄准备。因此，在讲解无技巧转场时，我们可以参考第 1 章中关于镜头组接的内容。

无技巧转场和镜头组接都致力于追求画面的流畅性，通过视觉元素（如动作、物体、色彩等）实现镜头间的自然过渡，避免视觉断点，以自然的方式切换画面。这些手段旨在有效传达内容，增强信息展示和主题强调，促进观众的理解和情感共鸣。

然而，无技巧转场与镜头组接之间存在一定区别。无技巧转场侧重场景的自然过渡，依赖内容的内在联系来实现平滑衔接；而镜头组接则更注重构建叙事，通过逻辑顺序排列镜头来表达特定主题。

1. 动作衔接转场

动作衔接转场是一种常见的无技巧转场方法，它利用主体动作的连贯性来实现场景之间的自然过渡。例如，在一个网球视频中，拍摄者可能会先从一个远景开始，当球即将被击中时切换到近景，如图 4-23 所示。通过动作的延续性，观众的注意力会自然地从一个场景平滑地转移到另一个场景，从而避免了场景切换带来的突兀感。

图 4-23

2. 相似物体转场

当两个镜头中出现相似物体时，可以借助这种相似性来实现转场。通过物体的相似颜色和形状，观众能在潜意识中建立起两个镜头之间的联系，从而实现自然过渡。这种转场手法在广告视频和生活记录视频中尤为常见。例如，先拍摄一段飞机的镜头，接着拍摄飞鸟的镜头，这样的组合可用于制作表达思乡或回忆主题的视频，如图 4-24 所示。

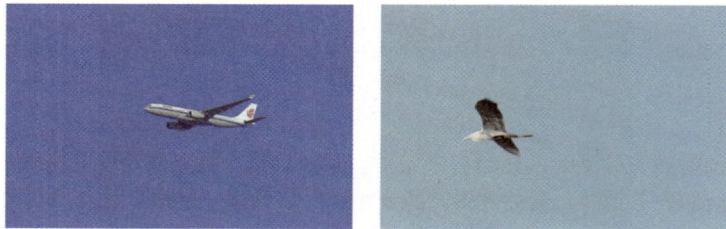

图 4-24

3. 主观镜头转场

主观镜头转场是依据观众的视角来实现的。以剪辑一段春天在公园赏樱花的 Vlog 视频为例，我们首先拍摄一段人物观赏景色的镜头，随后剪辑一段景色的镜头，这便是主观镜头转场，如图 4-25 所示。通过视频中的主体观察世界，这种转场手法让观众仿佛置身于角色的视角，从而加深了观众的沉浸感。在旅游视频和剧情视频中，这种转场手法可以得到有效的应用。例如，在一个旅游视频中，我们先捕捉游客在山顶远眺的镜头，接着切换至游客所目睹的壮丽山景，这能让观众更深刻地体验到旅游的氛围。

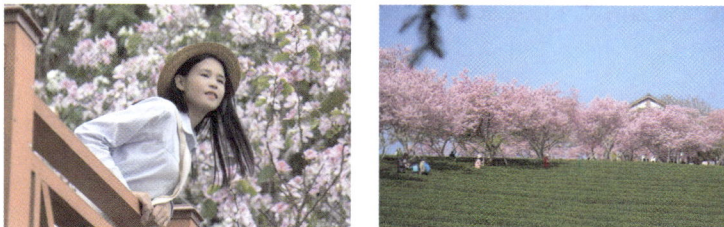

图 4-25

4. 声音转场

❑　音效转场

基础的声音转场是在两个视频素材中加入一些音效达到两个画面的衔接和过渡，这类音效一般指 Whoosh 音效，其特点是具有快速移动的气流声效果，如图 4-26 所示。

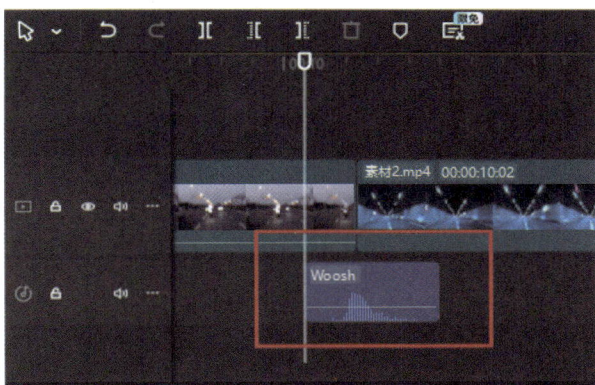

图 4-26

❑　J-cut 或 L-cut

J-cut 和 L-cut，也被称为音频的前置和后置编辑。J-cut（音频前置）指的是在第一段素材尚未完全结束时，第 2 段素材的声音已经开始播放，紧接着画面切换到第 2 段素材，如图 4-27 所示；而 L-cut（音频后置）则是指第一段素材的声音延续至第 2 段素材中继续播放，如图 4-28 所示。

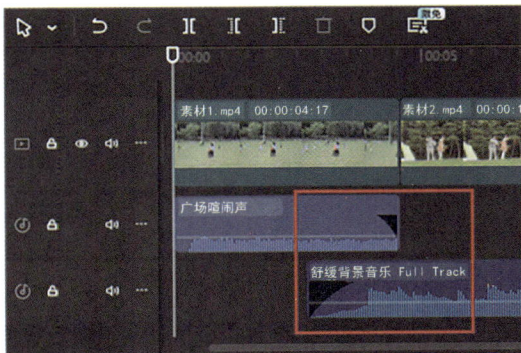

图 4-27

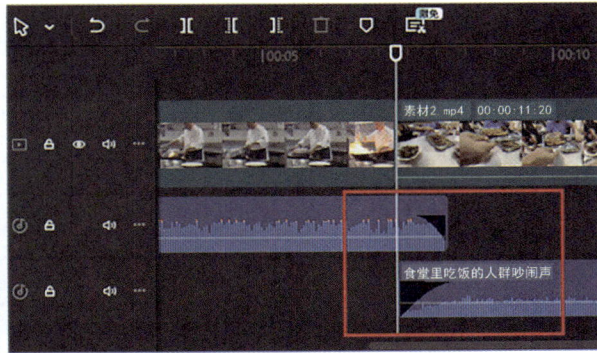

图 4-28

❑　声音的强烈对比转场

一段素材的音量较大，环境音也较为嘈杂；而另一段素材的音量较小，环境音则相对安静，这样的对比使得整个视频的戏剧性更加突出。如图 4-29 所示，我们可以通过观察音频轨道上音频波形的高低来判断音量大小，波形较高表示音频素材的音量较大，而波形较低则意味着音量较小。在剪辑需要强烈对比的视频时，例如从喧嚣的新城市切换到宁静的老乡村，我们可以利用声音的强烈对比来实现场景转换，从而增强视频故事内容的冲突性和吸引力。

❑ 声音匹配转场

好的声音匹配能为影片增添独特的趣味。例如，利用键盘敲击声和连续枪声的相似性，可以进行情节的转换。尽管场景差异较大，但通过相似的背景音效，能够实现音频的无缝衔接，让观众在转场时自然地过渡到新的环境中。如图 4-30 所示，飞机起飞的声音与吸尘器的声音极为相似，将两者剪辑在一起，不仅能增强故事的画面感，还能激发观众的联想。

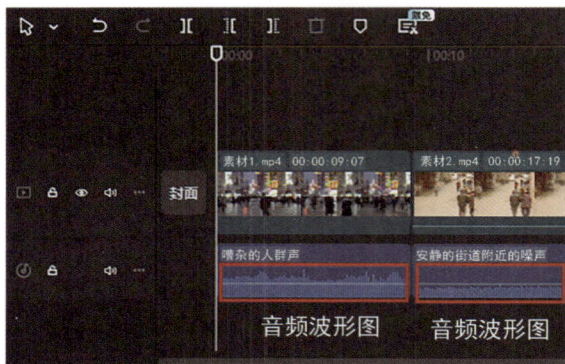 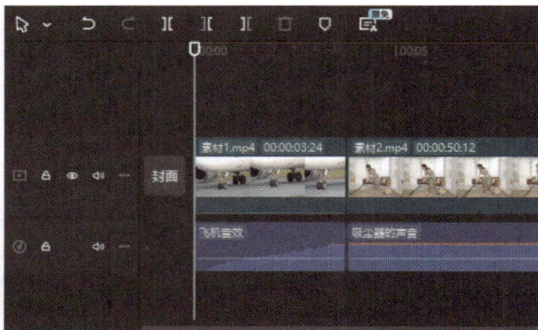

图 4-29　　　　　　　　　　　　　　　　　　　图 4-30

4.2.2　有技巧转场

有技巧转场是借助专门的转场效果来实现场景或片段之间的过渡。这些转场效果可以是剪辑软件中预设的各种特效，如淡入淡出、闪白、旋转、缩放等，它们通过改变画面的显示方式来创出独特的过渡效果。在剪映中，我们可以在"转场"功能中找到并添加我们需要的转场效果。

打开剪映专业版，进入视频编辑界面，在常用功能区中单击"转场"按钮，即可在其中选择想要的转场效果，如图 4-31 所示。

图 4-31

启动剪映 App 并进入视频编辑界面，在时间线上若存在多个素材（至少两个），您会注意到两个连续素材之间出现一个白块，这是插入转场效果的标识。点击"转场"按钮，转场素材库随即展开，用户可自由地挑选并应用各种转场效果，如图 4-32 所示。

图 4-32

4.2.3　实操：制作亮点模糊转场效果视频

亮点模糊转场是反转类短视频中广泛采用的一种转场技巧。本小节案例将演示如何利用剪映软件内置的亮点模糊转场功能，制作一个充满回忆的视频，效果如图 4-33 所示。接下来将详细介绍具体的操作步骤。

图 4-33

01　打开剪映专业版首页，在主界面单击"开始创作"按钮❏，进入素材添加界面，并在素材区添加本案例素材"素材 1.mp4"和"素材 2.mp4"，然后将"素材 1.mp4"和"素材 2.mp4"添加至时间线主轨道中。

02　在常用功能区中单击"转场"按钮❏，找到并选择"亮点模糊"转场效果，将其添加至"素材 .mp4"和"素材 2.mp4"的中间，如图 4-34 所示。

03　在时间线中选中"亮点模糊"转场，在素材调整区中将时长更改为 1.4s，如图 4-35 所示。

图 4-34

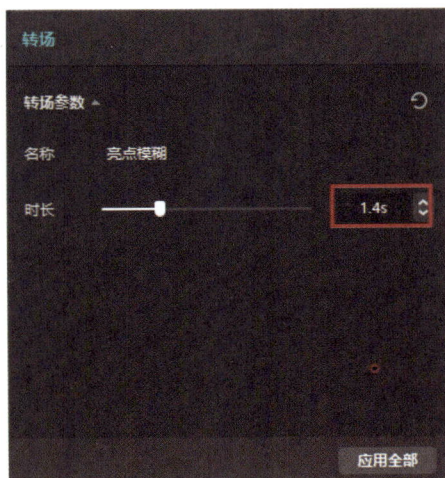

图 4-35

提示：虽然本小节案例中的"亮点模糊"转场效果可以在"转场"|"转场效果"|"热门"类别中找到，但鉴于剪映更新的频繁性和热点内容的快速更迭，"热门"内容会经常变化。因此，建议读者直接在"转场效果"文本框中搜索"亮点模糊"转场效果，以便更迅速地定位所需内容。

图 4-36

4.2.4 实操：制作叠化转场效果视频

叠化转场是剪辑中常用的有技巧转场效果。剪映为此专门设立了一个专栏，不仅涵盖了基础的"叠化"转场，还包括了多种由"叠化"演变而来的转场效果。本案例旨在制作一个简单的氛围感视频，并向读者展示如何运用叠化转场效果，效果如图4-36所示。接下来将详细介绍具体的操作步骤。

01 打开剪映专业版首页，在主界面单击"开始创作"按钮 ➕，进入素材添加界面，并在素材区添加本案例素材，按照顺序将"素材 1.mp4"和"素材 2.mp4"移动至时间线中。

02 单击常用功能选项区中的"转场"按钮，在左侧边栏中单击"叠化"，在"叠化"选项框中选择"叠化"转场，如图 4-37 所示，并将其拖动至时间线中"素材 1.mp4"和"素材 2.mp4"的中间。

03 选中时间线中的"叠化"转场，在素材调整区中设置转场时长为 1.0s，如图 4-38 所示。

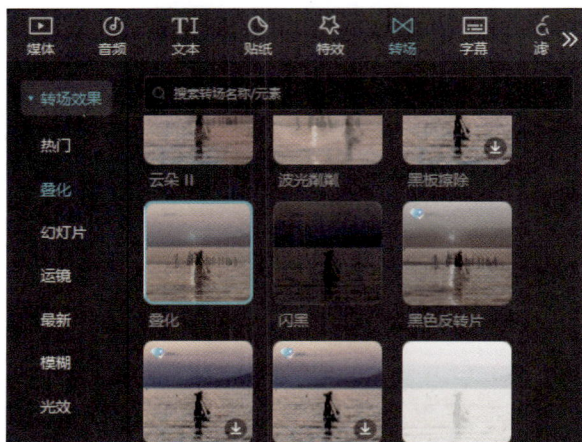

图 4-37

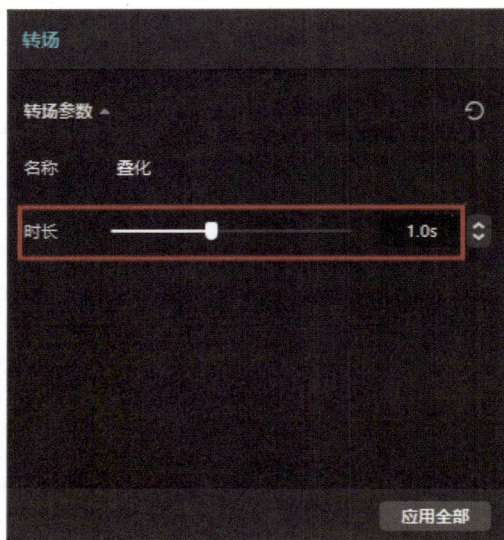

图 4-38

4.2.5 实操：蒙版转场效果视频

蒙版转场是一种在视频编辑中常用的技术，它是指在两个视频片段的交界处插入一个蒙版，并调整蒙版的运动轨迹、透明度变化或其他属性，以创造出从一个场景平滑过渡到另一个场景的视觉效果。本案例旨在制作一个酷玩视频，并向读者展示如何利用剪映软件来创建蒙版转场效果，如图4-39所示，接下来将详细介绍操作步骤。

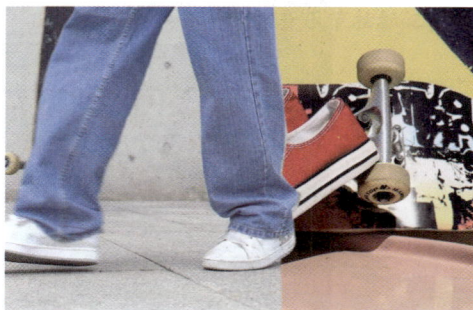

图 4-39

01 打开剪映专业版首页，在主界面单击"开始创作"按钮 ➕，进入素材添加界面，并在素材区添加本案例素材"素材 1.mp4"和"素材 2.mp4"，首先将"素材 1.mp4"移动至时间线中主轨道上方轨道，并单击工具栏中右侧默认开启的"主轨磁吸"按钮，该按钮为白色时为关闭，然后将时间指示器移动至 00:00:01:04 的位置，在主轨道中添加"素材 2.mp4"，如图 4-40 所示。

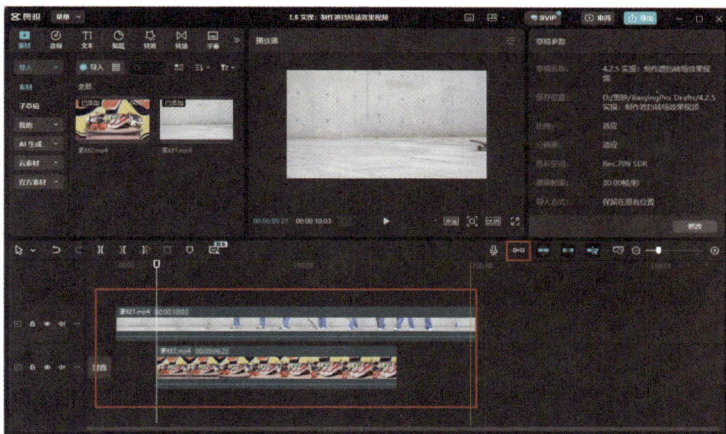

图 4-40

02　选择"素材 1.mp4"，首先调整素材的播放速度至 1.5 倍，接着将时间线定位到人物刚刚出现的时刻，即 00:00:01:19。在素材调整区域，单击"画面"|"蒙版"，在"蒙版"选项中选择"钢笔"蒙版工具。单击播放器右下角的缩放按钮，以缩小播放器画面。随后，在画面周围绘制一个四边形蒙版，并在该位置添加一个蒙版关键帧，如图 4-41 所示。

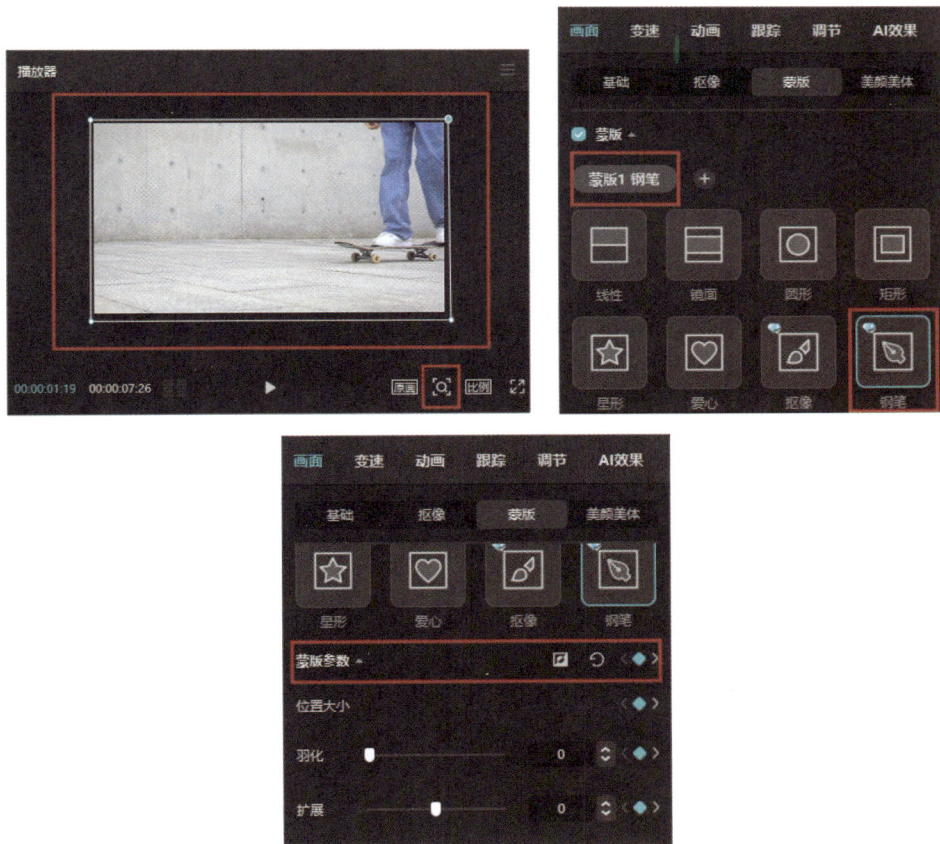

图 4-41

03　将时间指示器移动至 00:00:01:20 的位置，再添加一个蒙版关键帧，此时"素材 1.mp4"画面中的人物刚刚全部进入画面中。在播放器画面中用"钢笔"蒙版，在直线上单击鼠标左键，用点的形式将人物轮廓勾勒出来，并将"羽化"数值更改为30，如图4-42所示。

图 4-42

04 在勾勒人物轮廓时，有时会遇到圆弧，若仅添加点形成直角会显得过于生硬。将鼠标指针移至需要变为弧度的位置，按住 Alt 键并长按点，即可打开曲线摇杆光标（见图4-43）。将光标向两侧移动可加大角度，反之可减小角度，移动光标位置则能改变线条弯曲位置。

图 4-43

05 遮罩是运动的，所以我们需要根据画面中人物运动位置，一帧帧比对并根据实际情况添加"钢笔"蒙版关键帧，直至"素材1.mp4"中人物消失在画面中，如图4-44所示。

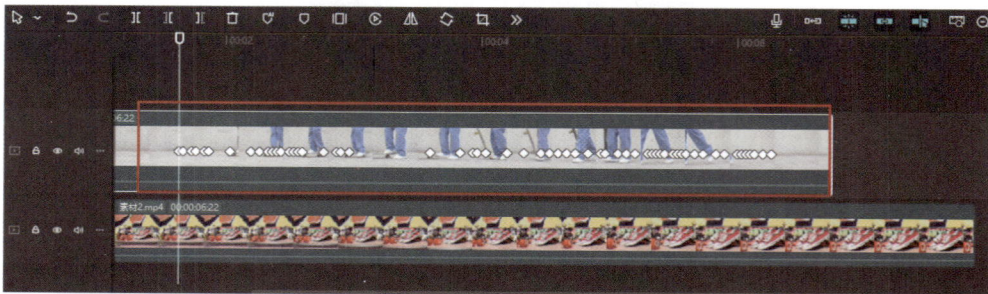

图 4-44

06 完成关键帧添加后，稍微修改"素材1.mp4"和"素材2.mp4"的时间位置。将时间指示器移动至00:00:01:04的位置，选中"素材1.mp4"，单击"向左裁剪（Q）"按钮 ，将"素材1.mp4"前面多余的部分删除，将"素材1.mp4"和"素材2.mp4"移动至时间线开始的位置，再添加合适的背景音乐即可，如图4-45所示。

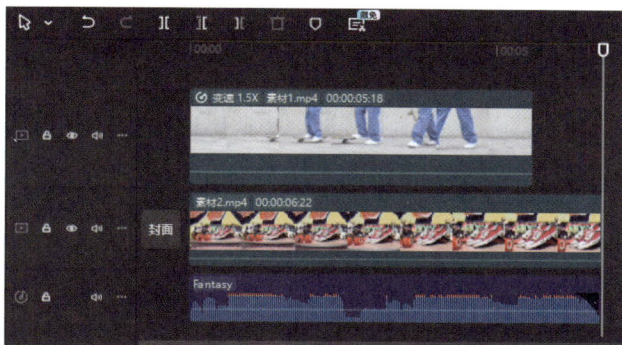

图 4-45

拓展案例：抠像转场

抠像转场可以通过某些物件巧妙连接上下两个没有相同元素的片段，应用范围广泛。本案例将简单讲解抠像转场效果的制作方法，最终效果如图 4-46 所示。

难度：★★★★

相关文件：第 4 章\4.2\4.2 拓展案例

效果视频：第 4 章\4.2\抠像转场效果视频 .mp4

本例知识点

❑ 在时间线轨道中将"素材 1.mp4"放置在"素材 2.mp4"的上方。

❑ 在"素材 2.mp4"的开头添加定格帧，时长为 00:00:03:15。

❑ 在"素材 2.mp4"上方轨道添加暂停和播放贴纸，并且为其添加关键帧，随着手机移动，单击鼠标右键，执行"显示关键帧变速曲线（Alt+K）"命令，根据画面内容，自行设置关键帧曲线。

❑ 在贴纸上方的轨道中再复制粘贴"素材 2.mp4"，将图片中的左手抠出来，放置在贴纸上方即可。

❑ 对两个播放暂停贴纸分别右击，执行"新建复合片段（子草稿）（Alt+G）"命令，即可变成视频片段，然后在中间添加"叠化转场"。

图 4-46

❑ 将时间线移动至 00:00:04:27 的位置，在此处选中"素材 2.mp4"并播放素材，执行"新建复合片段（子草稿）（Alt+G）"命令，这时播放键会与"素材 2.mp4"绑定在一起。为了完成转场，对该新建复合片段添加放大关键帧，完成抠像转场效果。

4.3　卡点的4种高级用法，跟着音乐一起动起来

卡点视频是一种通过精确剪辑，实现视频画面切换、动作衔接与音乐节奏、节拍同步匹配的视频类型。视频的节奏与音乐完美融合，每个画面都仿佛音符般跳跃，这就是创意卡点的魅力所在。在剪映软件中，用户可以轻松添加卡点效果，或根据个人需求定制卡点效果。本章将从卡点基础入手，通过 4 个卡点视频的实际操作案例，向读者展示如何运用剪映进行多样化的卡点创意视频剪辑。

4.3.1　视频与音乐契合的作用

卡点之所以得名，是因为视频中的画面切换或动作与音乐的鼓点（节奏）精准同步，从而为观众带来一种强烈的视觉与听觉冲击。卡点技术通常应用于舞蹈、快剪辑、二次创作等以音乐为主背景音的视

频或片段，其应用范围十分广泛。

在剪辑带有配乐的视频时，巧妙地配合音乐节奏点可以营造出视听同步的和谐感。例如，在一段舞蹈视频中，将舞者的动作与音乐的节奏点完美匹配，可以显著提升舞蹈的观赏性；合适的音频能够有效地引导观众的注意力，比如当视频从快节奏突然转变为慢节奏时，通过背景音乐的过渡可以平滑地完成这一转换；高质量的音频还能提升视频的整体节奏感和专业性。

4.3.2 手动踩点

剪映允许用户在时间轴中根据个人需求进行手动踩点操作。要掌握手动踩点，需要具备一定的音乐基础知识，例如了解节拍的概念，识别一段音乐的重点部分等。此外，还需熟悉音频在音轨中的波形显示规律：通常情况下，音量较大的区域波形较为突出，而音量较小的区域则波形较为平缓。基于对音乐的深入分析，我们可以确定剪辑点，进而在编辑视频素材时，这些明确的剪辑点将帮助我们形成更加清晰的剪辑思路。

1. 剪映 App

01 启动剪映 App，点击主界面中的"开始创作"按钮 ➕；接着，选择并添加所需的视频素材，进入视频编辑界面；随后，点击"音频" | "音乐"按钮访问音乐库，从音乐库中挑选一首节奏强烈、鼓点突出的乐曲，并将其添加至时间轴中，如图 4-47 所示。

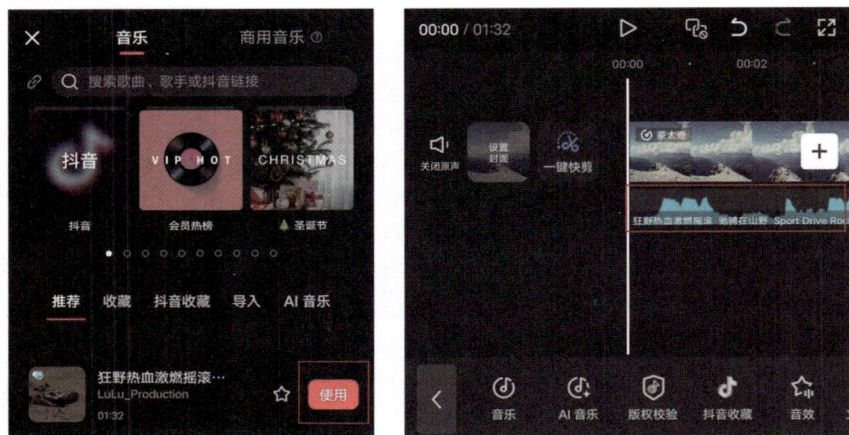

图 4-47

02 选中音频轨道中的音乐素材，点击下方"节拍"按钮 ▷，进入节拍添加界面，如图 4-48 所示。在节拍添加界面点击"添加点"按钮，即可手动踩点，如图 4-49 所示。

图 4-48

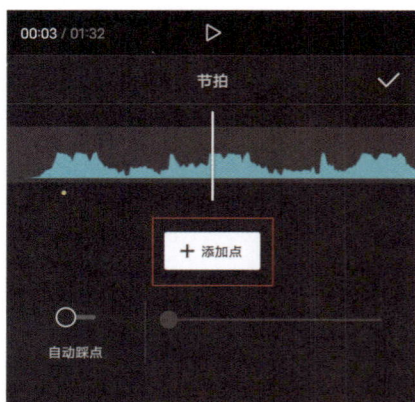

图 4-49

2. 剪映专业版

01 打开剪映专业版首页，在主界面单击"开始创作"按钮 ⊞ ，进入素材添加界面。在常用功能区单击"音频"按钮 ⊙ ，在"音乐"选项中选择一首节奏鲜明、鼓点突出的乐曲，将其添加至时间线音频轨道中，如图 4-50 所示。

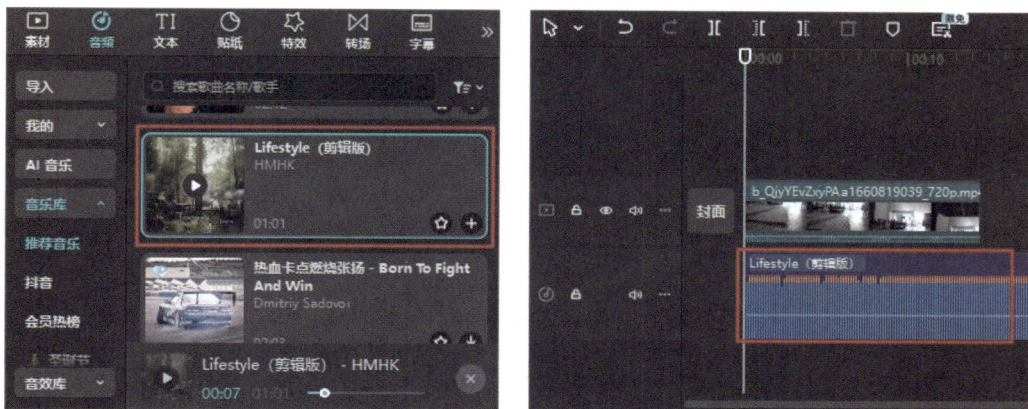

图 4-50

02 放大时间线，观察音频轨道中的音频素材波形，选中音乐素材，根据自身需求，单击"添加标记（M）"按钮 ▽ ，添加节拍点，如图 4-51 所示。

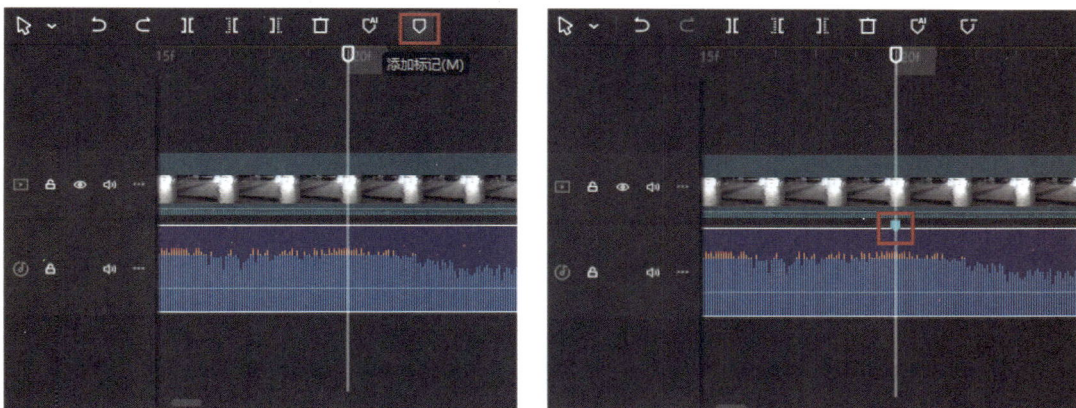

图 4-51

4.3.3 自动踩点

剪映的最大特点之一是其智能节拍点识别功能，这项技术能够根据音乐节奏自动为用户添加节拍点。这一创新特性极大地简化了视频剪辑过程，用户无须具备深厚的音乐理论知识即可轻松进行剪辑。

1. 剪映 App

01 打开剪映 App，在主界面点击"开始创作"按钮 ⊞ ，添加素材后进入视频编辑界面，点击"音频"按钮 ♪ ，进入音乐库，添加一首节奏鲜明、鼓点突出的曲子至时间线中，如图 4-52 所示。

02 选中音频轨道中的音乐素材，点击下方"节拍"按钮 ⚑ ，进入节拍添加界面，如图 4-53 所示。

图 4-52

图 4-53

03 点击"自动踩点"按钮，剪映将立即基于当前音乐的节奏自动生成节拍点。默认情况下，系统会设置为最快节奏的踩点方式，如图 4-54 所示。用户可以通过滑动界面上的白色调节滑块，实时调整节拍点的快慢节奏，以满足不同的剪辑需求，如图 4-55 所示。

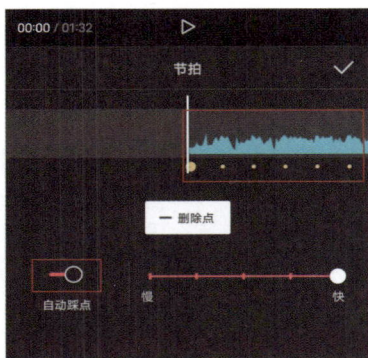

图 4-54

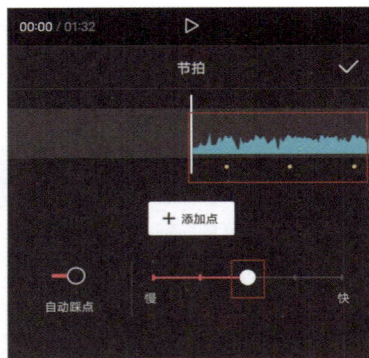

图 4-55

2. 剪映专业版

01 打开剪映专业版，在主界面单击"开始创作"按钮➕，进入素材添加界面。在常用功能区单击"音频"按钮，在"音乐"选项中选择一首节奏鲜明、鼓点突出的曲子，将其添加至时间线音频轨道中，如图 4-56 所示。

图 4-56

02　选中音乐素材，单击"添加音乐节拍标记"按钮 ♥，根据需求选择"踩节拍Ⅰ"或"踩节拍Ⅱ"，
　　即可自动添加节拍点，如图 4-57 所示。

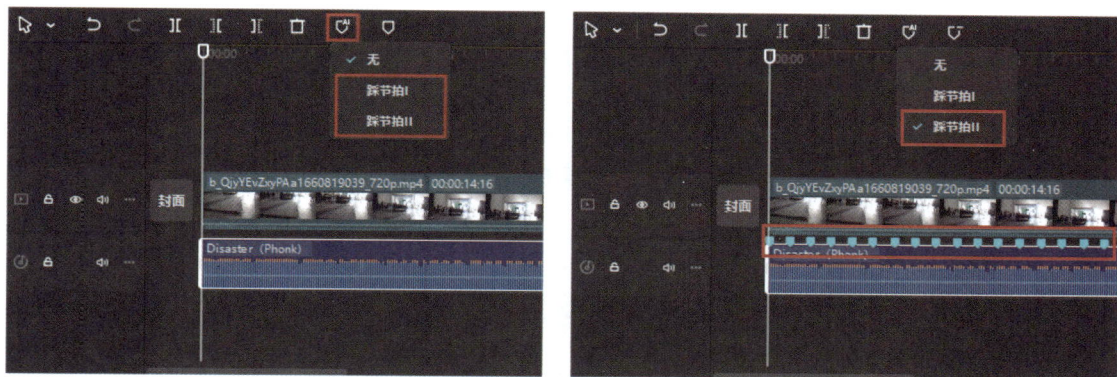

图 4-57

4.3.4　选择卡点音乐

制作卡点视频的首要步骤是精心挑选合适的音频。虽然卡点视频可以使用多种类型的音乐，但主流趋势倾向于选择具有以下特征的曲目。

➤ 流派选择：流行音乐和摇滚音乐是最常用的类型，它们通常具备鲜明的节奏和强烈的情感表达。
➤ 节奏特点：优选节奏中等偏快、节拍清晰有力的曲目，这样的音乐更易于设定节拍点，使视频与音乐节奏紧密同步。

提示：虽然流行和摇滚是主流，但也可以探索其他风格如 Ballad 或古风音乐，关键在于曲目中有明显的鼓点段落，这对于生成有效的节拍点至关重要。

关于卡点视频的内容逻辑，主要有两种主流形式。

单一混剪： 围绕一个主题进行深入挖掘，通过不同的表现形式和视角，全面展示主题的魅力。这种混剪要求内容丰富，避免单调，同时也需要剪辑师对主题有深入的理解和广泛的素材积累。

拼盘混剪： 通过多个片段或主题的组合，创造出层次丰富、动态十足的视觉效果。这种形式适合展示多样性，可以通过对比和过渡技巧，增强视频的吸引力和表现力。

对于初学者而言，从自己熟悉和热爱的题材开始寻找素材是一个不错的起点。这不仅可以帮助他们更好地理解和掌握剪辑技巧，也能激发创作的灵感，逐渐提高技术水平。随着经验的积累，创作者可以尝试更多样化的音乐和剪辑风格，不断拓展自己的创作领域。

4.3.5　实操：蒙版卡点，制作分屏卡点效果

卡点视频的制作有多种创意玩法，其中一种既简单又具挑战性的技术是蒙版卡点。这种技术通过在时间轴的主轨道上方添加带有蒙版的相同素材，来实现视觉上的节奏同步和动态切换。下面将详细介绍该玩法的操作步骤，如图 4-58 所示。

01　打开剪映专业版，在主界面单击"开始创作"按钮 ➕，进入素材添加界面。在素材区添加本案例相应视频素材"素材 .mp4"和音乐素材"Healing Light.mp3"，将视频素材"素材 .mp4"和音乐素材"Healing Light.mp3"拖动至时间线中。

图 4-58

02 选中音乐素材"Healing Light.mp3",单击"添加音乐节拍标记"按钮 ,选择"踩节拍Ⅰ",如图 4-59 所示。在素材调整区中单击"画面"|"蒙版"选项,根据节拍点进行蒙版添加,如图 4-60 所示。

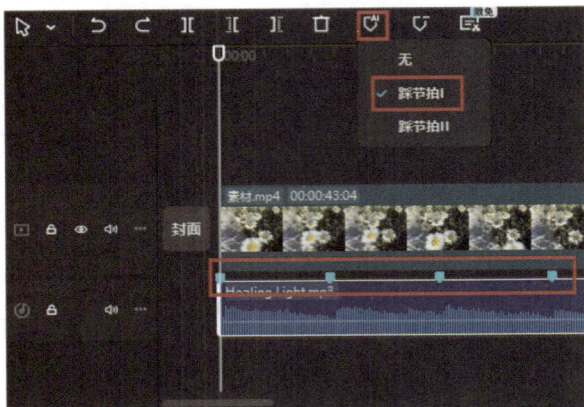

图 4-59   图 4-60

03 单击"添加蒙版"按钮后,选择"矩形"蒙版,蒙版参数设置如图 4-61 所示。然后在上方轨道中复制粘贴"素材.mp4"3 次,如图 4-62 所示。

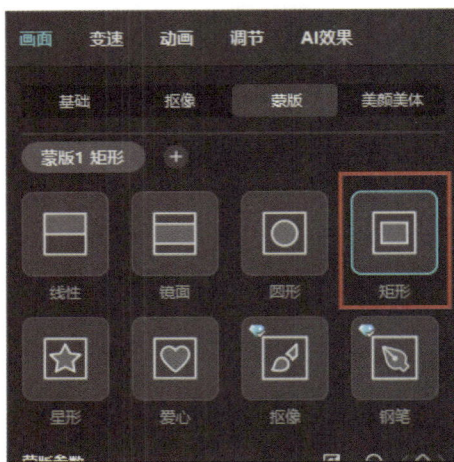
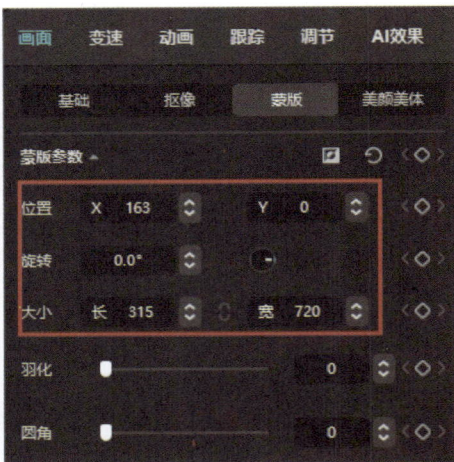

图 4-61

图 4-62

04 复制粘贴好"素材.mp4"后，按照轨道从下至上的顺序调整各轨道中"素材.mp4"的"矩形"
蒙版位置，如图4-63所示。

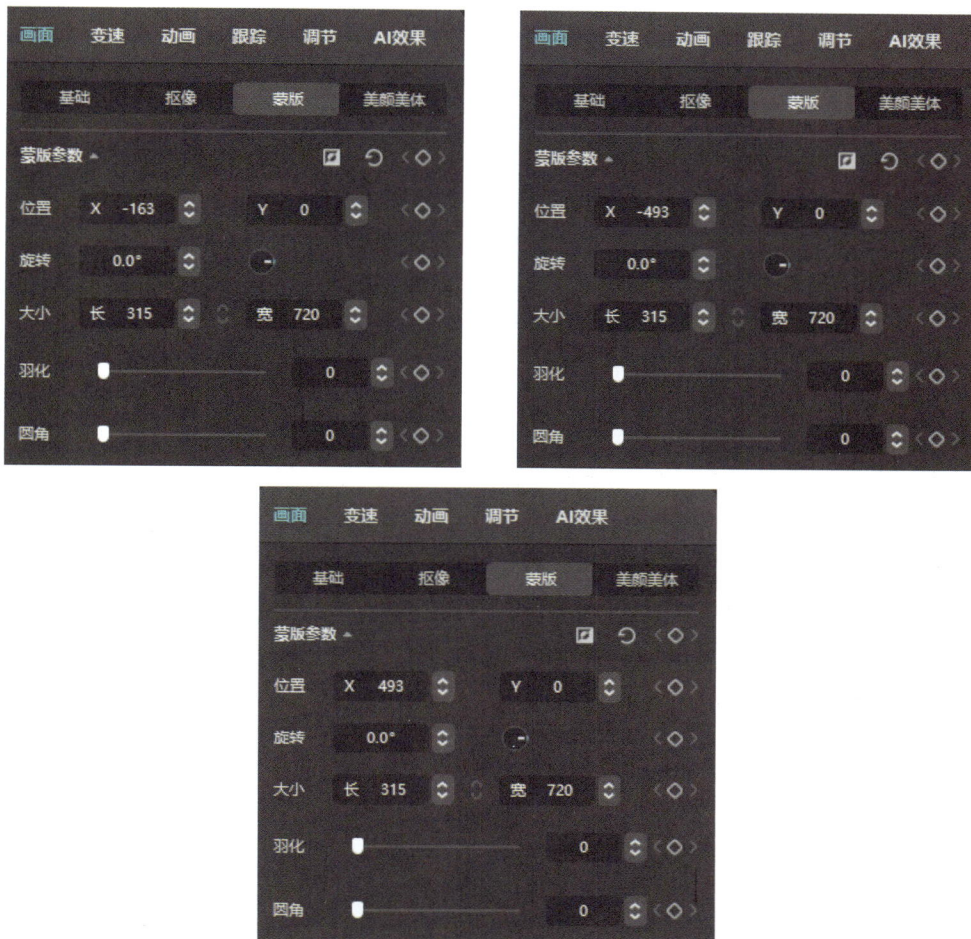

图 4-63

05 然后选中主轨道上方的"素材（复制1）.mp4"，将时间指示器移动至第2个节拍点位置，单击"向
左裁剪（Q）"按钮，如图4-64所示。用同样的方法，对其他复制的素材进行剪切处理，最
终如图4-65所示。

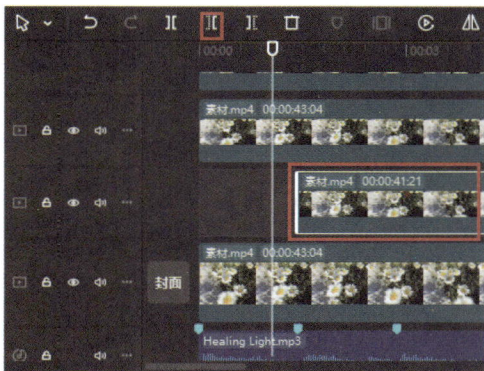

图 4-64

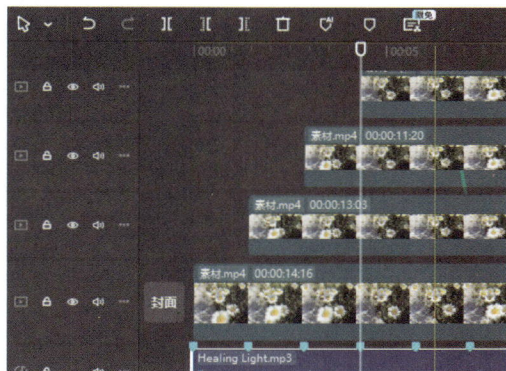

图 4-65

提示：也可以选中"素材（复制）.mp4"，移动左侧白色边框调整素材的开始位置。

06　为了结束有一个很流畅的过渡，选中"素材（复制 3）.mp4"，将时间指示器移动至第 5 个节拍点处，在"画面"|"蒙版"选项框中添加"蒙版参数"关键帧，如图 4-66 所示，数值保持不变，再将时间指示器移动至 00:00:06:10 的位置，再添加一个"蒙版参数"关键帧，数值更改如图 4-67 所示。

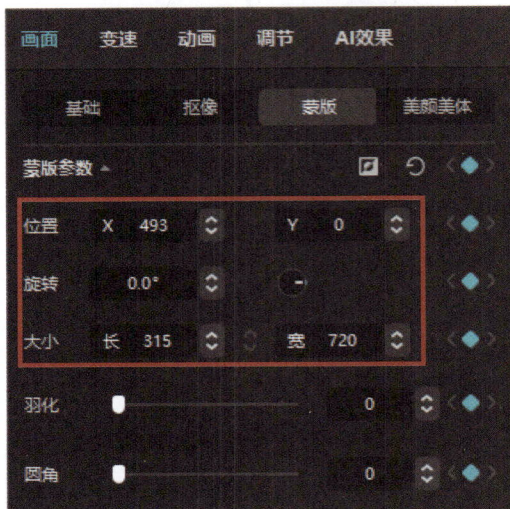

图 4-66

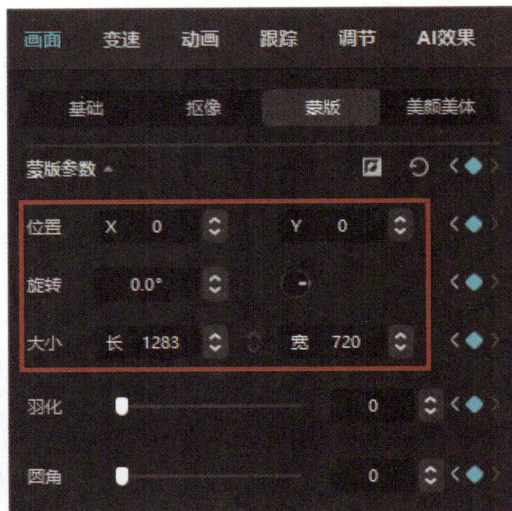

图 4-67

07　完成上述操作后，将时间指示器移动至 00:00:09:15 的位置，选中时间线中所有视频和音频素材，单击"向右裁剪"按钮 ▮▮，将多余部分删除；然后选中音乐素材"Healing Light.mp3"，在素材调整区中将淡出时长设置为 1.0s，如图 4-68 所示。

图 4-68

4.3.6　转场卡点

转场卡点是一种常用于混剪视频的技术，广泛应用于音乐视频、体育赛事集锦、广告视频、创意短视频以及电影预告片等领域。通过精准的节奏卡点与转场效果的结合，可以实现视频与音频的完美融合，从而增强视频的表现力和吸引力。本节将以城市转场卡点视频为例，详细介绍制作方法，效果如图 4-69 所示。

图 4-69

01 打开剪映专业版，在主界面单击"开始创作"按钮 ⊞，进入素材添加界面。在素材区添加本案例相应视频素材至时间线中，然后在"音乐库"中找到并添加背景音乐"超强节奏感"，如图 4-70 所示。

02 选中背景音乐"超强节奏感"，单击"添加音乐节拍标记"按钮 ♥，选择"踩节拍Ⅱ"，如图 4-71 所示。

图 4-70

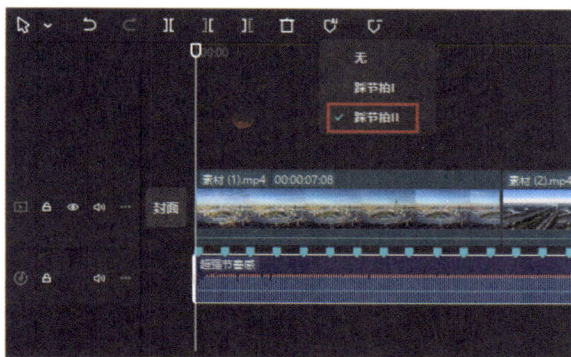

图 4-71

03 根据节拍点对素材进行裁剪，"素材（1）.mp4"至"素材（7）.mp4"均为 3 个节拍点，"素材（8）.mp4"为 5 个节拍点，具体参考图 4-72。

04 素材裁剪完成后，在素材调整区"动画"|"组合"中选择合适的动画。选中"素材（1）.mp4"，添加动画"抖入放大"；再选中"素材（2）.mp4"添加动画"形变缩小"；选中"素材（3）.mp4"添加动画"向左下降"；如图 4-73 所示。然后为其余素材添加组合动画，选中"素材（4）.mp4"添加动画"向右下降"；选中"素材（5）.mp4"，添加动画"小火车Ⅲ"；选中"素材（6）.mp4"；添加动画"小火车Ⅱ"，

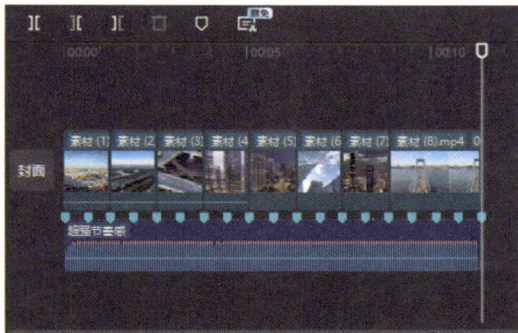

图 4-72

选中"素材（7）.mp4"，添加动画"弹动屏幕"；选中"素材（8）.mp4"，添加动画"回弹伸缩"，将动画"回弹伸缩"时长更改为 1.9s，如图 4-74 所示。

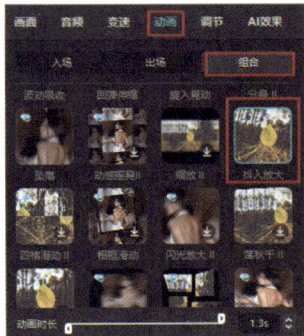
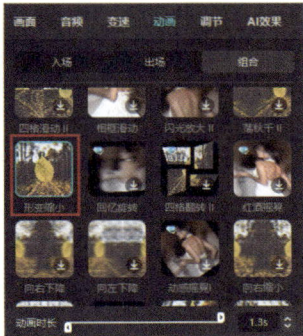
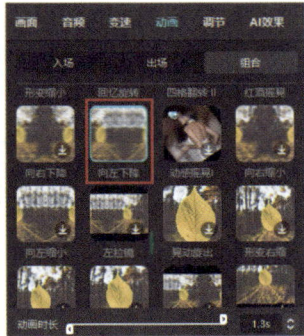

图 4-73

4.3.7 实操：制作Vlog拼贴卡点开场视频

    Vlog 的开头是吸引观众注意力的关键环节，通过卡点剪辑可以为视频增添节奏感，迅速带动观众情绪，提升观看体验。本案例将介绍如何制作一个新颖的 Vlog 拼贴卡点开场视频，效果如图 4-75 所示。下面将介绍具体操作方法。

01 打开剪映专业版，在主界面单击"开始创作"按钮 ➕，进入素材添加界面。在素材区添加本案例相应视频素材至时间线中，然后在"音乐库"中找到并添加背景音乐"Magic Snow"，如图 4-76 所示。

02 选中背景音乐"Magic Snow"，单击"添加音乐节拍标记"按钮 ，选择"踩节拍Ⅱ"，然后将时间指示器移动至"素材 1.mp4"开始的位置，单击"定格"按钮 ，如图 4-77 所示。

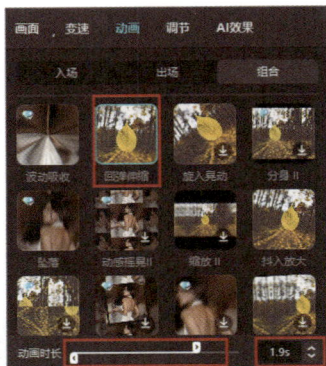

图 4-74

图 4-75

图 4-76

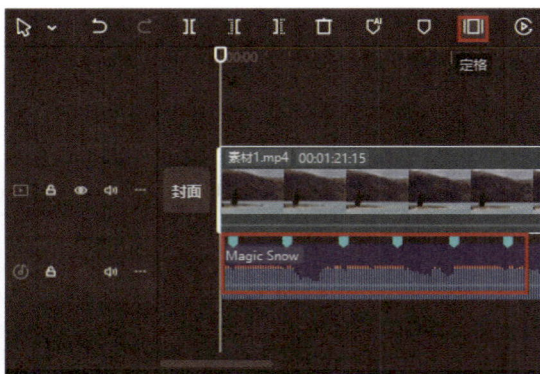

图 4-77

03 剪映会自动生成时长 3s 的定格帧，将定格帧延长至 00:00:04:14，也就是第 7 个节拍点处，如图 4-78 所示。

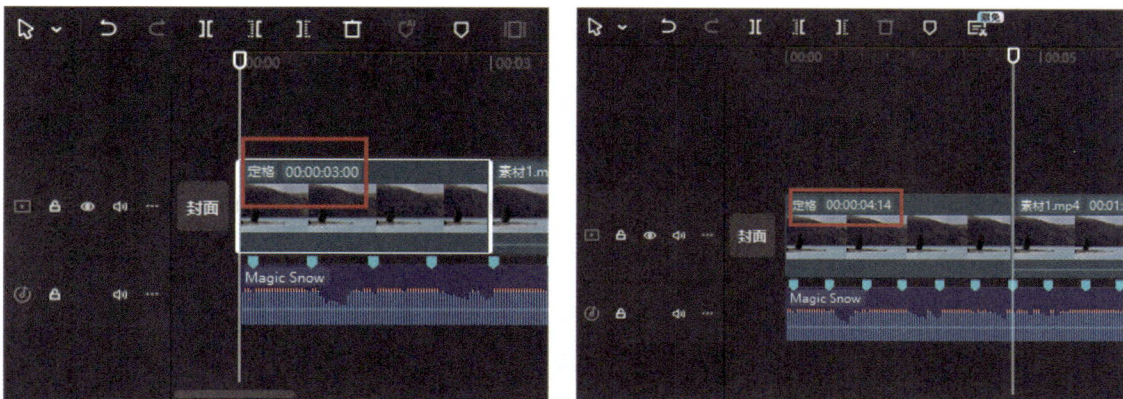

图 4-78

04　选中定格帧，在素材调整区中选择"画面"|"抠像"，勾选"自定义抠像"选项，用"智能画笔"将画面中的地面和树木抠出来，如图 4-79 所示。

图 4-79

05　将时间指示器移动至第 3 个节拍点位置，选中定格帧，单击"分割"按钮，选中分割后第 2 段定格帧，在素材调整区中选择"画面"|"抠像"，勾选"自定义抠像"选项，在步骤 04 基础上，用"智能画笔"将山抠出来，如图 4-80 所示。

图 4-80

06　再将时间指示器移动至第 5 个节拍点处，选中定格帧，单击"分割"按钮，选中分割后第 3 段定格帧，在素材调整区中选择"画面"|"抠像"，勾选"自定义抠像"选项，在步骤 05 基础上，用"智能画笔"将右下角绿草抠出来，如图 4-81 所示。

图 4-81

07 完成上述操作后,将时间指示器移动至第9个节拍点位置,选中"素材 1.mp4",单击"向右裁剪"按钮 ▐▌,将多余的部分删除。

08 Vlog拼贴卡点效果即制作完成。读者可以根据上述方法,制作"素材2.mp4",效果如图4-82所示。

图 4-82

4.3.8 实操:制作滤镜卡点效果视频

滤镜卡点效果实际上是定格卡点的另一种说法。由于在定格画面中添加了氛围感滤镜,因此也被称为滤镜卡点。这种剪辑手法常被用于制作短视频中的忧郁氛围感视频。本案例将制作滤镜卡点效果视频,效果如图4-83所示,下面将介绍具体操作方法。

图 4-83

01 打开剪映专业版,在主界面单击"开始创作"按钮 ➕,进入素材添加界面。在素材区添加本案例相应视频素材至时间线中,然后在"音乐库"中找到并添加背景音乐"Love is like a flame",如图4-84所示。

02 选中背景音乐 "Love is like a flame", 单击 "添加音乐节拍标记" 按钮 🕐, 选择 "踩节拍Ⅱ", 然后将时间指示器移动至 00:00:02:28 的位置, 也是第 5 个节拍点位置, 单击 "定格" 按钮 ▯▯▯, 如图 4-85 所示。

图 4-84   图 4-85

03 删除 "素材 1.mp4", 将时间指示器移至第 6 个节拍点, 单击 "向右裁剪" 按钮, 删除多余的定格帧内容。定格帧的内容覆盖两个节拍点区间, 随后在定格帧上方轨道中添加滤镜 "富士 NN" 和 "深沉", 并将强度均设置为 100, 如图 4-86 所示。

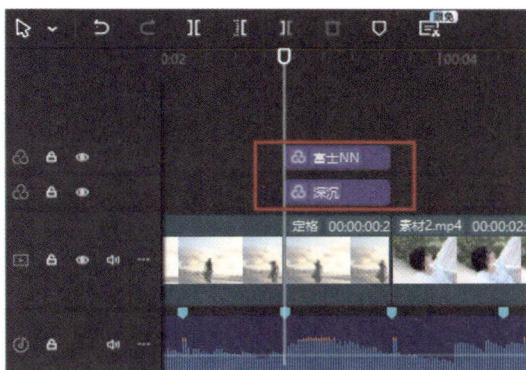

图 4-86

04 根据步骤 03, 对 "素材 2.mp4" 和 "素材 3.mp4" 进行同样的制作, 如图 4-87 所示。

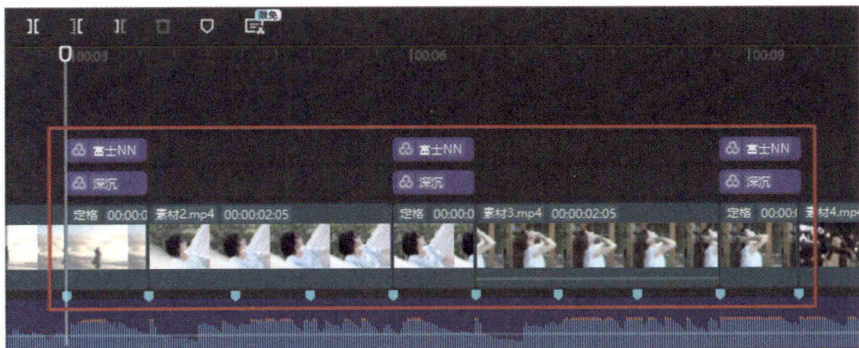

图 4-87

05 然后将时间指示器移动至 00:00:11:19 的位置，选中"素材 3.mp4"，单击"向右裁剪"按钮 ⅠⅠ。再将时间指示器移动至 00:00:13:02 的位置，选中"素材 3.mp4"和音乐素材"Love is like a flame"，单击"向右裁剪"按钮 ⅠⅠ，将多余的部分删除。

06 完成上述操作后，选中音乐素材"Love is like a flame"，将淡出时长设置为 0.5s。

拓展案例：制作变速卡点视频

　　剪映推出了"变速卡点"功能，该功能可以根据剪映预设，进行音乐变速卡点，这样不用一个一个调整控制点，极大减少了剪辑时间，更加方便短视频博主创作视频。本例将简单讲解变速卡点效果的制作方法，最终效果如图 4-88 所示。

难度：★★

相关文件：第 4 章 \4.3\ 拓展案例

效果视频：第 4 章 \4.2\ 变速卡点效果视频 .mp4

本例知识点

❑ 导入素材至剪映 App 视频编辑界面后，选择一段节奏感强的舞曲。

❑ 选中"素材 .mp4"，在工具栏中单击"变速"|"变速卡点"按钮，选择"闪光"变速。

❑ "变速卡点"功能会自动生成音乐节拍点，可以在"闪光"变速编辑界面中调整音乐节拍频率、变速速度和强度。

图 4-88

05

第5章
视频画面太单调怎么办，
手把手教你做特效

本章导读

　　在剪辑过程中，特效是一系列借助专业软件工具与先进技术手段所创造出的特殊视听效果，旨在升华素材表现力、丰富画面层次及强化叙事感染力。它涵盖视觉特效与听觉特效两部分。视觉上，能突破现实局限，像是让老旧照片动态化，人物影像从静态缓缓复苏，面部细节鲜活起来；或把单调背景幻化为奇幻仙境，繁花瞬间盛放、云雾缭绕其间；还能修饰画面瑕疵，调整光影色调，模拟灾难场景里建筑崩塌、海浪滔天，为平淡影像注入磅礴冲击力。听觉特效则负责雕琢声音细节，将日常嘈杂转化为神秘森林的簌簌风声、古怪生物的奇异鸣叫，或是给打斗场面配上凌厉拳脚声、武器碰撞音效，使声音与画面精准契合。剪映的特效素材库十分丰富，本章将介绍如何在剪映中制作视频效果，让剪辑变得更加快捷。

5.1　震撼又炫酷的合成特效，好玩又好学

合成特效是一种将多个不同的视频素材、图像、文字或动画元素等融合在一起，创造出全新视觉效果的技术手段。例如，将实拍的城市街道场景视频与虚拟的外星生物动画进行合成，让外星生物仿佛真实地出现在城市街头，实现现实与幻想的交融。这种特效可以把不同时间、空间、维度的元素组合起来。比如，把古代战争视频素材和现代的建筑视频合成，展现历史与当下的碰撞。视频合成特效需要精确地控制透明度、色彩匹配、光影融合等诸多因素。例如，在合成人物与风景视频时，要确保人物身上的光线方向、强度与风景中的光照条件相匹配，使合成后的画面看起来自然逼真，没有违和感。它可以通过抠像技术去除原始素材中的背景，再将新的背景与主体完美贴合，就像在绿幕拍摄后的影视制作中，演员可以被合成到各种各样的虚拟场景中，无论是神秘的魔法世界还是遥远的外太空，从而大大拓展了视频创作的想象空间，为观众带来更具创意和视觉冲击力的作品。

5.1.1　实操：实景动画梦幻视频

实景动画是当下广告及影视作品中常用的一种表现形式，其通过将现实场景转化为想象中的世界，打破二次元与三次元之间的界限，使画面呈现更加生动有趣的视觉效果。本书将通过剪映软件向读者介绍基础的实景动画制作方法，具体效果如图 5-1 所示。下文将详细阐述相关操作步骤。

图 5-1

01　打开剪映专业版首页，在主界面单击"开始创作"按钮 ⊞，进入素材添加界面，在素材区添加本实例相应素材，并将"素材 .mp4"放置在时间线轨道中。

02　将时间指示器移动至 00:00:01:00 的位置，在此处上方轨道添加"月亮 .mov"，将其添加至画面左侧空白处位置，如图 5-2 所示。

图 5-2

03　由于月亮会遮挡一部分建筑物，在"月亮 .mov"上方轨道再复制一次"素材 .mp4"，添加"蒙

版 1 钢笔"将遮挡的部分抠出，如图 5-3 所示。调整蒙版大小和位置，最终效果如图 5-4 所示。

图 5-3

图 5-4

04　然后选中"素材 2.mp4"，进行画面色彩调整，具体如图 5-5 所示。

 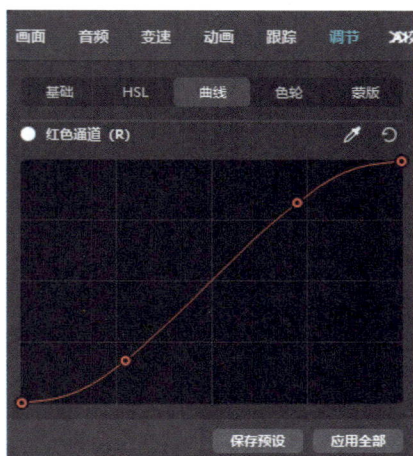

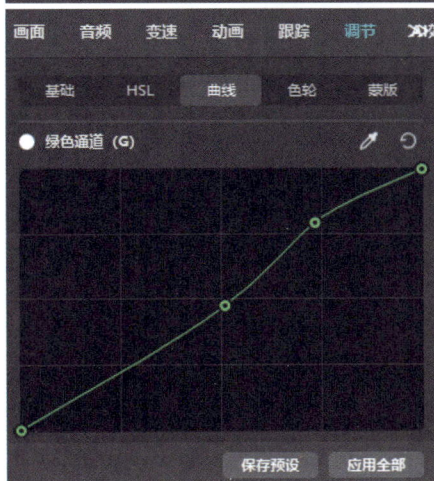 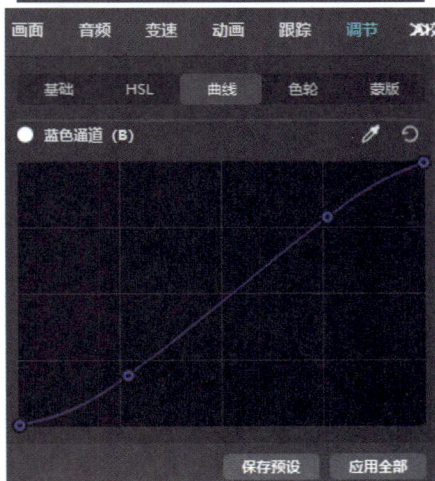

图 5-5

05　通过剪映"复制属性"功能将"素材 2.mp4"的调节数值应用至"素材 2（复制）.mp4"。然后选中"月亮.mov"，单击"调节"选项，进行基础调节设置，具体数值如图 5-6 所示。然后为"月亮.mov"添加入场动画"渐隐"，时长为 0.5s，如图 5-7 所示。

06　完成上述操作后，在最上方轨道中添加滤镜"梦幻动漫"，即可完成制作，如图 5-8 所示。

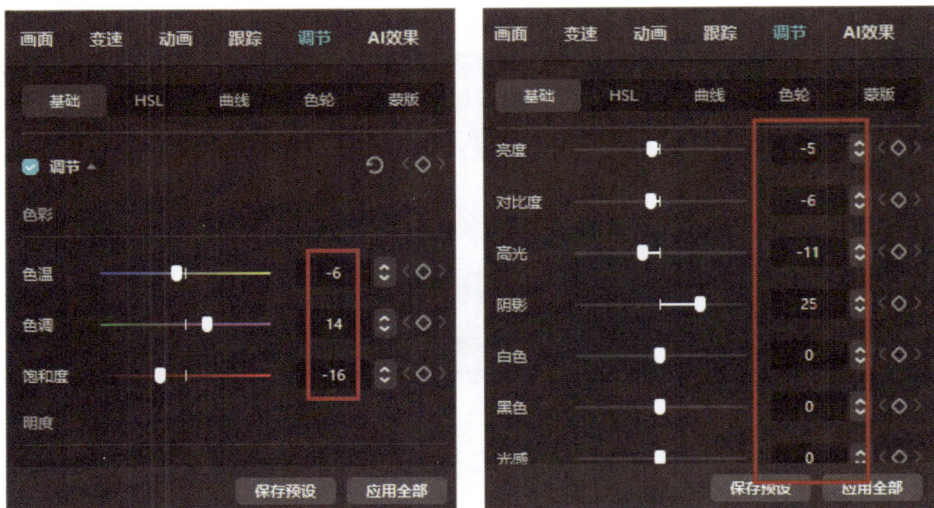

图 5-6

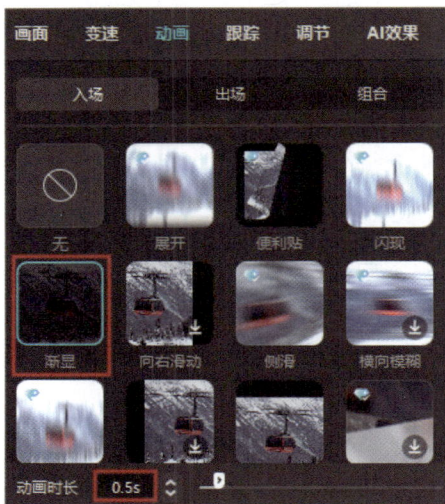

图 5-7

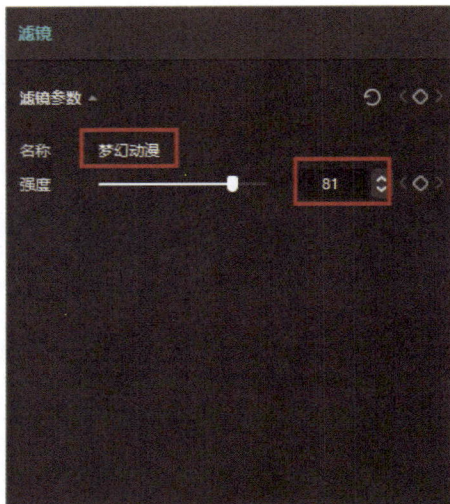

图 5-8

5.1.2 实操：时空交错效果视频

时空交错效果是短视频创作中常用的剪辑手法之一。随着数字媒体技术的发展，创作者们开发出了多种创新性的剪辑方式。本小节案例将制作一个简单的时空交错效果视频，向读者介绍制作时空交错效果的基本要点，效果如图 5-9 所示，下面将介绍具体操作方法。

图 5-9

01 打开剪映专业版首页，在主界面单击"开始创作"按钮 ➕，进入素材添加界面，在素材区添加本实例相应素材，并将"素材（1）.mp4"和"素材（2）.mp4"放置在时间线轨道中。

02 选中"素材（2）.mp4"，由于画面人物大小要略大于"素材（1）.mp4"，单击右键执行"基础剪辑"|"裁剪比例"命令，打开"调整大小"窗口，单击"AI

扩展"，将原图缩小至 40%，单击"开始生成"按钮，即可生成新的画面，如图 5-10 所示。

图 5-10

03　单击"确定"按钮后，选中"素材（2）.mp4"，单击"镜像"按钮 ◫，画面则可以垂直翻转，如图 5-11 所示。

图 5-11

04　然后继续选中"素材（2）.mp4"，添加"蒙版 1 线性"，如图 5-12 所示。将时间指示器移动至 00:00:01:23 的位置添加一个蒙版参数关键帧，如图 5-13 所示。再将时间指示器移动至 00:00:04:27 的位置，再添加一个蒙版参数关键帧，如图 5-14 所示。这样时空交错的效果制作完成。

图 5-12

图 5-13

图 5-14

5.1.3 实操：赛博朋克城市视频

随着科学技术的进步，我们即将进入新的人工智能时代，随着产业升级的脚步，也让科技风重新回到大众的视野，赛博朋克逐渐成为主流文化中的一种。本小节案例将制作简单的赛博朋克城市视频，效果如图 5-15 所示，下面将介绍具体操作方法。

01 打开剪映专业版首页，在主界面单击"开始创作"按钮 ➕，进入素材添加界面，在素材区添加本实例相应素材，并将"素材.mp4"和"科技数字动画元素带透明度通道3.mov"放置在时间线轨道中。

图 5-15

02 选中"素材.mp4"，在素材调整区中单击"调节"|"曲线"选项，设置"红色通道""绿色通道""蓝色通道"，如图 5-16 所示。

03　然后在"调节"｜"基础"中调整色调为 30，如图 5-17 所示。

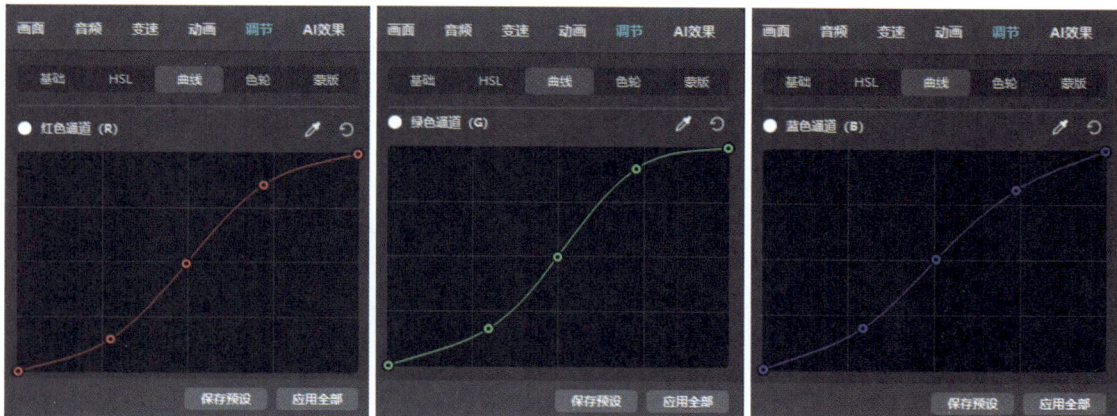

图 5-16

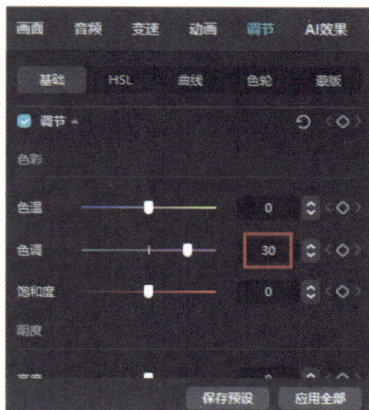

图 5-17

04　在"科技数字动画元素带透明度通道 3.mov"上方轨道中按照由下至上的顺序添加滤镜"绿调""纪元""粉调"，"强度"数值如图 5-18 所示。

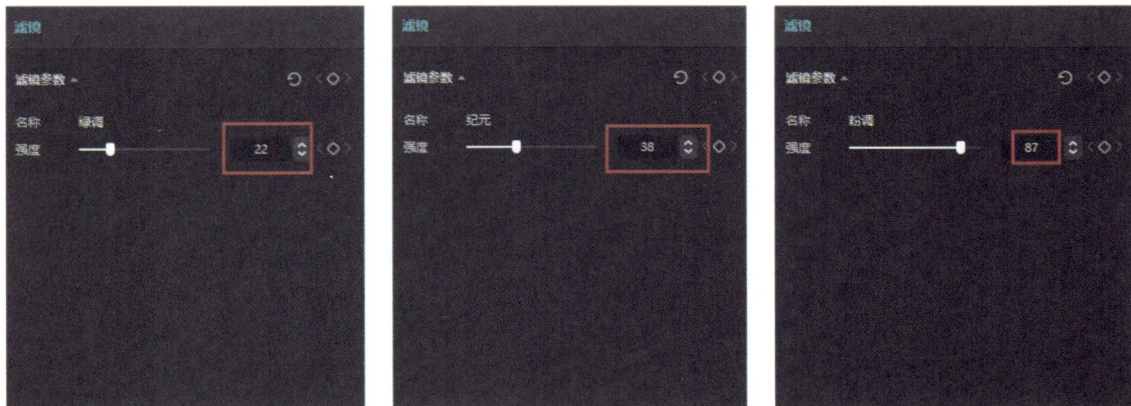

图 5-18

05　最后为"科技数字动画元素带透明度通道 3.mov"添加一个"渐显"入场动画即可，时长为 0.5s。

5.2 学会这几种字幕特效，让视频瞬间变高级

字幕特效的运用能够极大地提升视频的品质与观感，本章将介绍 3 种制作字幕特效的方法，这些方法可以显著提升视频档次，并且操作简便，易于上手。无论处于何种创作水平，都能通过掌握这些特效技巧，快速为视频增添高级质感，增强其视觉表现力。

5.2.1 实操：制作金色粒子文字消散效果

我们可以在非常多视频中看到粒子文字消散效果，现如今这种效果常用在氛围感短片中，且应用非常成熟且广泛。本章将从制作粒子文字消散效果案例开始进入字幕特效讲解，效果如图 5-19 所示，下面将介绍具体操作方法。

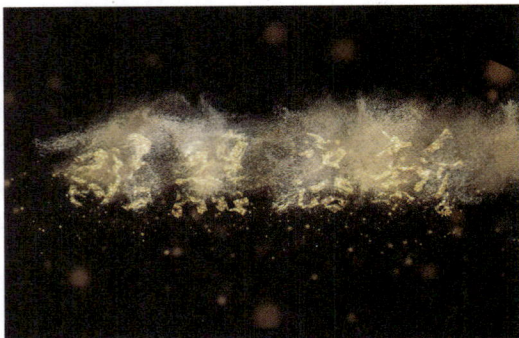

图 5-19

01 打开剪映专业版首页，在主界面单击"开始创作"按钮 ➕，进入剪辑界面。

02 在官方素材库中选择并添加"黑场"至时间线中，在黑色背景上方添加一段文字素材"朗照启新"，字幕设置如图 5-20 所示，时长与黑色背景时长一样，均为 00：00：05：00。

03 将时间指示器移动至开始的位置，为了让文字有个更好的出场，在此处添加"位置大小"关键帧。然后将时间指示器移动至 00：00：01：00 处，再添加一个"位置大小"关键帧，数值更改如图 5-21 所示。

04 完成上述操作后，为文字素材"朗照启新"设置一个出场动画"溶解"，时长为 2.0s，如图 5-22 所示。然后选中文字素材和"黑场"，单击右键执行"新建复合片段（子草稿）（Alt+G）"命令，新建"复合片段 1"，这样基本的文字消散效果即制作完成。

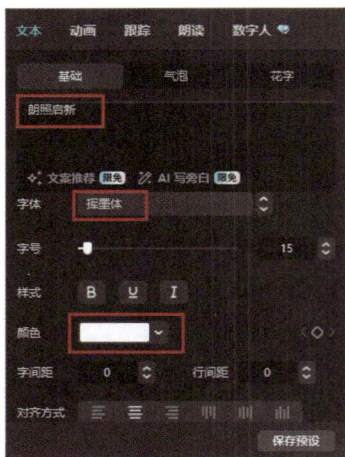
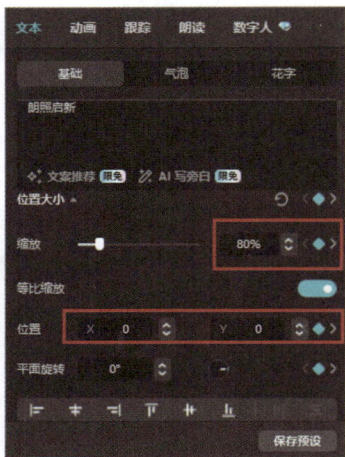
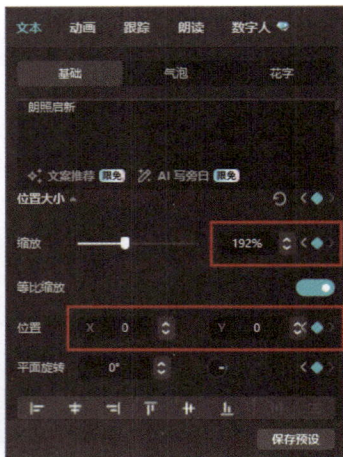

图 5-20   图 5-21

05 但这样只是简单的消散效果，在官方素材库中添加一个"金色背景"和"金色粒子消散"特效至时间线中，如图 5-23 所示。

06 然后将"金色粒子星光背景素材"放置在主轨道中，"金色粒子"放置在"复合片段 1"上方轨道中，具体如图 5-24 所示。

07 选中"复合片段 1"，在素材调整区"画面"选项中，勾选"混合"选项，选择"正片叠底"混合模式，如图 5-25 所示。

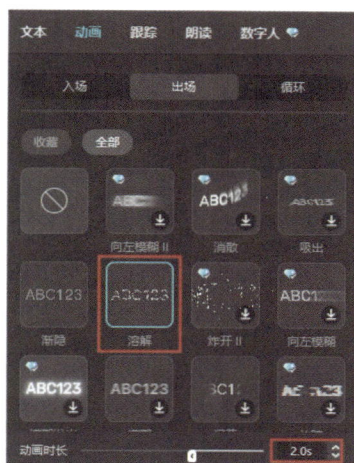

图 5-22

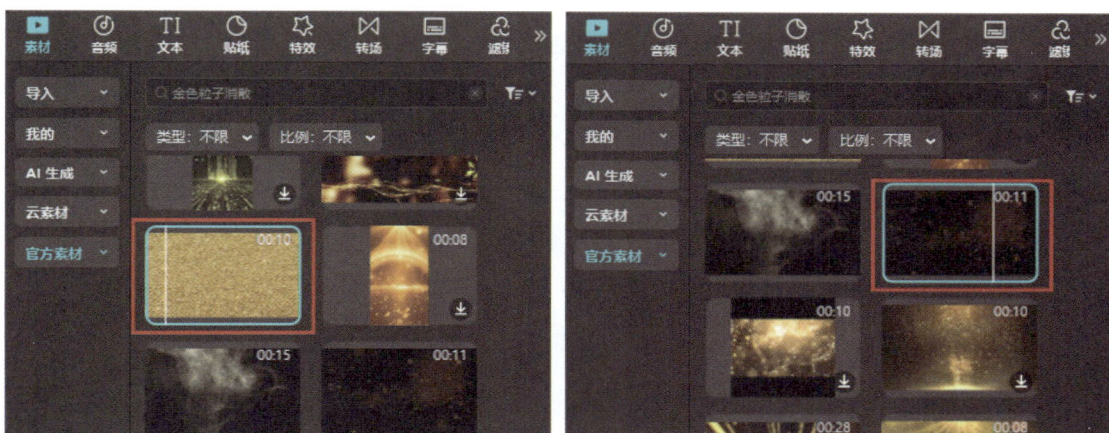

图 5-23

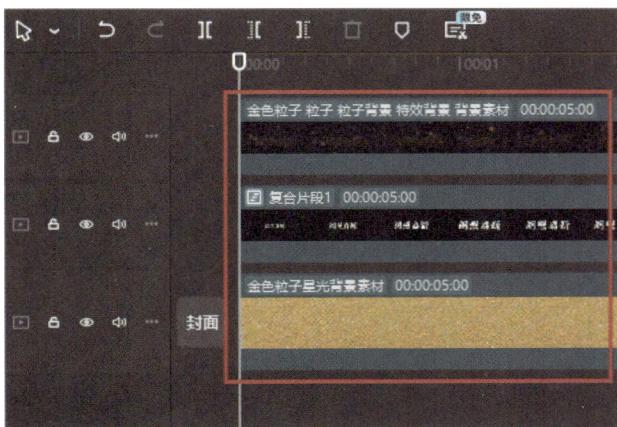

图 5-24

图 5-25

08 选中"金色粒子"素材，在素材调整区"画面"选项中选择"滤色"混合模式，如图 5-26 所示。

09 由于文字有一个放大缩小的过程，我们也需要为"金色粒子"素材添加位置关键帧。将时间指示器移动至开始的位置，添加"缩放"关键帧，如图 5-27 所示。再将时间指示器移动至

00:00:00:23 处，再添加一个"缩放"关键帧，具体如图 5-28 所示。

图 5-26

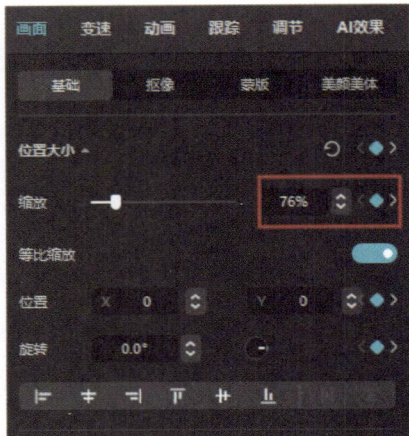

图 5-27

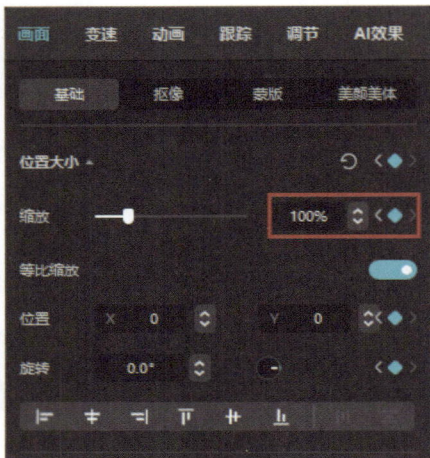

图 5-28

10 完成上述操作后，将时间指示器移动至 00:00:01:27 的位置，在官方素材库中找到并添加"金色粒子飘散"素材至时间线中，选中"金色粒子飘散"素材，将速度更改为 1.5 倍，如图 5-29 所示。

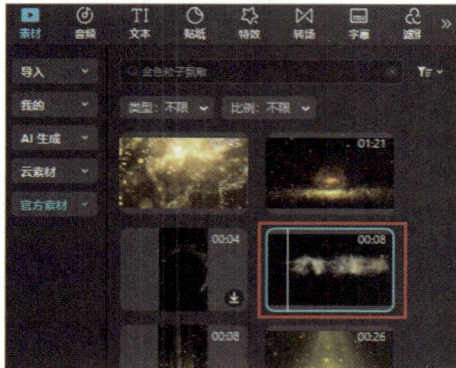

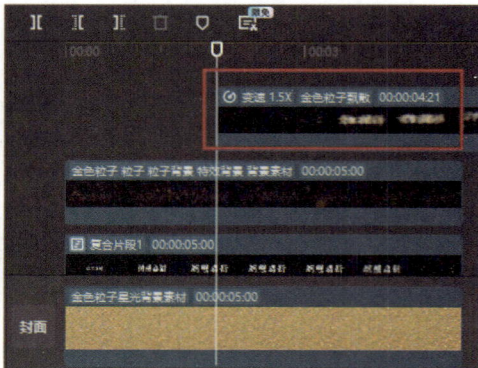

图 5-29

11 选中"金色粒子飘散"素材，将其调整为"滤色"混合模式，如图 5-30 所示。

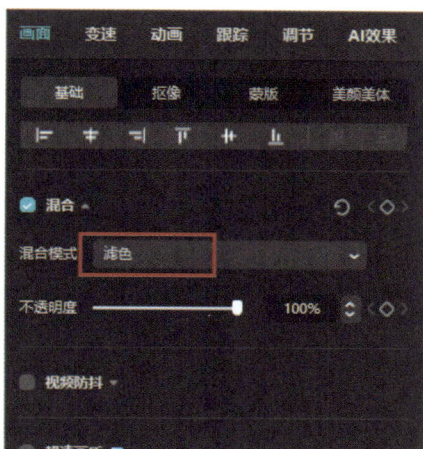

图 5-30

提示：本案例在添加"金色粒子飘散"素材时，是根据画面文字开始溶解的位置不断尝试和调整出来的，读者在自行制作金色粒子消散效果时，应根据实际情况作出适当调整。

5.2.2　实操：制作创意搜索框片头

　　打字机特效是一种常见的文字特效，可应用于视频片头或知识讲解类视频中。本案例将制作一个创意搜索框片头动画视频，向读者介绍如何制作搜索框打字特效及其应用方法。该特效可实现逐字显示效果（如图 5-31 所示），下文将详细介绍制作步骤。

图 5-31

01　打开剪映专业版首页，在主界面单击"开始创作"按钮 ➕，进入素材添加界面，在素材区添加本实例相应素材，并将所有素材按照图 5-32 所示的顺序放置在轨道中。

02　选中"搜索框素材 .png"，将其放大并放置在画面中间位置，如图 5-33 所示。然后将"卡通人物素材 .png"放置在搜索框上方，如图 5-34 所示。

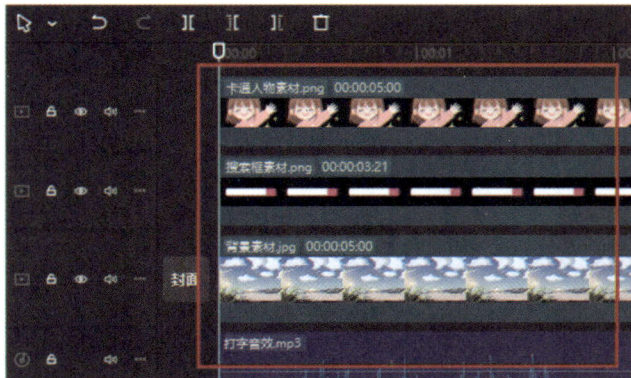

图 5-32

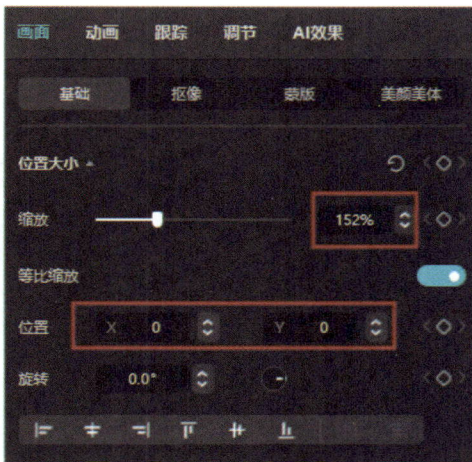

图 5-33

03　在"卡通人物 .png"上方轨道添加文字素材"Zoe 的 Vlog"，字体设置如图 5-35 所示，然后在"文本"｜"花字"选项中选择一个合适的花字，如图 5-36 所示。

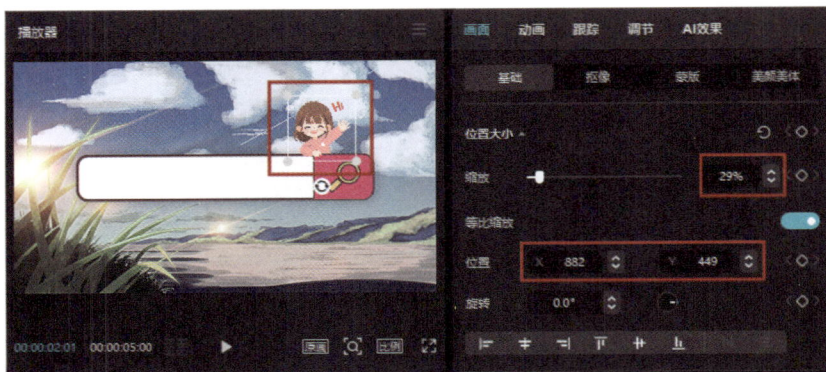

图 5-34

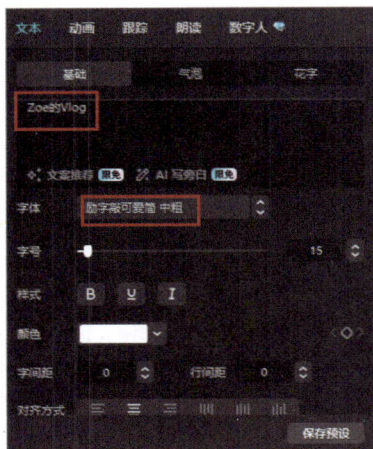

图 5-35

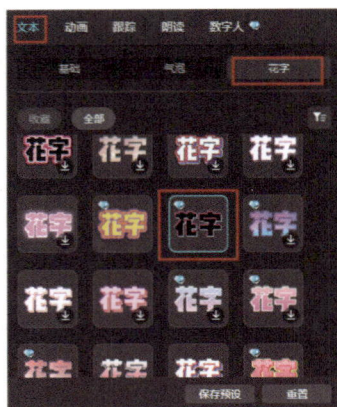

图 5-36

04 将文字素材放置在搜索框中，如图 5-37 所示。

05 然后选中文字素材，在素材调整区中单击"动画" | "入场"选项，选择"打字机Ⅰ"，如图 5-38 所示，根据"打字音效 .mp4"，将动画时长调整为 1.9s。

图 5-37

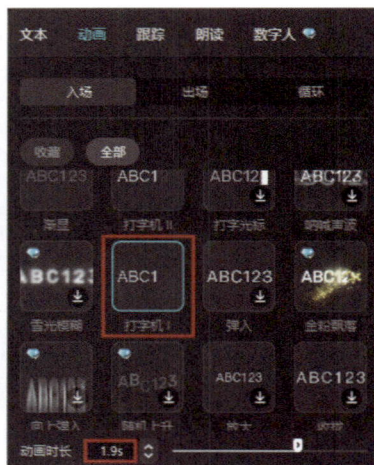

图 5-38

06 完成上述操作后，选中所有素材，将时间指示器移动至 00:00:03:00 的位置，单击"向右裁剪"

按钮 ▮▮ 。

5.2.3 实操：制作文字平躺在地面的效果

图 5-39

通常我们认为制作文字立体效果需要更专业的特效制作软件完成，随着剪映的进步，我们也可以通过"动画"效果制作简单的文字变形效果。本案例将制作文字平躺在地面的效果视频，效果如图 5-39 所示，下面将介绍操作方法。

01 打开剪映专业版首页，在主界面单击"开始创作"按钮 ➕ ，进入素材添加界面。在素材区添加本实例相应视频素材"素材 .mp4"，将素材拖动至时间线中。

02 在"素材 .mp4"上方轨道中添加文字素材"新疆"，字体设置如图 5-40 所示。

03 然后单击"动画"选项，选择"空间翻转Ⅲ"循环动画，动画速度调制最慢（5.0s），如图 5-41 所示。

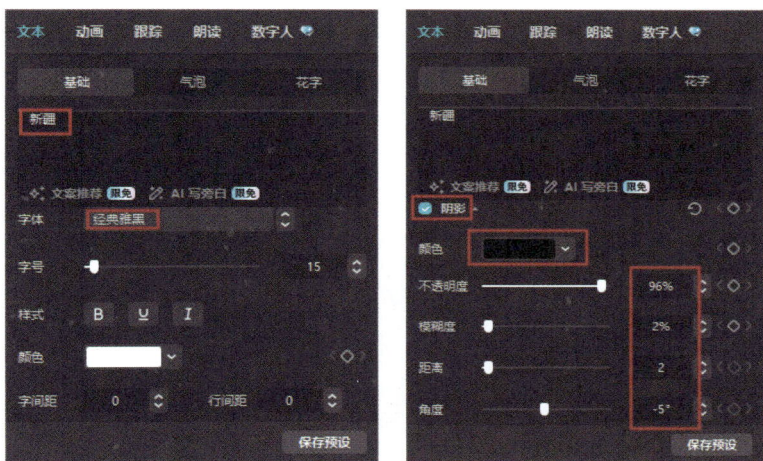

图 5-40

图 5-41

04 设置完成后，为了后续素材能更方便处理，将文字素材放置在画面左侧位置，如图 5-42 所示。然后选中文字素材，单击右键执行"新建复合片段（子草稿）（Alt+G）"命令，新建"复合片段 1"。

图 5-42

05　由于视频是动态的，我们可以选择一个合适的帧尺寸，形成定格画面。将时间线指针移动至 00:00:02:15 的位置，单击"定格"按钮 [◻]，即可完成文字平躺在地面的效果。

06　完成上述操作后，保留定格帧，删除其余"复合片段1"部分，然后调整定格帧时长，将定格 帧与"素材.mp4"时长均调整为 00:00:08:00，如图 5-43 所示。

07　为了让文字与画面更贴合，还可以适当调整旋转角度和位置大小，如图 5-44 所示。

图 5-43

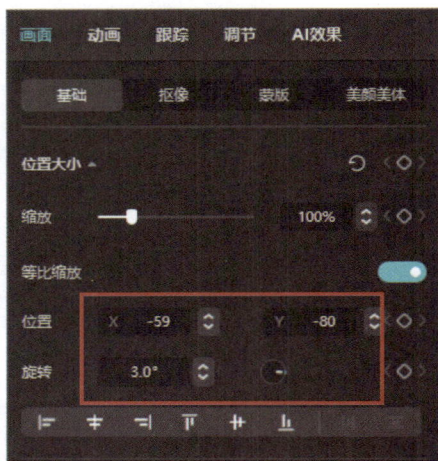

图 5-44

08　选中定格帧，为了有一个更好的出场效果，在开场添加"线性"蒙版，制作逐一显现的开场效果。 在素材调整区中单击"画面"|"蒙版"选项，添加"蒙版 1 线性"，如图 5-45 所示。然后在开 头位置添加"蒙版参数"关键帧，具体数值如图 5-46 所示。再将时间指示器移动至 00:00:01:00 的位置，再添加"蒙版参数"关键帧，具体数值设置如图 5-47 所示。

09　由于"素材.mp4"是动态的，但是定格帧是静止的，所以我们需要根据画面内容通过添加关键 帧进行调整。

10　首先将时间指示器移动至开始位置，在此处添加"位置大小"关键帧，如图 5-48 所示。

11　然后将时间指示器移动至 00:00:02:00 的位置，再添加"位置大小"关键帧，更改旋转角度，如 图 5-49 所示。

12　将时间指示器移动至 00:00:04:00 的位置，再添加"位置大小"关键帧，更改缩放大小、位置和 旋转角度，如图 5-50 所示。

13　最后将时间指示器移动至 00:00:06:00 的位置，再添加"位置大小"关键帧，更改缩放大小和旋 转角度，如图 5-51 所示。

图 5-45

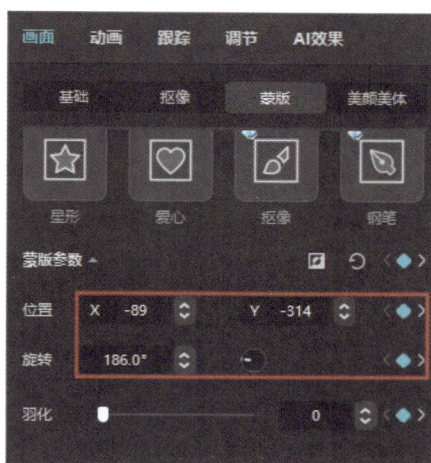

图 5-46

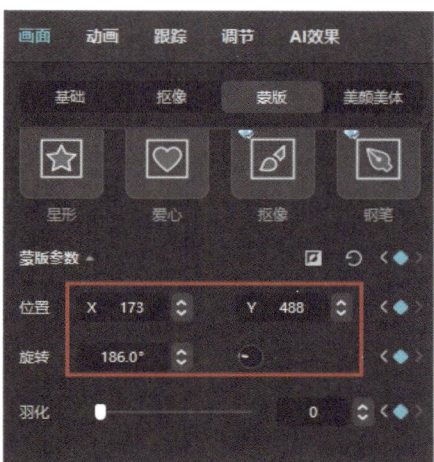

图 5-47

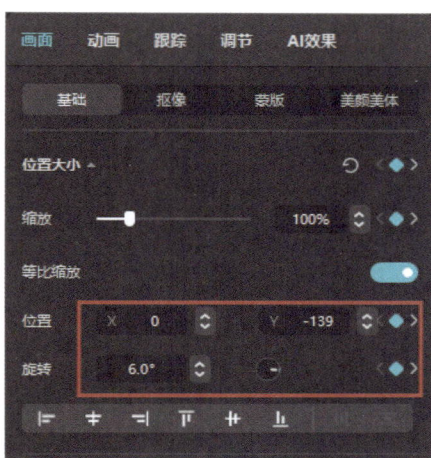

图 5-48

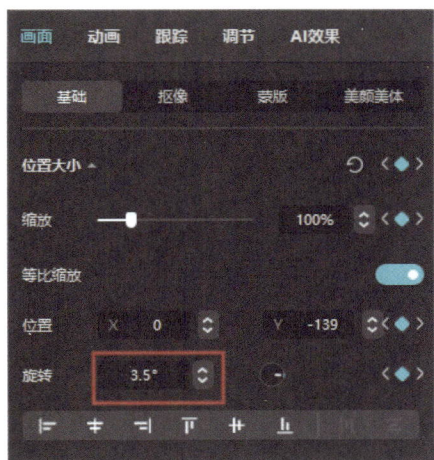

图 5-49

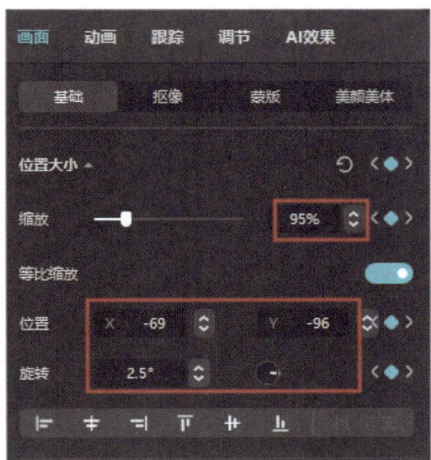

图 5-50

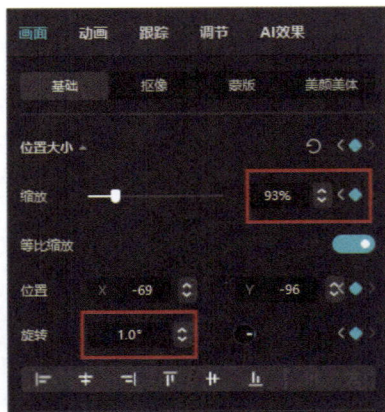

图 5-51

提示：这里之所以没有使用剪映"跟踪"功能，是因为剪映"跟踪"功能非常适用于偏小的元素进行跟踪，不太适用本案例。

5.3 学习影视同款特效，将短视频做出专业效果

随着技术的发展，剪辑软件上的壁垒在逐渐被打破，我们可以用剪映做出简单又好看的影视同款特效效果，我们只需要在前期拍出我们想要的风格，然后在剪映中套特效即可。本小节将通过 3 种特效向读者介绍如何在剪映中制作特效。

图 5-52

5.3.1 分身特效：制作人物分身特效

分身特效的制作方法非常简单，这一特性使其成为影视创作中的常用技巧。由于其易于实现，创作者们经常利用这一效果来丰富视觉效果，增强叙事的趣味性和动态性。本案例将制作人物分身特效，效果如图 5-52 所示，下面将介绍具体操作方法。

01 打开剪映专业版首页，在主界面单击"开始创作"按钮 ➕，进入素材添加界面。在素材区添加本实例相应视频素材"素材.mp4"，将"素材.mp4"拖动至时间线中。

02 将时间指示器移动至画面中人物将要摆定格姿势的位置 00:00:03:00 处，在此处添加特效"碎片分身"，如图 5-53 所示，结束位置为 00:00:04:09。

图 5-53

03 为了让画面不生硬，将时间指示器移动至 00:00:03:23 的位置，选中特效"碎片分身"，添加"范围"关键帧，如图 5-54 所示。再将时间指示器移动至 00:00:04:09，再添加一个"范围"关键帧，如图 5-55 所示。

图 5-54

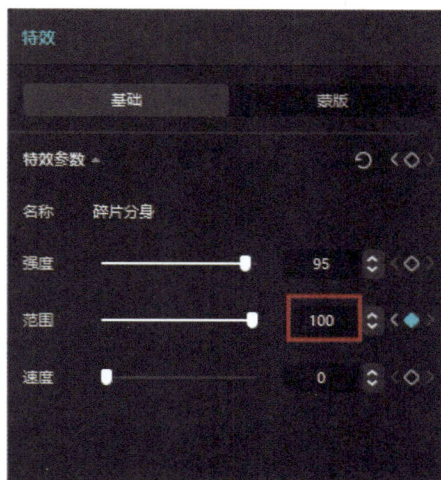

图 5-55

04 完成上述设置后，我们可以在"碎片分身"的位置添加一个"唰"的音效，声画结合，让效果更逼真。

5.3.2 实操：制作腾云驾雾特效

当我们阅读《西游记》时，会被情节中孙悟空的向往自由和忠诚义气的品性所吸引，特别是他的筋斗云，在天空腾云驾雾，一翻就是十万八千里。虽然我们无法像孙悟空一般真的在天上腾云驾雾，但是我们可以通过剪辑特效实现这一梦想。本案例将制作腾云驾雾效果视频，效果如图 5-56 所示，下面将介绍具体操作方法。

图 5-56

01 打开剪映专业版首页，在主界面单击"开始创作"按钮 ⊞，进入素材添加界面。在素材区添加本实例相应素材，将所有素材拖动至时间线中，并按图 5-57 所示顺序摆放。

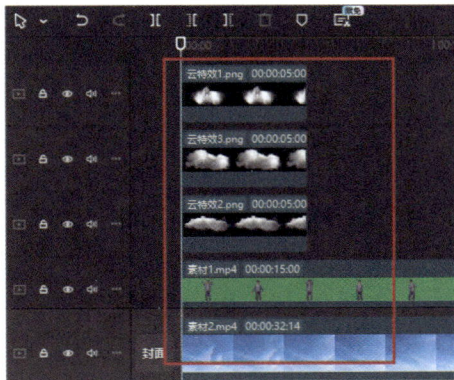

图 5-57

02 为了制作出人在云上的效果，调整"素材 1.mp4""云特效 1""云特效 2""云特效 3"在画面的大小和位置，如图 5-58 所示。

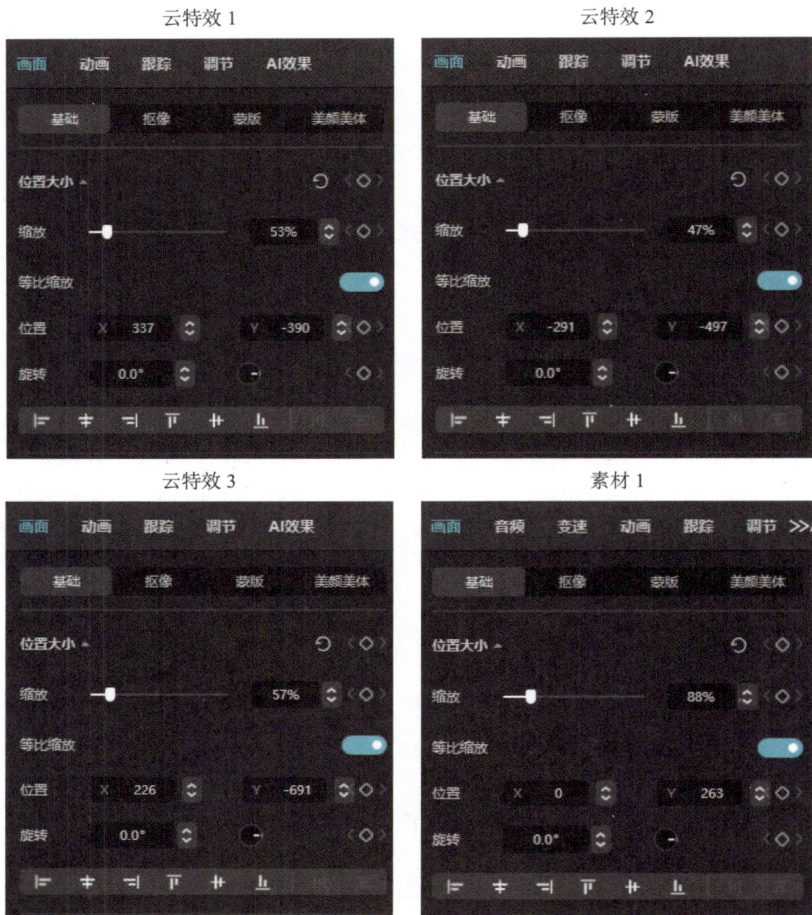

图 5-58

03 最终效果如图 5-59 所示。

04 完成上述设置后，选中"素材 1.mp4"，选择"色度抠图"，将绿幕抠除，如图 5-60 所示。

图 5-59

图 5-60

05 选中"素材 1.mp4""云特效 1""云特效 2""云特效 3"，单击鼠标右键执行"新建复合片段（子草稿）（Alt+G）"命令，新建"复合片段 1"，如图 5-61 所示，即可轻松制作出腾云驾雾的效果。

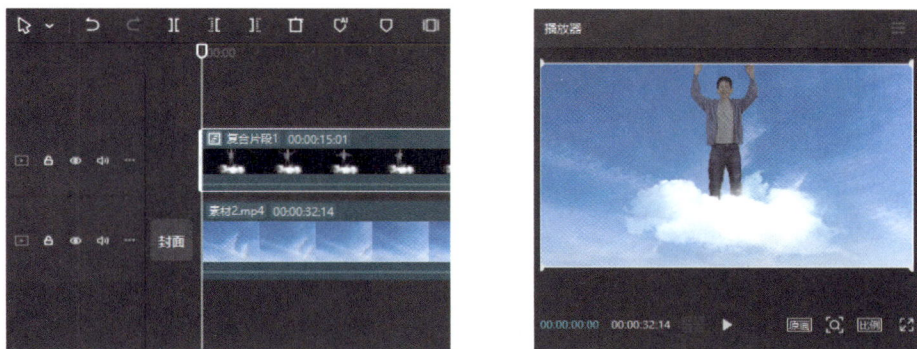

图 5-61

5.3.3　实操：人物传送效果

在奇幻影视中传送人物这一特效非常酷炫，我们甚至可以将其运用在自己的影片中。比如一个旅游视频，我们可以设计一个传送门效果，直接从家中切换至旅游景点，这样可以非常顺畅地完成转场衔接。本案例将制作一个穿着短袖的人传送至寒冷冬天的室外，效果如图 5-62 所示，下面将介绍具体操作方法。

图 5-62

01　打开剪映专业版首页，在主界面单击"开始创作"按钮 ⊞，进入素材添加界面。在素材区添加本实例相应视频素材，并将"素材（2）.mp4"拖动至主轨道中，将时间指示器移动至 00:00:02:00 的位置添加特效"能量柱 .mov"。

02　我们无需调整特效"能量柱 .mov"的位置大小，主要调节其色彩。选中特效"能量柱 .mov"，在素材调整区中单击"调节"|"基础"选项，具体设置如图 5-63 所示。

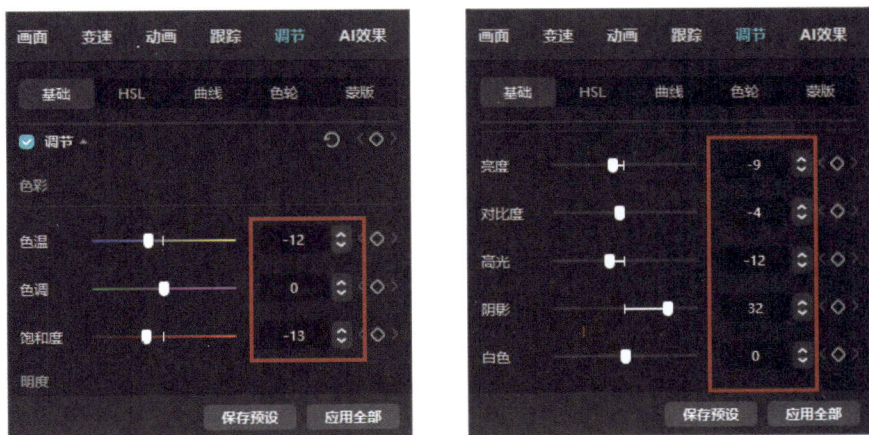

图 5-63

03　然后在"能量柱 .mov"上方轨道添加"素材（1）.mp4"，时长与"能量柱 .mov"一致。选中"素材（1）.mp4"，在"画面"|"抠像"选项中用"色度抠图"将画面绿幕抠除，然后调整其在画面中的位置，

如图 5-64 所示。

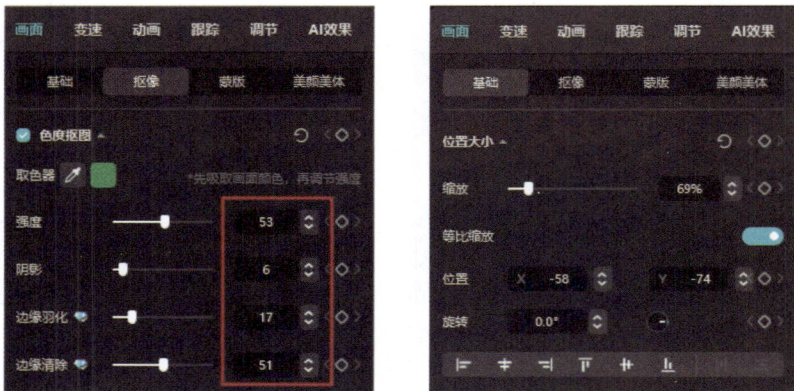

图 5-64

04 完成上述操作后，单击"蒙版"选项，为"素材（1）.mp4"添加"蒙版1圆形"，根据画面中特效"能量柱.mov"位置调整蒙版大小和位置，如图 5-65 所示。

图 5-65

05 然后将时间指示器移动至 00:00:03:10 的位置添加一个"蒙版参数"关键帧，具体如图 5-66 所示。然后将时间指示器移动至 00:00:04:01 的位置，再添加一个"蒙版参数"关键帧，具体设置如图 5-67所示，人物传送效果即制作完成。

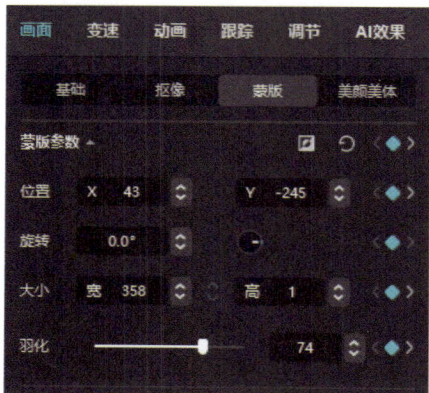

图 5-66

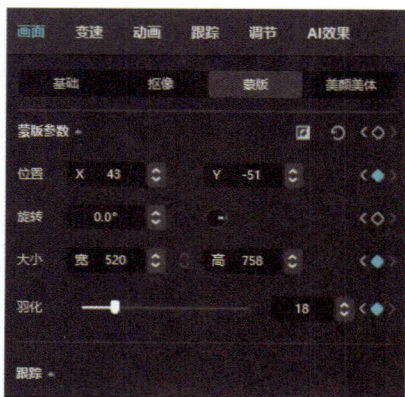

图 5-67

提示：由于本实例素材选取有限，读者可以自行拍摄，特别是在传送的过程中读者可以表演被传送过来的不安和慌张，让特效更加逼真。

06

第6章
电影感短视频剪辑实操，
轻松制作朋友圈大片

本章导读

　　在先前章节中，我们已学习了关于使用剪映进行视频剪辑创作的各方面内容，现进入综合应用阶段。随着信息技术的发展，短视频已经完全融入了我们的日常生活中，在社交媒体分享视频已成为常态。本章将结合电影感短视频的关键元素，如镜头语言、色彩、特效、音效等，并通过实操案例指导操作。案例包含"毕业复古DV视频"和"高级旅拍Vlog"，回顾前文的知识要点，进行综合实操演练。希望通过这两个案例，每位读者都能掌握剪辑技巧，完成一个完整的视频作品。

6.1　回忆走马灯，制作毕业季复古DV视频

　　从 20 世纪 80 年代至今，我们经历了一个全球范围内的繁荣时代。随着 2020 年的到来，世界格局发生显著变化，人们开始更多地关注和怀念过去，这种怀旧情绪在群体中逐渐蔓延。受复古潮流影响，近年来 CCD 相机和 DV 摄像机重新流行起来，前者以摄影为主，后者以摄像为主。其独特的成像效果能够拍摄出具有特殊质感和色彩的影像，完美契合复古摄影的需求，因而赢得了一批年轻人的青睐。然而，有时为了拍摄具有 DV 质感的视频而专门购买 DV 设备显得不够经济。剪映软件自带的模拟 CCD 和 DV 机效果的特效和滤镜，可以帮助我们通过软件内置效果剪辑出复古 DV 风格的视频。本节案例将制作毕业主题的复古 DV 视频，采用现在与过去交叉剪辑的思路，拆解本节案例视频的制作要点，如图 6-1 所示。

图 6-1

6.1.1　制作毕业季复古DV开头

　　复古影像在现代视频平台呈现的一个显著特征是画面两侧会出现黑边。这是由于显像管电视机与现代通用电视机和手机的画面比例存在较大差异，前者画面比例接近 1:1，在现代平台上播出时会出现左右或上下黑边。因此，本案例视频中将使用特效文件来模拟老影像效果。

　　本案例将制作音乐开头部分，在影片起始处起到引导和主题提示的作用，向观众传达影片的核心内容。制作将根据背景音乐进行剪辑，具体效果如图 6-2 所示。下面将通过剪映专业版介绍具体制作方法。

图 6-2

01　打开剪映专业版首页，在主界面单击"开始创作"按钮➕，进入素材添加界面。按照顺序在素材区添加本案例素材，按照表 6-1 和表 6-2 添加素材至时间线中。

表 6-1

序号	素材顺序	片段内容	开始和结束
1	素材 1.mp4	学校图书馆门口	00:00:00:00-00:00:02:14
2	素材 2.mp4	夕阳洒在学校的小路上	00:00:02:14-00:00:04:22
3	素材 3.mp4	为朋友拍照	00:00:04:22-00:00:07:06
4	素材 4.mp4	毕业时和朋友合影	00:00:07:06-00:00:10:26

表 6-2

序号	音乐素材	开始和结束
1	美丽的夜 .mp3	00:00:00:00-00:00:11:21

02　将素材添加至时间线中后，在"素材 1.mp4""素材 2.mp4""素材 3.mp4"的上方轨道添加特效

"C300"和滤镜"复古 –4"，如图 6–3 所示。

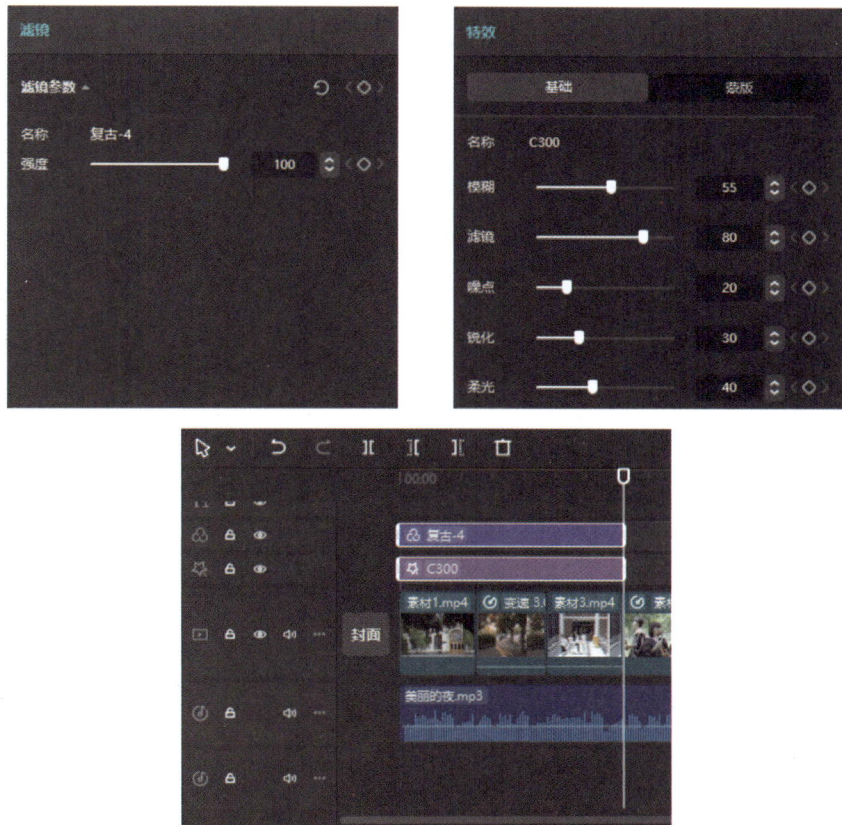

图 6-3

03　然后在滤镜"复古 –4"上方轨道中添加"特效 .png"，为了模拟录像机画面内容，在"特效 .png"上方轨道中添加特效"录像带Ⅲ"，如图 6–4 所示。

04　滤镜具有通用性，由于每个画面色彩内容不同，一味地添加滤镜和特效，最后的画面效果会变得奇怪且不协调，因此需要对每个素材进行单独调节。

05　观察添加好效果的素材，发现"素材 3.mp4"的画面颜色有点过，如图 6–5 所示。选中"素材3.mp4"，在素材调整区中单击"调节"选项，具体数值如图 6–6 所示。

图 6-4

图 6-5

165

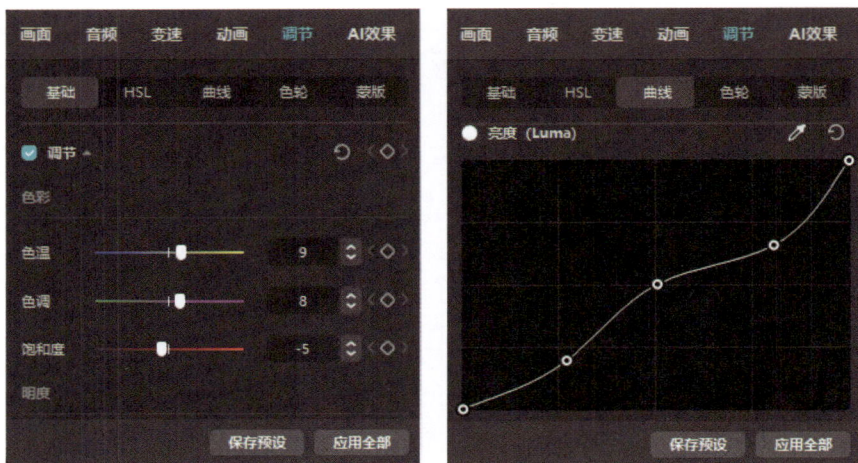

图 6-6

06 最终效果如图 6-7 所示。

图 6-7

07 "素材 1.mp4""素材 2.mp4""素材 3.mp4"代表着"过去",那么"素材 4.mp4"代表"现在",在代表"现在"的画面中我们无需添加"特效.png""录像带Ⅲ""复古-4""C300"这些偏复古 DV 的效果。

08 在"素材 4.mp4"上方轨道中添加滤镜"胶片中性",如图 6-8 所示。由于剪映自身设置,视频只能和视频放置在一个轨道,滤镜和滤镜放置在一个轨道,所以在添加滤镜"胶片中性"后,会添加在滤镜"复古-4"所在轨道。

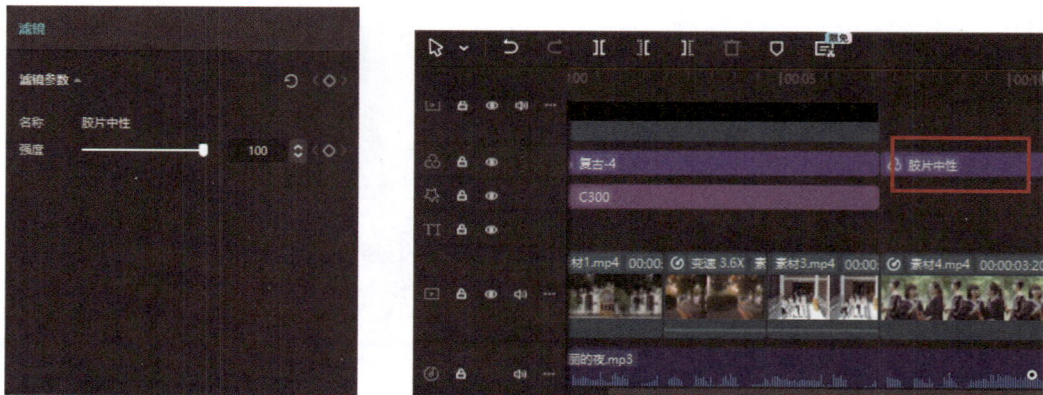

图 6-8

09　为"素材 4.mp4"添加滤镜"胶片中性"后，观察"素材 4.mp4"，原素材画面速度偏慢，为了让画面更有氛围感，进行曲线变速设置。

10　选中"素材 4.mp4"，首先我们可以将其适当延长至想要的结尾位置，如图 6-9 所示。然后在素材调整区"变速"|"曲线变速"中选择"闪进"，调整面板中的控制点位置和速度大小，结尾与表 6-1 中"素材 4.mp4"结尾"00:00:10:26"一致，如图 6-10 所示。

图 6-9

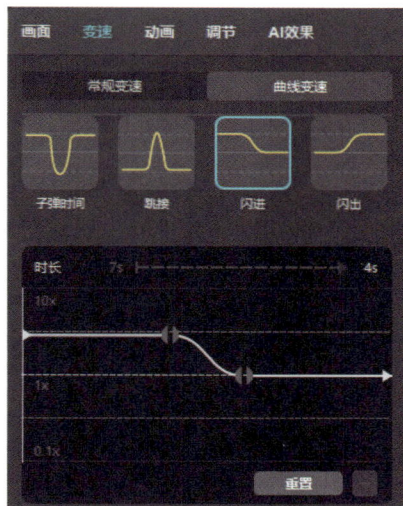

图 6-10

11　完成上述操作后，在"素材 4.mp4"区域中添加标题字幕。在常用功能区中单击"文本"按钮 **TI**，在侧边栏中找到并单击"文字模板"，其中根据文字模板类型进行了分类，再单击"简约"选项，在其中找到本案例需要的文字模板，如图 6-11 所示。

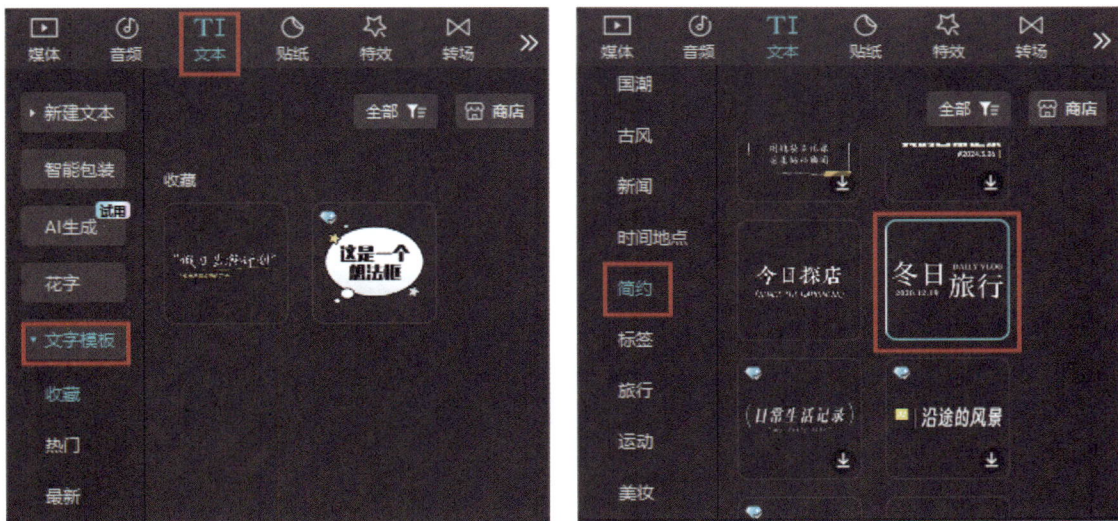

图 6-11

12　将该文字模板拖动至时间线中，开始位置为 00:00:07:19，结束位置为 00:00:10:12，如图 6-12 所示。

13　选中轨道中的文本，在素材调整区中进行文字调整，具体调整如图 6-13 所示。

提示：具体文字内容读者可以根据自己的喜好和需求进行更改。

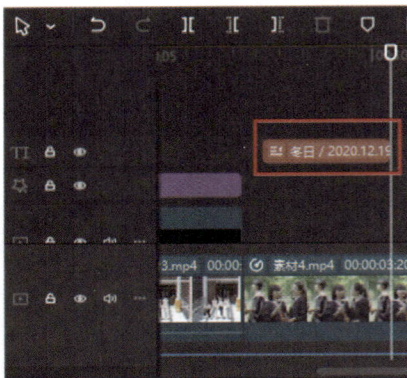

图 6-12

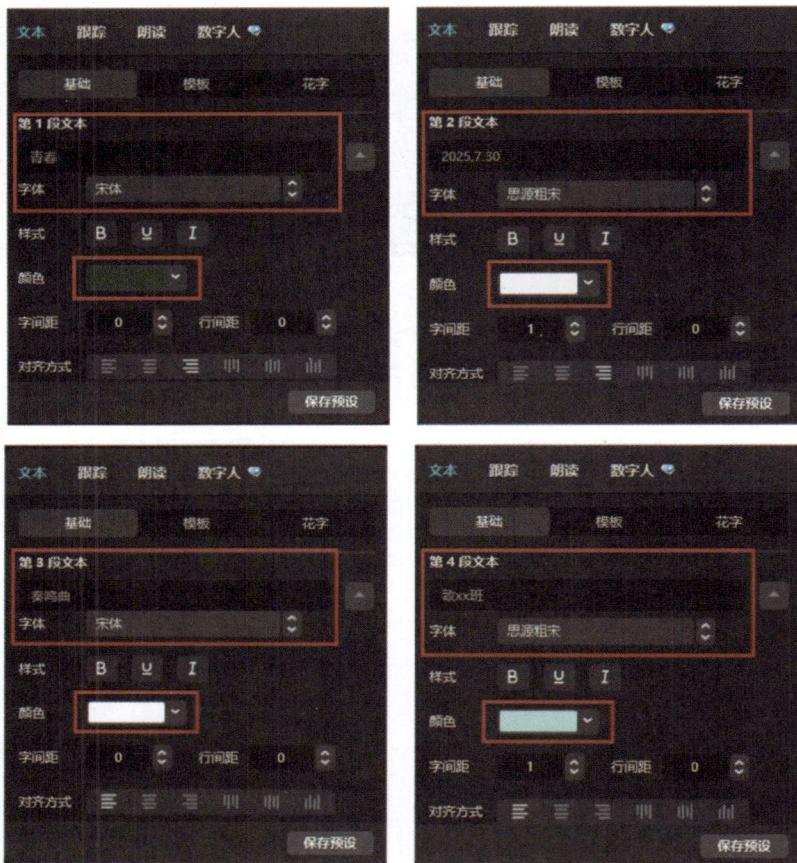

图 6-13

14　完成上述所有操作后，我们只需要对音乐素材"美丽的夜.mp3"进行简单调整即可。为了与后续内容有一个流畅衔接，所以音乐素材"美丽的夜.mp3"结束时间晚于视频素材"素材4.mp4"。选中音乐素材"美丽的夜.mp3"，在素材调整区中，将"淡出时长"调整为1.2s，如图6-14所示。

6.1.2　根据文案内容进行正片制作

正片部分是对本案例视频进行详细地阐述并表达创作意图，需要添加文案内容加以辅助。与常规制作流程中先进行正片视频剪辑再添加字幕内容不同，本案例将采用先确定文案内容再剪辑正片的制作方式。文案内容作为视频故事的叙事框架和创作说明，承载着创作者的核心理念，因此在视频剪辑前确定视频框架和脚本是必要的制作环节。本案例框架如表 6-3 和表 6-4 所示。

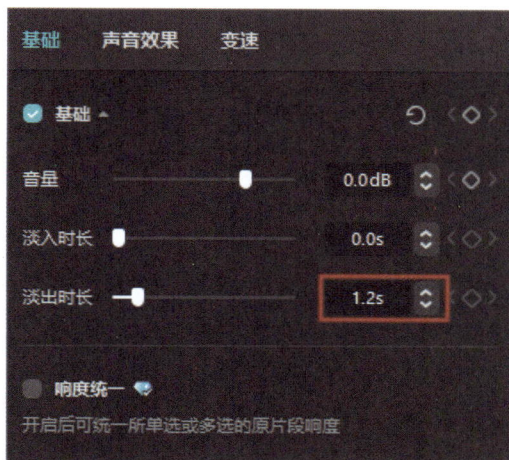

图 6-14

表 6-3

序号	素材顺序	片段内容	开始和结束	字幕	开始和结束
1	素材 5.mp4	过去：从教室外拍摄教室上课的场景	00:00:10:26-00:00:14:09	踏入大学时怀揣着无限憧憬	00:00:11:21-00:00:15:00
2	素材 6.mp4	过去：在教室内拍摄教室上课的场景（变速：1.6×）	00:00:14:09-00:00:16:21	步入春日花园	00:00:15:04-00:00:16:21
3	素材 7.mp4	现在：空荡荡的教室（变速：1.3×）	00:00:16:21-00:00:22:04	以为岁月会如蔷薇	00:00:16:29-00:00:18:26
				悠悠绽满四年时光	00:00:18:29-00:00:20:28
				课堂的桌椅	00:00:21:04-00:00:22:04
4	素材 8.mp4	现在：在教学楼前穿着学士服拍照欢呼	00:00:22:04-00:00:28:02	湖畔的垂柳	00:00:22:10-00:00:23:19
				都似笃定老友	00:00:24:00-00:00:25:14
				能常伴身旁	00:00:25:14-00:00:27:01
5	素材 9.mp4	过去：和同学走在校园林荫路上	00:00:28:02-00:00:34:21	不想毕业钟声敲响	00:00:28:02-00:00:29:26
				惊觉	00:00:29:26-00:00:30:21
				时光是翩跹蝶影	00:00:30:21-00:00:32:08
				转瞬即逝	00:00:32:08-00:00:33:13
6	素材 10.mp4	过去：拍摄同学在校园里打篮球	00:00:34:21-00:00:36:29	我们被时间推着向前	00:00:34:25-00:00:36:13
				似离巢飞鸟	00:00:36:13-00:00:37:16
7	素材 11.mp4	过去：拍摄图书馆里同学们学习的画面	00:00:36:29-00:00:38:19	奔赴下一站	00:00:37:16-00:00:38:19
8	素材 12.mp4	过去：和同学走在教学楼的走廊（变速：2.0×）	00:00:38:19-00:00:40:06	我们或被称作迷茫的一代	00:00:38:19-00:00:40:12
9	素材 13.mp4	现在：和同学一起展示毕业证书	00:00:40:06-00:00:42:14	可冰心说	00:00:40:12-00:00:41:12
				墙角的花	00:00:41:12-00:00:42:14

续表

序号	素材顺序	片段内容	开始和结束	字幕	开始和结束
10	素材 14.mp4	现在：毕业时为同学拍摄照片	00:00:42:14-00:00:45:11	当你孤芳自赏时	00:00:42:14-00:00:44:00
				天地便小了	00:00:44:00-00:00:45:11
11	素材 15.mp4	现在：和同学一起将学士帽抛向空中	00:00:45:11-00:00:49:15	愿我们拥有美好的未来	00:00:45:25-00:00:47:17

表 6-4

序号	音乐素材	开始和结束	淡入时长	淡出时长
1	"Dream Nuclei.mp3"	00:00:10:11-00:00:49:15	1.1s	0.9s

01 回到上一小节片头编辑界面，根据表 6-3 和表 6-4 进行视频和背景音乐剪辑，然后在剪映中批量添加字幕。

02 将时间指示器移动至 00:00:10:26 的位置，在常用功能区中单击"文本"按钮 **TI**，在"新建文本"选项中，单击"添加口播"选项，如图 6-15 所示，即可弹出"添加口播稿"窗口。在该窗口中输入文案，勾选"分割为字幕"选项，然后单击"添加到时间线"按钮，如图 6-16 所示。

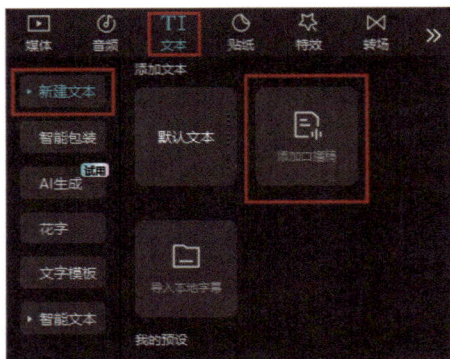

图 6-15

图 6-16

03　等待一段时间后，文案将会自动添加至新轨道时间指示器后方位置，如图 6-17 所示。由于这是剪映自动生成的，我们需要根据表 6-3 中内容进行裁剪分割，并将其移动至主轨道上方轨道，如图 6-18 所示。

图 6-17

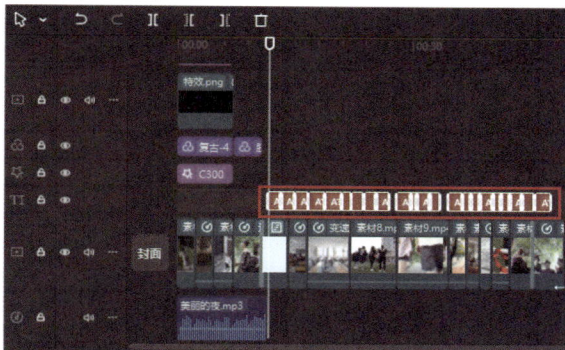

图 6-18

04　选中第一段文字素材"踏入大学时怀揣着无限憧憬"，不要取消默认设置"文本、排列、气泡、花字应用到全部字幕"选项，然后对文字进行设置。首先字体为"汉仪中黑 197"，字号为 5，字间距为 2，颜色为白色，如图 6-19 所示。然后将文字放大为 113%，放置在画面正下方位置，如图 6-20 所示。最后勾选"阴影"选项，具体数值如图 6-21 所示，这样可突出文字。

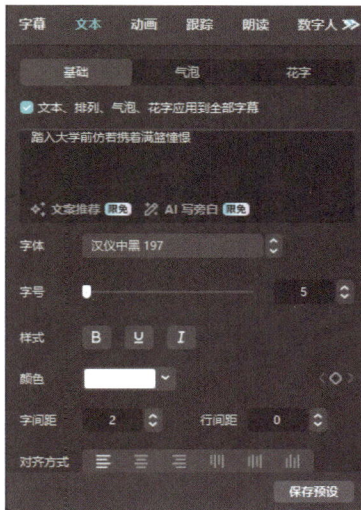

图 6-19

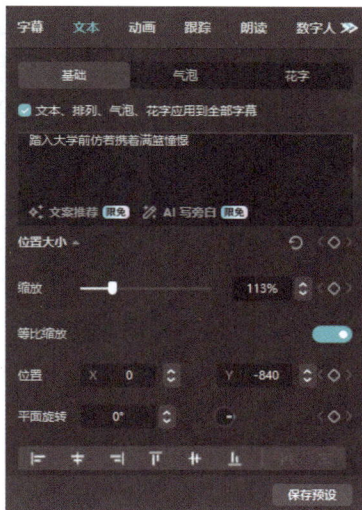

图 6-20

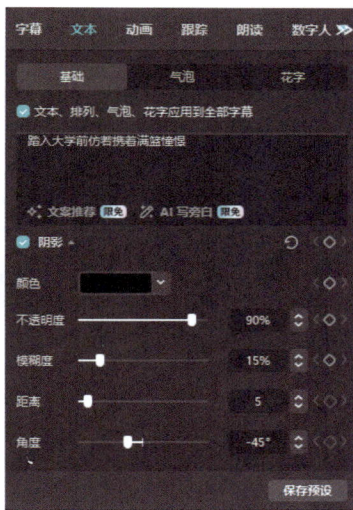

图 6-21

05　文字素材"踏入大学时怀揣着无限憧憬"设置完成后，由于我们勾选了"文本、排列、气泡、花字应用到全部字幕"选项，文字素材"踏入大学时怀揣着无限憧憬"的设置将会自动应用至后续所有文字中去。

6.1.3　复古DV调色

本节案例主题为"复古 DV 视频"，虽然片头制作了复古 DV 效果，但是正片同样需要制作复古 DV 效果，与片头相同，将根据表 6-3 "片段内容"一栏中"现在""过去"进行分类添加复古 DV 效果，具体如表 6-5 所示。由于本案例正片部分未进行"调节"板块设置，所以无步骤讲解。

表 6-5

序号	滤镜和特效	开始和结束
1	"复古 -4（滤镜）" + "C300（特效）" + "特效 .png"	00:00:10:26-00:00:16:21
2	"胶片中性（滤镜）"	00:00:16:21-00:00:28:02
3	"复古 -4（滤镜）" + "C300（特效）" + "特效 .png"	00:00:28:02-00:00:40:06
4	"胶片中性（滤镜）"	00:00:40:06-00:00:49:15

6.1.4 制作转场动画效果

简单的视频拼接会显得视频颇为单调，有时候会显得视频画面切换颇为生硬，但是一味地添加效果会显得视频冗杂且难看。本小节案例添加的转场和动画效果不算多，效果图 6-22 为"叠加"转场效果示例，下面将介绍具体操作方法。

01 回到上一小节视频编辑界面，将时间指示器移动至 00:00:10:26 处，也就是"素材 4.mp4"和"素材 5.mp4"中间位置，由于此处是片头和正片的衔接点，"素材 4.mp4"代表"现在"，"素材 5.mp4"代表"过去"，在此处添加一个"闪白"转场，如图 6-23 所示，强调段落的切换和时空的转换。

图 6-22

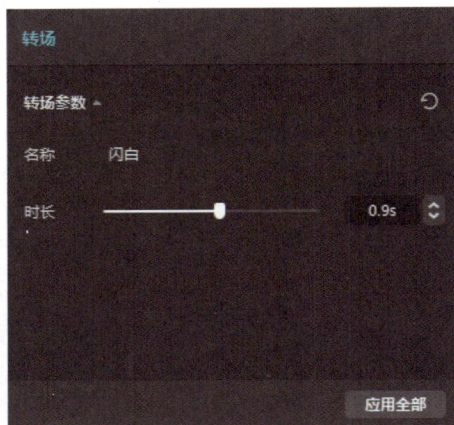

图 6-23

02 由于"素材 5.mp4"上方轨道添加了"特效 .png"，直接在主轨道中添加转场效果会导致有黑边露出。为了视频画面的完整性和协调性，我们可以首先将"特效 .png"放置在主轨道上方轨道，如图 6-24 所示。然后将时间刻度线移动至"闪白"转场将要结束的位置 00:00:11:09，选中"特效 .png"，单击"分割"按钮，如图 6-25 所示。时间指示器停留在 00:00:11:09 处，再将切割后第 2 段"特效 .png"移动至滤镜"复古 -4（滤镜）"上方轨道中。

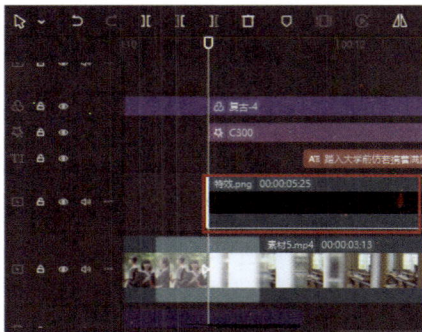

图 6-24

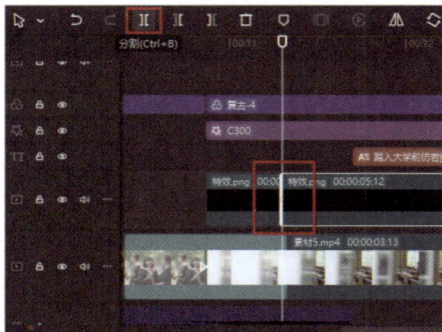

图 6-25

提示：切割后第 2 段"特效.png"开始位置为 00:00:11:09。

03　删除刚刚添加好的"闪白"转场，然后选中切割后第 1 段"特效.png"和"素材 5.mp4"，单击鼠标右键执行"新建复合片段（子草稿）（Alt+G）"命令，如图 6-26 所示。最后在"素材 4.mp4"和"素材 5.mp4"中间位置添加"闪白"转场即可，时长如图 6-23 所示。

04　将时间指示器移动至"素材 14.mp4"和"素材 15.mp4"的位置，此处需要有一个结尾的情感过渡，所以添加"叠加"转场，时长为 0.8s，如图 6-27 所示。

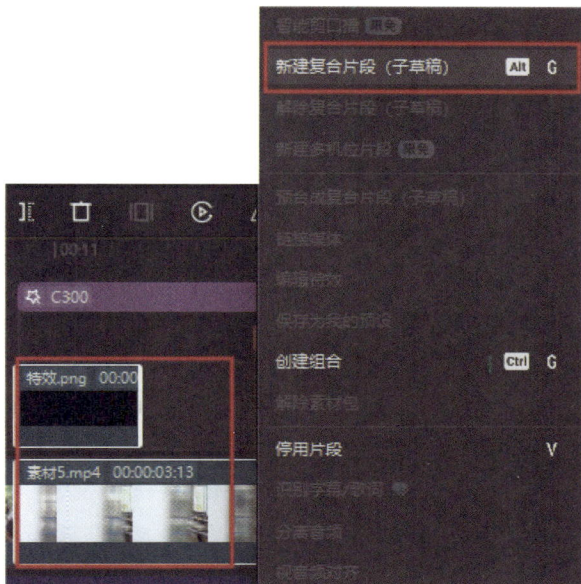

图 6-26

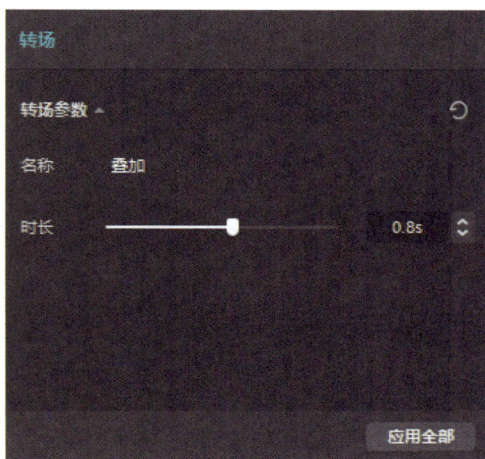

图 6-27

05　为了让字幕有一个更好的过渡效果，选中字幕"踏入大学时怀揣着无限憧憬"，在素材调整区中单击"动画"|"入场"选项，选择"渐显"入场动画，时长为 0.5s，如图 6-28 所示。

06　为了让结尾部分不突兀，选中"素材 15.mp4"，单击"动画"|"出场"选项，选择"渐隐"出场动画，时长为 1.0s，如图 6-29 所示。

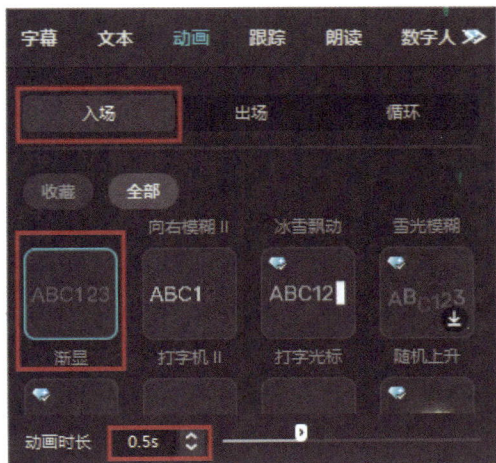

图 6-28

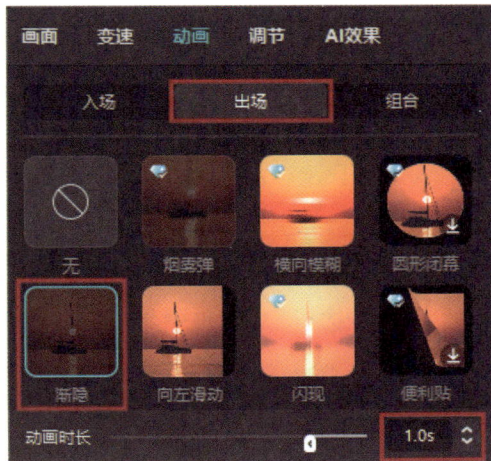

图 6-29

6.1.5　朗读字幕

当单独添加大段字幕时，如没有人声语音，会让画面显得特别单调，且难以注意到字幕内容。为了增加视频内容的氛围感，本小节将通过剪映"朗读"功能将字幕内容读出来，下面介绍具体操作方法。

01　回到上一小节视频编辑界面，选中字幕内容，在素材调整区中单击"朗读"|"文本朗读"选项，在"文本朗读"选项框中找到"解说小帅"选项，勾选"朗读跟随文本更新"选项，再单击"开始朗读"按钮，如图 6-30 所示，朗读语音将会自动生成至音频轨道中。

02　根据字幕轨道内容和时长对语音进行裁切，为了轨道美观，将语音放置在音乐素材"Dream Nuclei.mp3"上方轨道中，如图 6-31 所示。

图 6-30

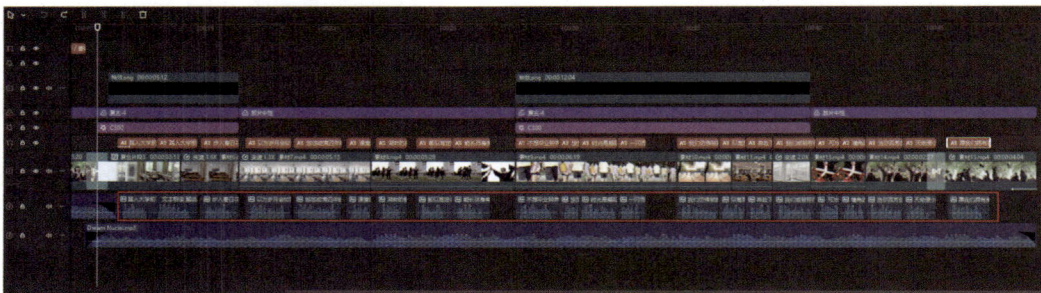

图 6-31

03　完成上述所有操作后，即可单击"导出"按钮，将本案例视频导出。

6.2　来一场说走就走的旅行，制作高级旅拍Vlog

在视频制作中，Vlog 视频作为人们分享生活的方式，是我们一直绕不开的话题。Vlog 制作方法有很多种，我们可以记录一天或一段时间发生的事，可以"流水账"，也可以"别出心裁"。为了提升 Vlog 质感，本节案例将使用剪映专业版制作一段没有人声的音乐类高级旅拍 Vlog，让画面更清晰，整体视频更流畅，效果如图 6-32 所示。

6.2.1　制作抠像转场手账式片头

随着时代的发展，人们已经不拘泥于用本子制作手账，开始在平板上制作更加丰富的手账，以此记录生活。为了

图 6-32

有一个别出心裁的开头，本节案例将在开头制作一个抠像转场手账式开头，效果如图 6-33 所示，下面将介绍具体操作方法。

01　打开剪映专业版首页，在主界面单击"开始创作"按钮➕，进入素材添加界面。在素材区添加本案例素材，首先将"素材 1.mp4"添加至时间线中，将时间指示器移动至 00:00:15:16 的位置，选择此时画面作为"素材 1.mp4"的开头帧，然后单击"向左裁剪"按钮▐▌，将前面多余部分删除，

如图 6-34 所示。

图 6-33

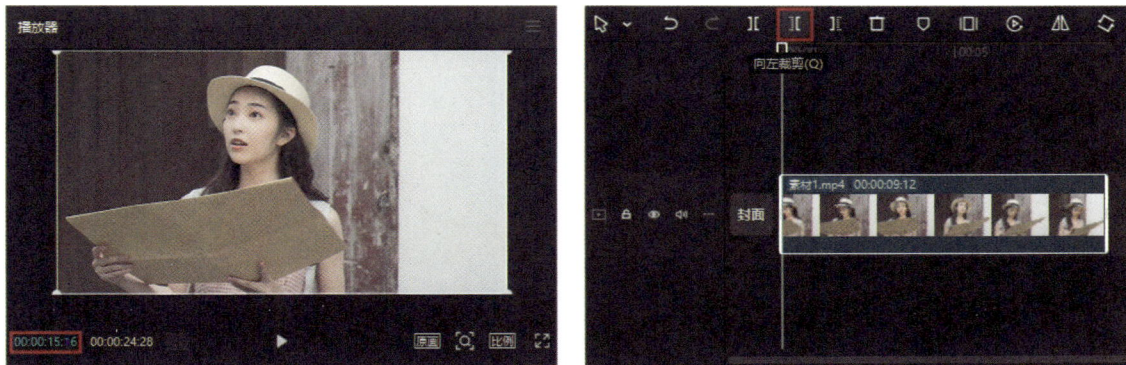

图 6-34

02　然后将时间指示器放置在开始的位置，然后单击工具栏中的"定格"按钮▣，即可在开头自动形成定格帧，如图 6-35 所示。

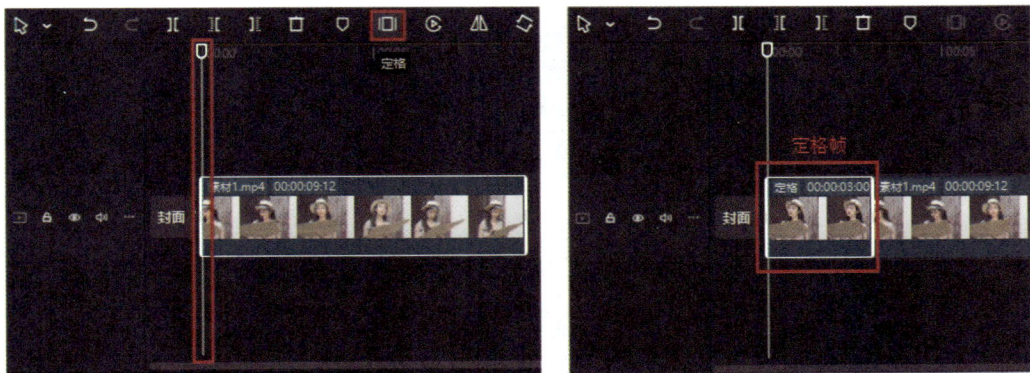

图 6-35

03　调整定格帧时长，将其延长至 00:00:06:02 处，调整定格帧时长不会改变后方"素材 1.mp4"的时长和起始位置，二者紧挨着。将时间指示器移动至 00:00:09:18 的位置，单击"向右裁剪"按钮▮，将多余的素材片段删除，如图 6-36 所示。

04　然后选中分割后的"素材 1.mp4"片段，同时长按鼠标左键和 Alt 键，拖动鼠标位置在后方复制一次分割后的"素材 1.mp4"片段，如图 6-37 所示，然后选中复制后的"素材 1.mp4"片段，单击鼠标右键执行"新建复合片段（子草稿）（Alt+G）"命令，接着在轨道中删除，留作备用，在素材调整区"媒体"|"本地"|"子草稿"中可以随时查看和使用，如图 6-38 所示。

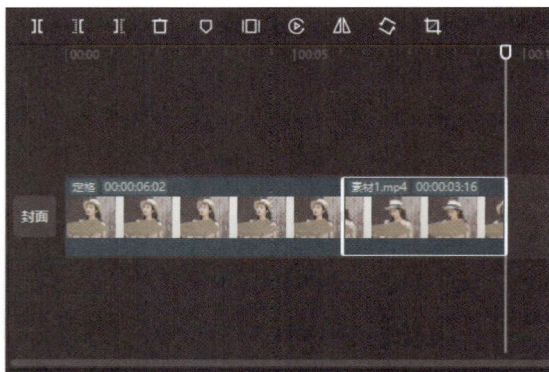

图 6-36

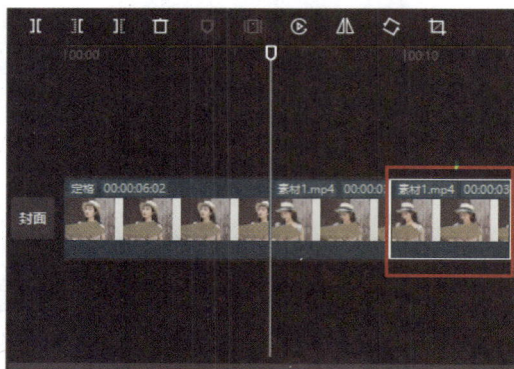

图 6-37

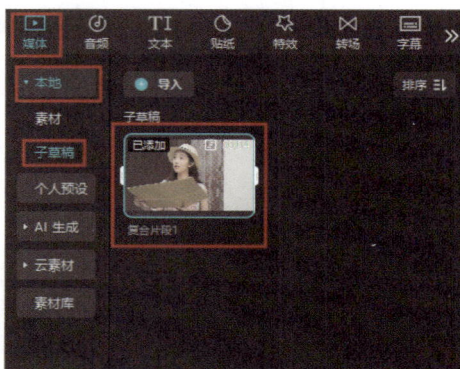

图 6-38

05　然后按照图 6-39 的顺序添加素材至时间线中，时长均为 00:00:09:18。

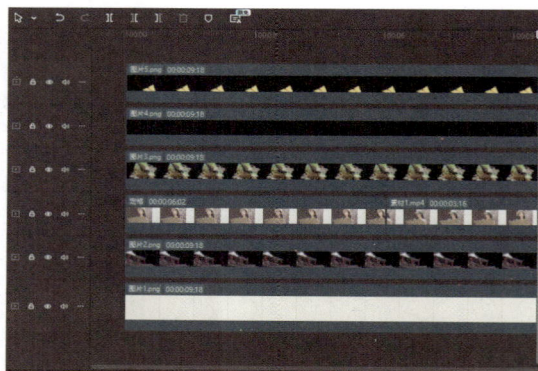

图 6-39

06　完成上述操作后，调整各个素材在画面中的位置。首先选中定格帧，用"自定义抠像"功能将画面中人物抠出，如图 6-40 所示。

07　然后将抠出的人像缩小，放置在画面右下角，如图 6-41 所示。

08　在素材调整区中的"抠像"面板中勾选"抠像描边"选项，选择"虚线描边"，具体设置如图 6-42 所示。

09　其余素材由于本身为自带通道素材，无需抠像，按照图 6-43 在画面中排版即可。

图 6-40

图 6-41

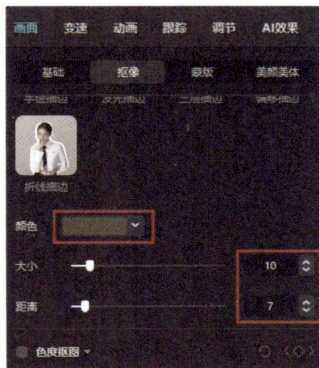

图 6-42

图6-43

提示：为了后续添加边框，在画面中摆放素材位置时，需要在外围留下空白。

10 完成上述操作后，在常用功能区中单击"特效"按钮 ✨，在"画面特效"选项中打开"边框"选项框，在其中找到并选择"手账边框"，如图6-44所示，然后将其添加至所有素材最上方轨道中。

图6-44

提示：在完成定格帧抠像和位置大小设置后，也需要为"素材1.mp4"完成同样的抠像和位置大小的设置。

11 然后分别选中"图片1.png""图片2.png""图片3.png""图片4.png""图片5.png"，在素材调整区中，单击"动画"|"出场"选项，选择"渐隐"出场动画，时长为0.6s，如图6-45所示。

12 选中"素材1.mp4"，将时间指示器移动至其余图片素材"渐隐"出场动画开始的位置，也就是00:00:08:28处，在这里添加一个位置关键帧，位置数值保持不变，具体如图6-46所示；然后将时间指示器移动至结尾00:00:09:18处，再添加一个位置关键帧，将"素材1.mp4"还原大小，具体数值如图6-47所示。

13 添加完关键帧后，为了后续画面切换更为流畅，将鼠标指针移动至第一个关键帧位置，单击鼠标右键，执行"显示关键帧变速曲线（Alt+K）"命令，如图6-48所示。

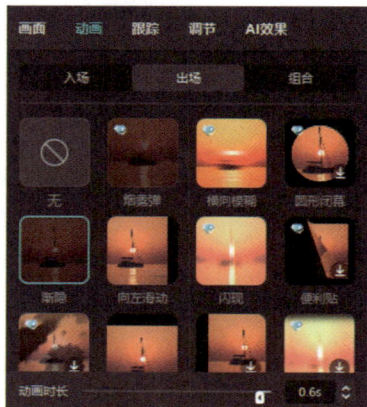

图6-45

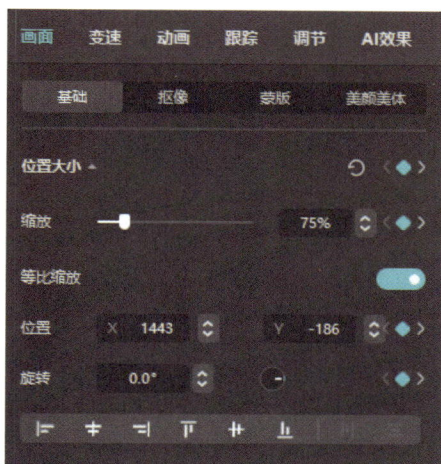

图 6-46

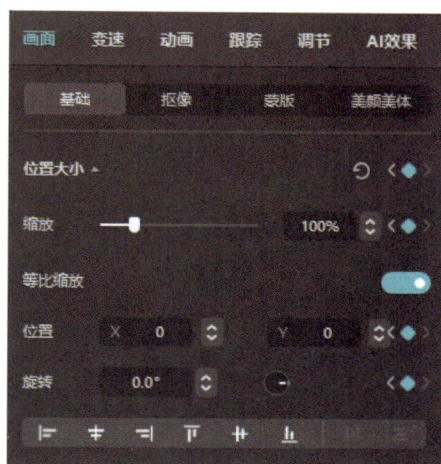

图 6-47

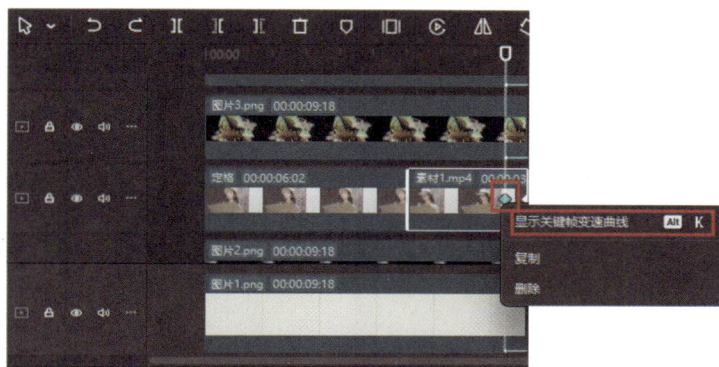

图 6-48

14　接着就会显示关键帧变速曲线预览，如图 6-49 所示。由于将设置同一预设曲线，我们可以单击名称一栏的空白处，将曲线预览隐藏。然后在轨道中的第一个关键帧单击鼠标右键执行"预设曲线"命令，在"预设曲线"窗口中选择"三次方缓出"曲线，如图 6-50 所示。

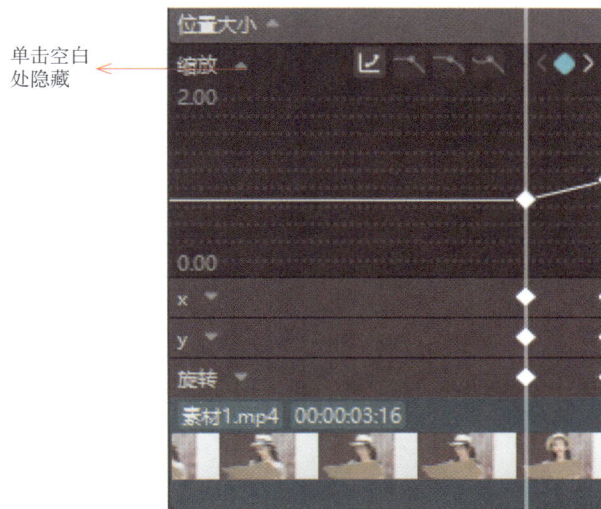

图 6-49

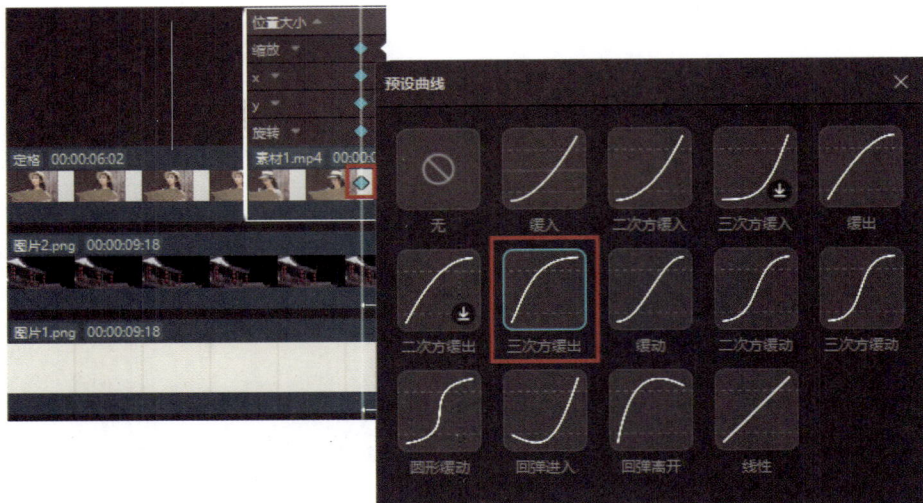

图 6-50

提示：添加好了预设曲线，我们可以在预览中移动关键帧光标更改细节数值，如图6-51所示，名称一栏会自动显示为"自由曲线"。本案例只设置预设曲线，未做任何细节更改。

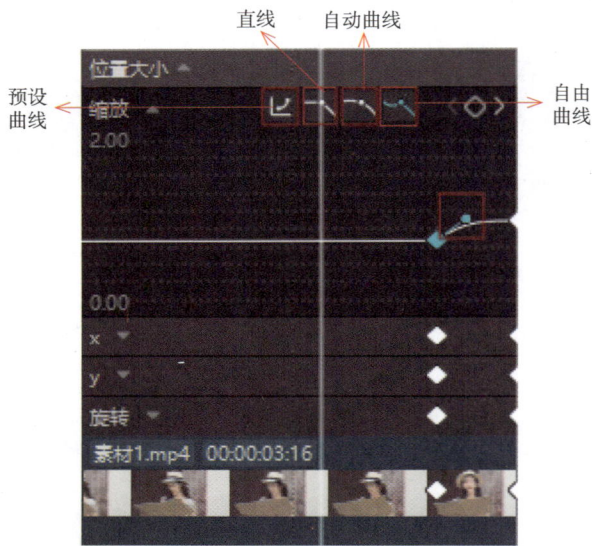

图 6-51

15 完成以上所有设置后，选中轨道中所有视频、图片和特效素材，单击鼠标右键执行"新建复合片段（子草稿）（Alt+G）"，将自动生成"复合片段2"。然后在"复合片段1"上方轨道中添加"素材2.mp4"，调整速度为1.5倍，并调整其时长与"复合片段2"一致，如图6-52所示。

16 选中"素材2.mp4"，由于这是一个绿幕素材，我们可以通过"色度抠像"功能将画面中的绿色抠掉，如图6-53所示。接着选中"复合片段2"，在素材调整区中的"画面"|"基础"面板中调整位置，如图6-54所示。

17 完成上述设置后，将时间指示器移动至00:00:03:25的位置，分别选中"素材2.mp4"和"复合片段2"，在此处打上一个位置关键帧，数值保持不变，如图6-55所示。

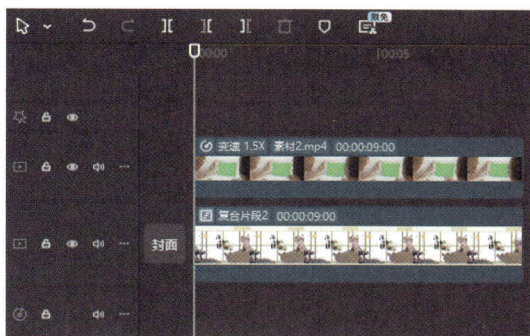

图 6-52

图 6-53

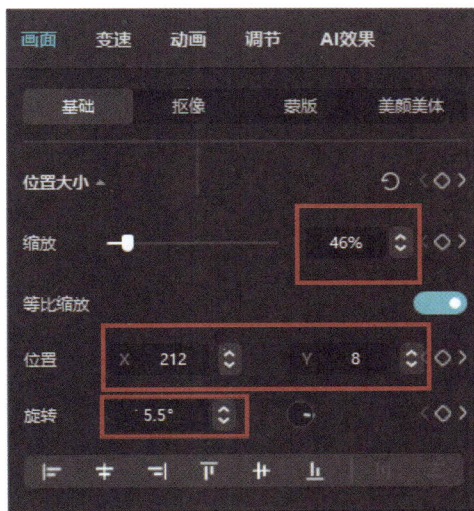

图 6-54

18　然后将时间指示器移动至 00:00:05:04 的位置，再添加一个位置关键帧，具体设置如图 6-56 所示。

19　打开"素材 2.mp4"的"关键帧变速曲线"预览，选择"自由曲线"设置，移动光标获得更加平滑的曲线，如图 6-57 所示。

20　然后打开"复合片段 2"的"关键帧变速曲线"预览，选择"自由曲线"设置，移动光标获得更加平滑的曲线，如图 6-58 所示。

"素材 2.mp4"

"复合片段 2"

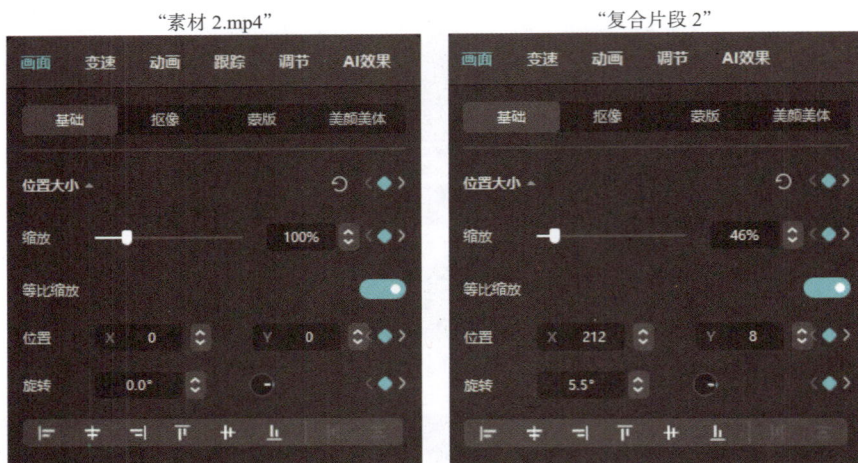

图 6-55

"素材 2.mp4"

"复合片段 2"

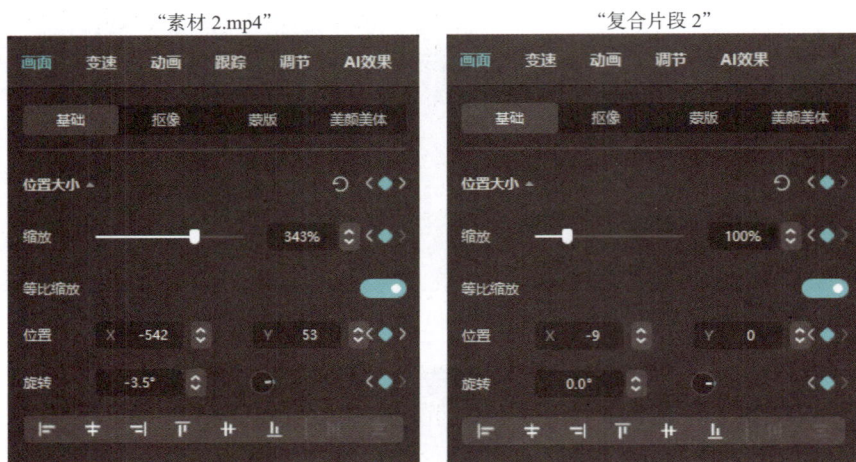

图 6-56

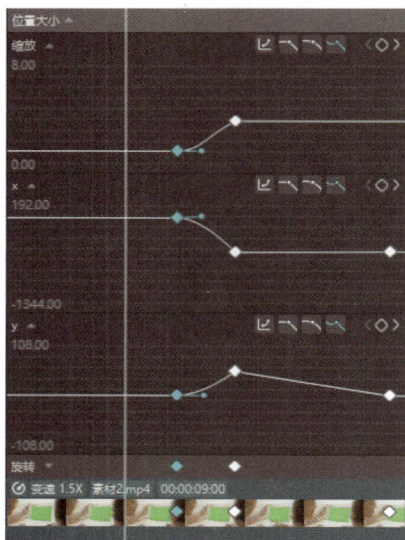

图 6-57

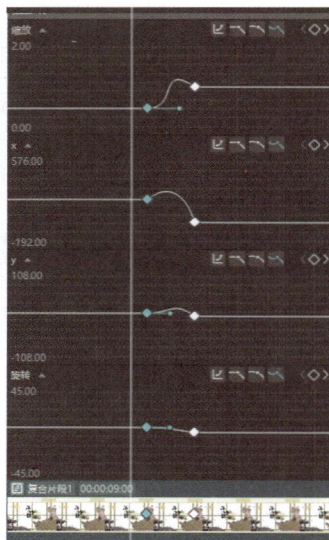

图 6-58

21　将时间指示器移动至 00:00:06:02 的位置，此处是"素材 1.mp4"开始的位置。在素材调整区中的"媒体"|"本地"|"子草稿"中，将之前我们在步骤 04 中预留的"复合片段 1"拖动至时间线轨道中"素材 2.mp4"上方轨道中，如图 6-59 所示。

22　选中"复合片段 1"，单击鼠标右键执行"解除复合片段（子草稿）（Alt+Shift+G）"，如图 6-60 所示，这样可以自由裁剪"素材 1.mp4"片段。

23　解除复合片段（子草稿）后，在确保不移动"素材 1.mp4"在轨道中的位置的前提下，移动素材右侧的白块，适当延长"素材 1.mp4"的时长。

图 6-59

24　步骤 12 ～步骤 14 中制作了人物放大的过渡效果，为了上下过渡更加自然，将时间指示器移动至 00:00:09:11 的位置，在此处添加一个位置关键帧，数值保持不变，如图 6-61 所示；为了减小画面运动误差，接着将时间指示器移动至 00:00:09:00 的位置，选中"素材 1.mp4"，在此处添加位置关键帧，位置大小根据"复合片段 2"中结尾帧中人物位置进行对比和调整，具体数值如图 6-62 所示。

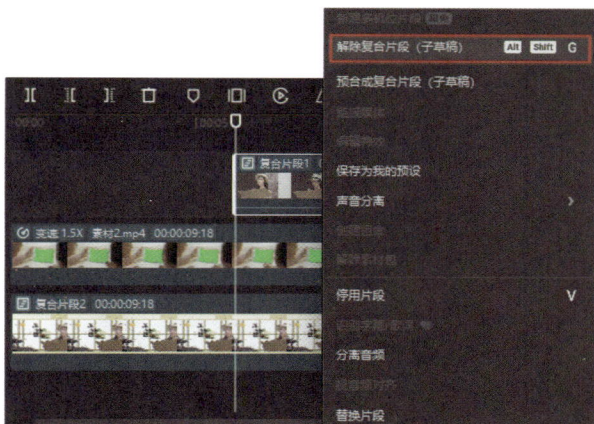

图 6-60

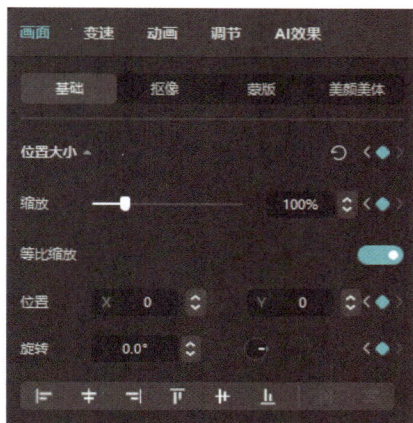

图 6-61

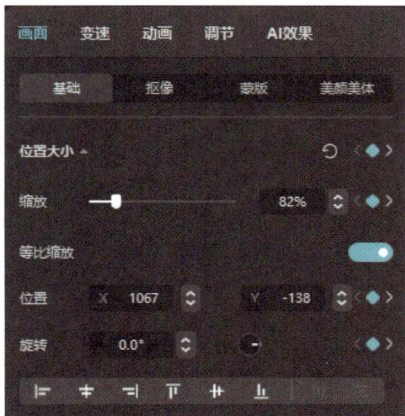

图 6-62

25 由于"复合片段2"总体时长为00:00:09:18，将时间指示器移动至00:00:09:00的位置，选中"复合片段2"，单击"向右裁剪"按钮 ⅠⅠ 将多余的部分删除。然后选中"素材1.mp4"，时间指示器保持在00:00:09:00的位置，单击"向左裁剪"按钮 ⅠⅠ 将多余的部分删除。

26 然后将"素材1.mp4"放置在主轨道中"复合片段2"的后方，如图6-63所示。

27 为了让画面过渡更自然，在"复合片段2"和"素材1.mp4"中间添加"叠化"转场，如图6-64所示。

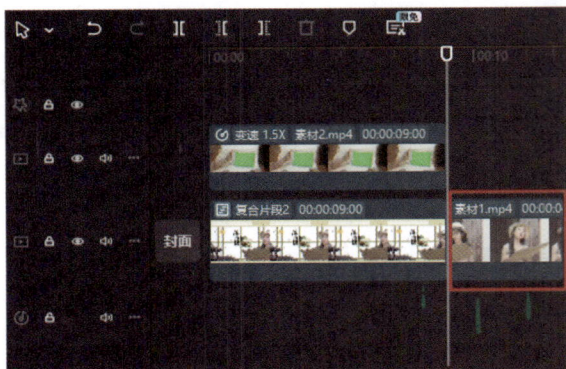

图6-63

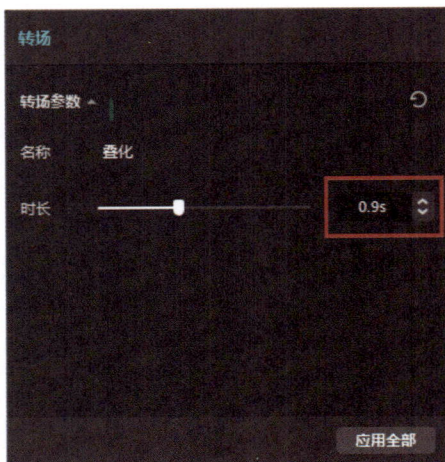

图6-64

28 完成上述操作后，片头即制作完成。

6.2.2 根据背景音乐节拍点制作正片内容

第4章第3节，我们在视频卡点制作中介绍了视频画面与音乐契合的重要性，并阐述了通过结合背景音乐的节拍点制作视频内容，以达到视听统一的效果。本案例正片部分未采用剪映自带的节拍点制作视频，而是通过观察音频轨道中音频素材的波形来确定视频剪辑点。导入音乐素材"Breeze.mp3"至时间线音频轨道中，波形如图6-65所示，可看到开始位置有几段明显且有规律的起伏，这些均可作为剪辑点。

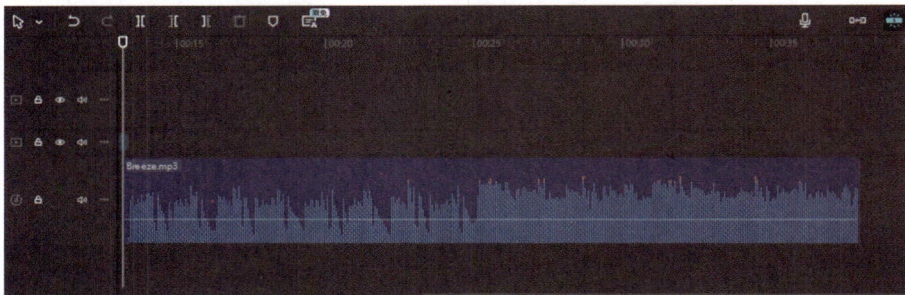

图6-65

具体素材剪辑顺序和时长，如表6-6和表6-7所示，读者根据内容进行素材剪辑拼接。

表6-6

序号	素材顺序	片段内容	开始和结束
1	素材3.mp4	古镇屋檐	00:00:13:12-00:00:14:21
2	素材4.mp4	古镇建筑	00:00:14:21-00:00:16:09
3	素材5.mp4	古镇风景	00:00:16:09-00:00:17:26
4	素材6.mp4	古镇风景	00:00:17:26-00:00:19:09

序号	素材顺序	片段内容	开始和结束
5	素材 7.mp4	女孩拖着行李箱在古镇行走	00:00:19:09-00:00:22:06
6	素材 8.mp4	女孩在桥上欣赏风景	00:00:22:06-00:00:23:22
7	素材 9.mp4	女孩向古镇桥上行走	00:00:23:22-00:00:25:03
8	素材 10.mp4	女孩向古镇桥下行走	00:00:25:03-00:00:28:05
9	素材 11.mp4	古镇建筑、河流上的船	00:00:28:05-00:00:30:28
10	素材 12.mp4	古镇景观	00:00:30:28-00:00:33:16
11	素材 13.mp4	女孩甜美的笑容	00:00:33:16-00:00:37:21

表 6-7

序号	音乐素材	开始和结束
1	Breeze.mp3	00:00:13:06-00:00:38:00

6.2.3　为视频调色

好的画面色彩，会为 Vlog 视频提升整体质量。本案例将对素材画面进行调色处理，并为人物进行美颜美体设置，使读者能够在自己的 Vlog 中展现最佳形象，效果如图 6-66 所示。下文将详细介绍具体操作方法。

图 6-66

01　回到上一小节视频编辑界面，首先选择"素材 3.mp4"，在素材调整区中单击"画面"|"美颜美体"选项，在"美颜"选项中，将"亮眼"调整为 4，"美白"调整为 21，"白牙"调整为 10，"肤色"选择"冷白"，程度为 21，如图 6-67 所示。

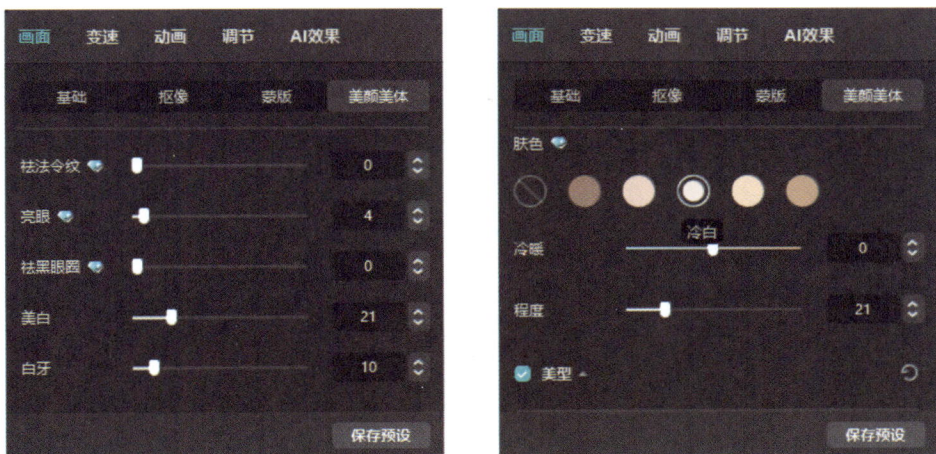

图 6-67

02 在"美型"|"面部"选项中，将"小脸"调整为8，"瘦脸"调整为7，"下颌骨"调整为19，"颧骨"调整为11；在"美型"|"鼻子"选项中，将"立体鼻"调整为31。具体设置数据如图6-68所示。

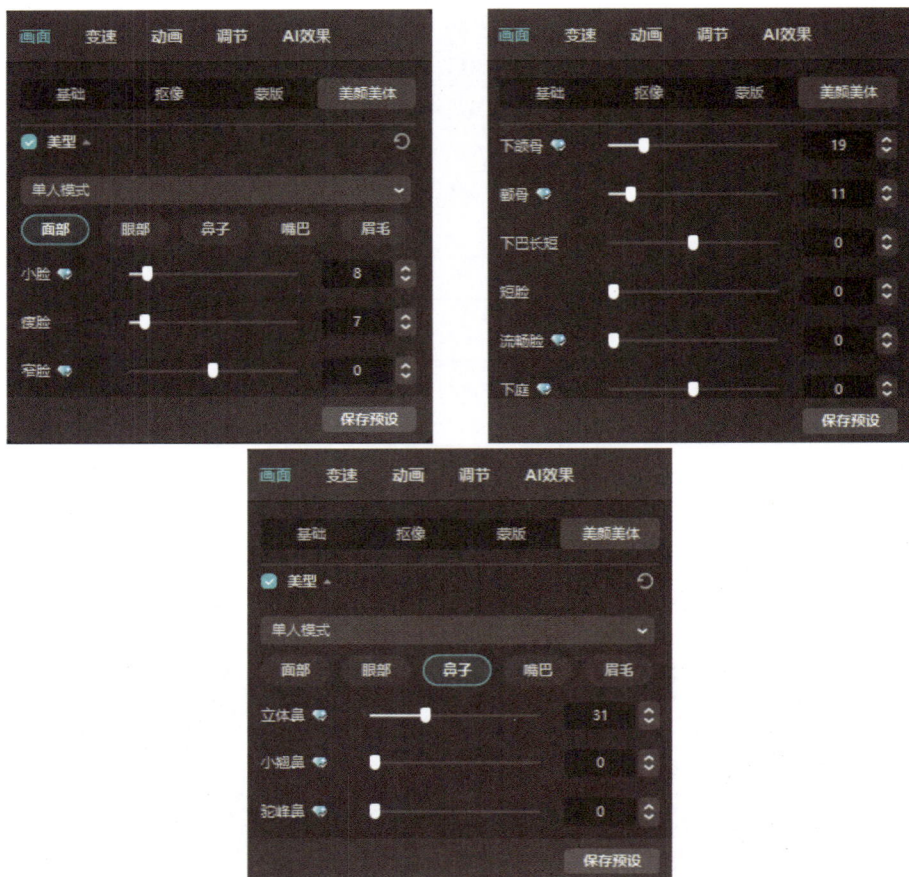

图6-68

03 在"美妆"|"腮红"选项中选择"粉桃"，程度为32；在"美妆"|"修容"选项中选择"韩系"，程度为49；在"美妆"|"卧蚕"选项中选择"娃娃"，程度为20；在"美妆"|"睫毛"选项中选择"自然"，程度为35；在"美妆"|"眼线"选项中选择"自然"，程度为14；在"美妆"|"美瞳"选项中选择"原生"，程度为80。"美妆"选项中的具体设置数据如图6-69所示。

图6-69

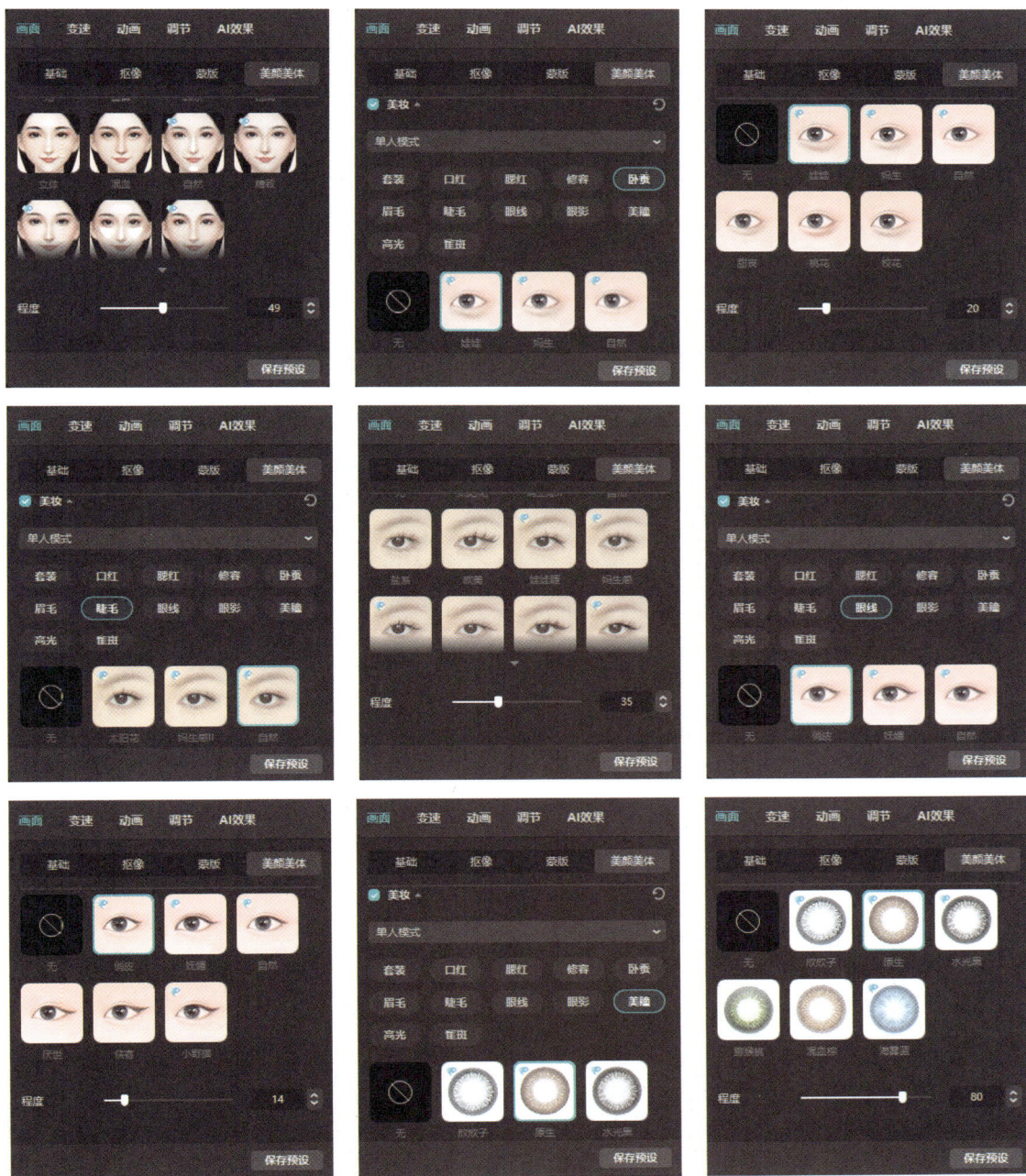

图 6-69（续）

04　完成人物美颜后，在素材调整区中单击"调节"选项，"基础"调节具体数值如图 6-70 所示。

05　再单击"曲线"选项，适当调整"亮度"曲线和"蓝色通道"曲线，如图 6-71 所示，"素材 1.mp4"即调节完成。

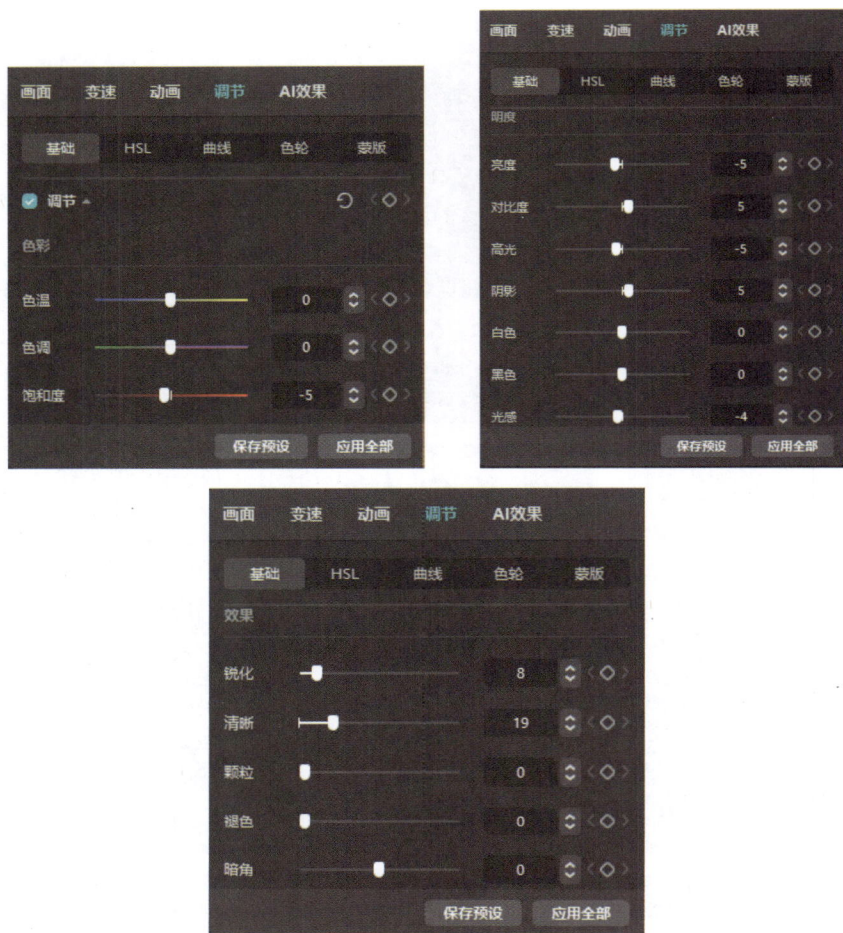

图 6-70

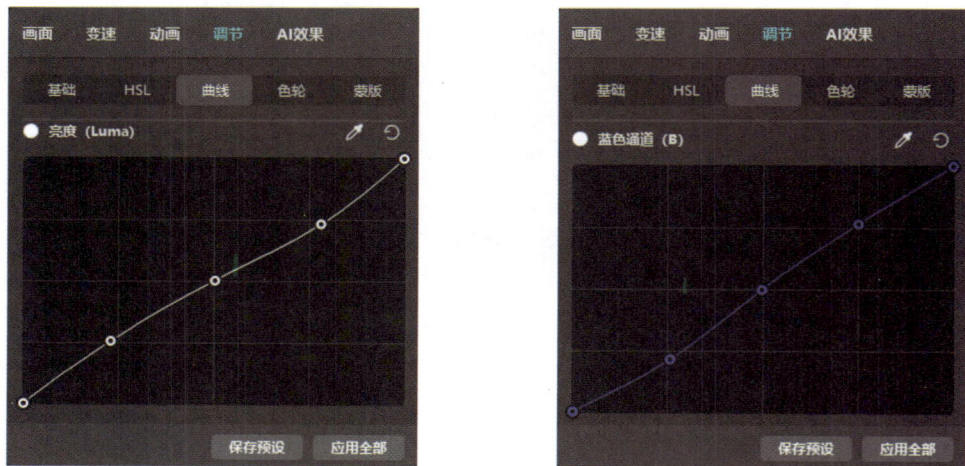

图 6-71

06 选中调节完毕的"素材 1.mp4",单击鼠标右键执行"复制属性"命令,选中所有带有人物的视频素材"素材 7.mp4""素材 8.mp4""素材 9.mp4""素材 10.mp4""素材 13.mp4",单击鼠标右键执行"粘贴属性"命令,将"素材 1.mp4"设置好的"美颜美体""调节"数值复制到这些素材中去，如图 6-72 所示。

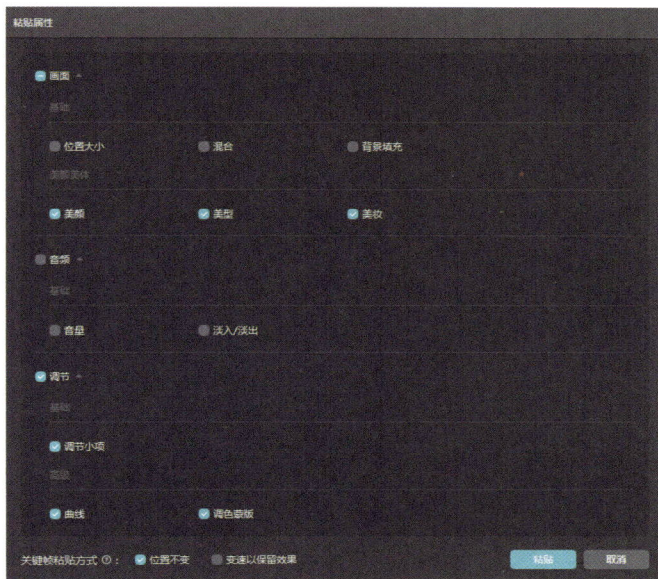

图 6-72

07 虽然直接复制粘贴十分方便，但由于每个素材画面色彩分布不同，我们需要选中每个素材进行细节调整。

08 分别选中"素材 7.mp4""素材 8.mp4""素材 9.mp4""素材 10.mp4""素材 13.mp4"，在素材调整区中单击"调节" | "曲线"选项，适当调整"红色通道"和"绿色通道"曲线，如图 6-73 所示。

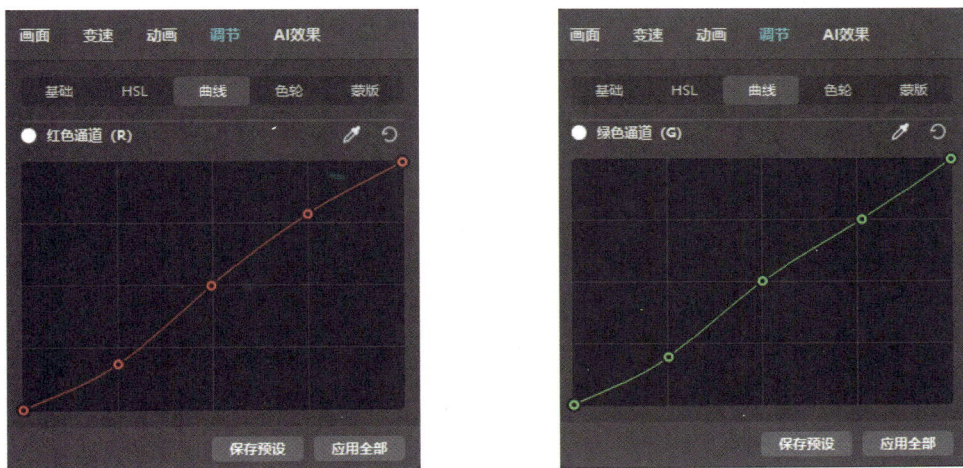

图 6-73

09 调整完人物素材，开始调整景色素材。分别选中所有景色素材"素材 3.mp4""素材 4.mp4""素材 5.mp4""素材 6.mp4""素材 11.mp4""素材 12.mp4"，将人物素材"素材 7.mp4""素材 8.mp4""素材 9.mp4""素材 10.mp4""素材 13.mp4"设置好的曲线属性复制过去。

10 然后选中"素材 4.mp4"，在素材调整区中单击"调节" | "基础" | "色彩克隆"选项，单击"＋"号，在弹出来的"目标图选择"中选择"素材 9.mp4"，单击"确认"按钮后，调整强度为 40，如图 6-74 所示。

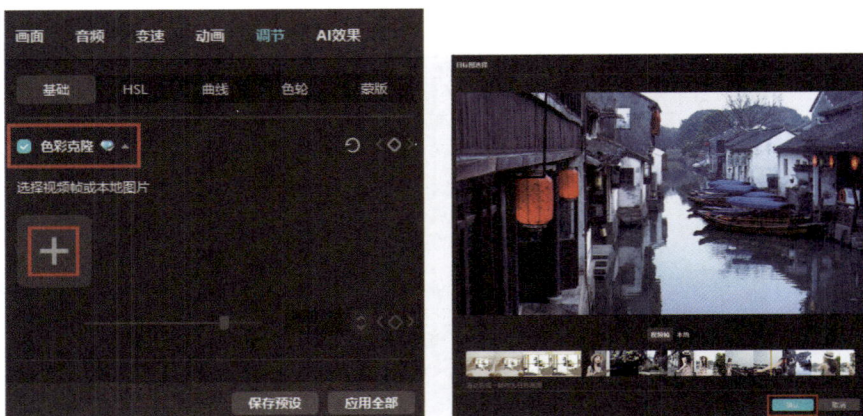

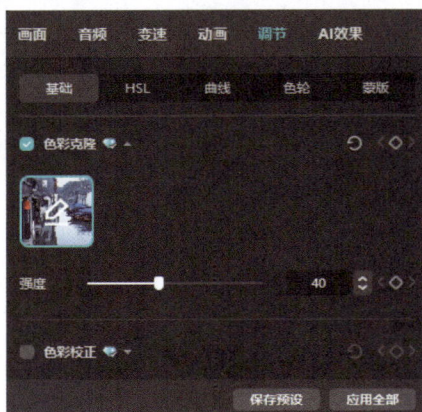

图 6-74

11 按照同样的方法将"素材 12.mp4"的画面色彩克隆至"素材 3.mp4""素材 4.mp4""素材 5.mp4""素材 6.mp4"中，但是由于"素材 11.mp4"的色调偏蓝，我们需要分别将"素材 3.mp4""素材 4.mp4""素材 5.mp4""素材 6.mp4""素材 11.mp4""素材 12.mp4"的色温向左偏移，调整为 15，如图 6-75 所示。

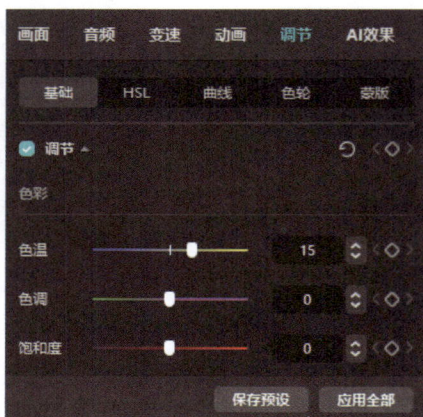

图 6-75

提示：每个素材甚至每个画面的色彩是会不一样的，在调色时色彩克隆只是辅助功能，帮助我们更快地剪辑，还是需要根据实际画面进行调整。

12　为了让画面有一个整体的效果，在完成上述操作后，在上方轨道依次添加叠加滤镜"德古拉"和"高清"，开始时长为 00:00:08:28，结束时长为 00:00:37:21，"德古拉"滤镜强度为 53，"高清"滤镜强度为 96，如图 6-76 所示。

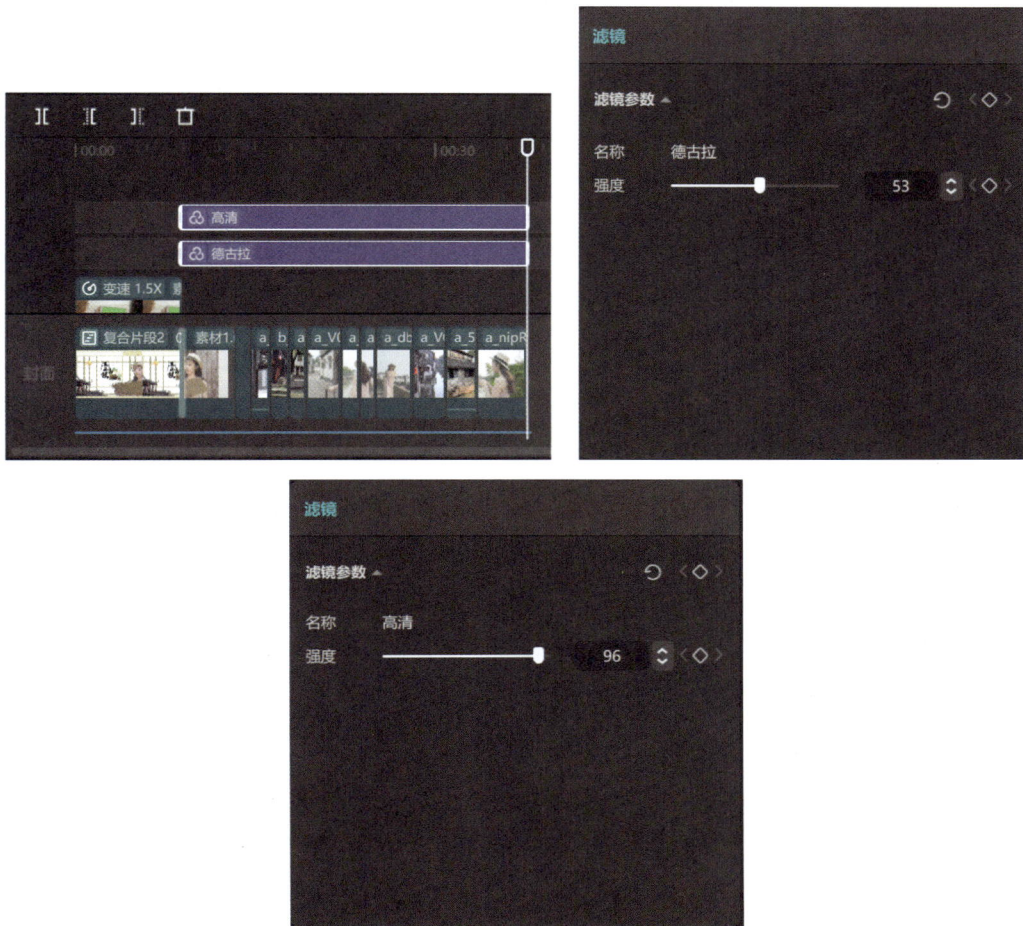

图 6-76

6.2.4　定格结尾让Vlog更加完整

我们已完成正片剪辑，但当前结尾处理略显突兀。为提升 Vlog 视频的观赏性和完整性，建议在结尾处设计模拟拍照定格效果。具体操作如下：选取 Vlog 中最具代表性或最精彩的画面作为定格画面进行重点剪辑，其效果展示如图 6-77 所示。以下将详细介绍具体实现方法。

图 6-77

01　回到上一小节编辑界面，将时间指示器移动至视频结尾处，也就是"素材 13.mp4"结尾处，在工具栏中单击"定格"按钮，结尾帧定格为图片素材，如图 6-78 所示。

02　不改变结尾帧时长，维持 3s 不变，然后在结尾帧上方轨道添加"模糊"特效，如图 6-79 所示。

03　选中结尾帧定格素材，然后按住鼠标左键和 Alt 键，在"模糊"特效上方轨道中复制一层结尾帧，在常用功能区中单击"特效"按钮，在"画面特效"选项栏中找到"边框"选项，在其中找到"选中框"边框特效，将其拖动至复制的结尾帧中，如图 6-80 所示，即可将边框特效单独作用在复制的结尾帧上。

图 6-78

图 6-79

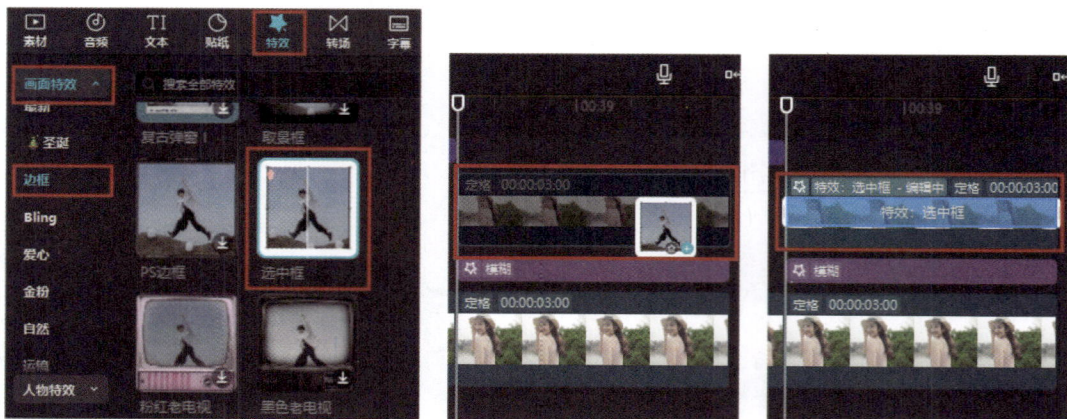

图 6-80

04 完成上述操作后，选中复制的结尾帧，将时间指示器移动至 00:00:37:21 的位置，在"画面"|"基础"|"特效"选项中添加位置关键帧，具体数值如图 6-81 所示，再将时间指示器移动至 00:00:38:00 的位置，在"画面"|"基础"|"特效"选项中添加位置关键帧，具体数值如

图 6-82 所示。

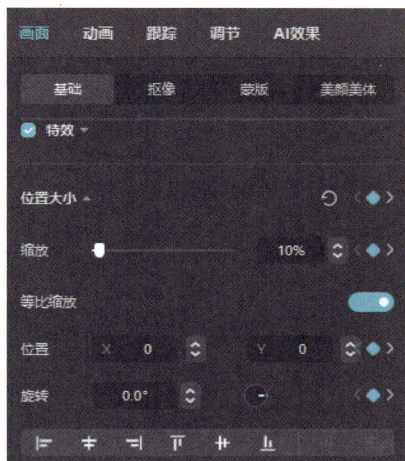

图 6-81

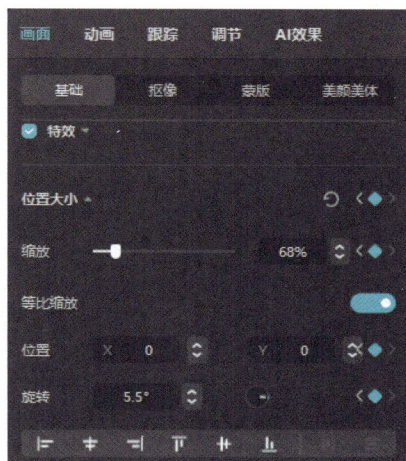

图 6-82

05　将时间指示器移动至 00:00:37:12 的位置，在边框特效"选中框"上方轨道中依次分别添加贴纸素材"咔嚓"和特效"录制边框"，如图 6-83 所示，结尾处均为 00:00:37:21。

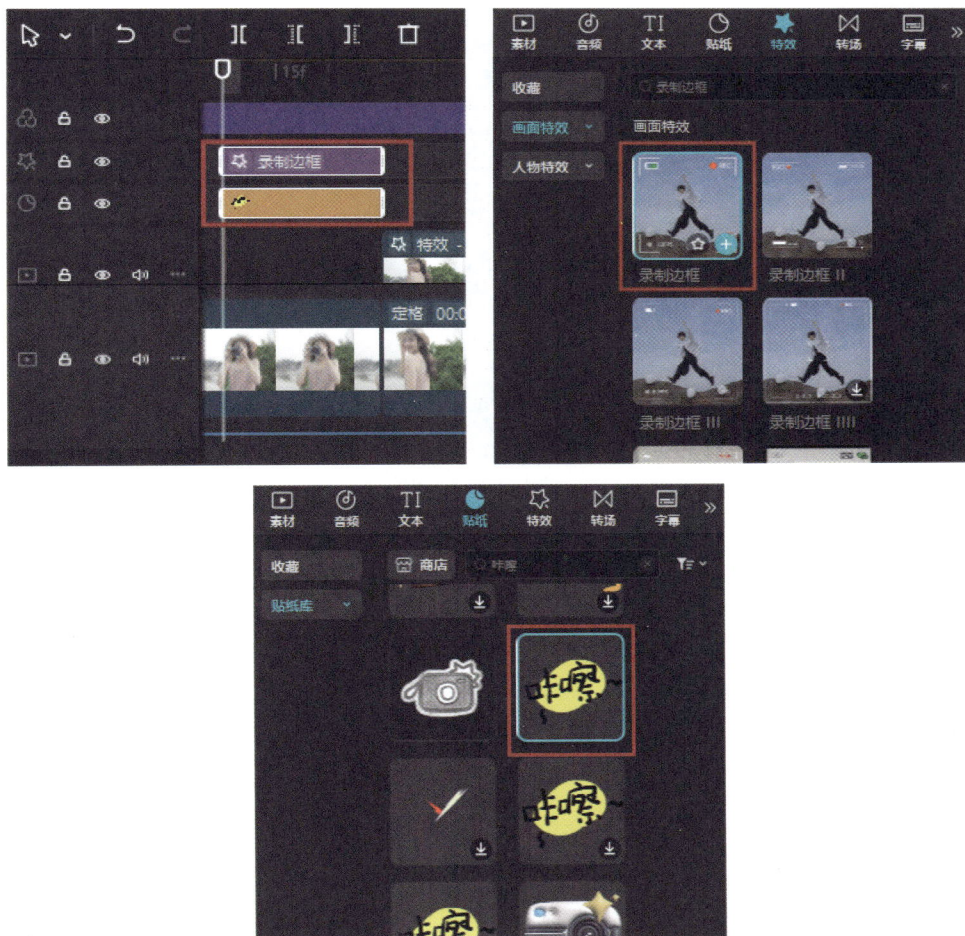

图 6-83

06 为了让结尾有一个丝滑的过渡效果，将时间指示器移动至 00:00:37:12 的位置，在边框特效"选中框"上方轨道添加"黑场"视频素材，结尾位置为 00:00:38:00，然后在开头、结尾和中间（00:00:37:21）位置分别打上 3 个不透明度关键帧，开始和结尾不透明度为 0%，中间不透明度为（00:00:37:21）100%，如图 6-84 所示。

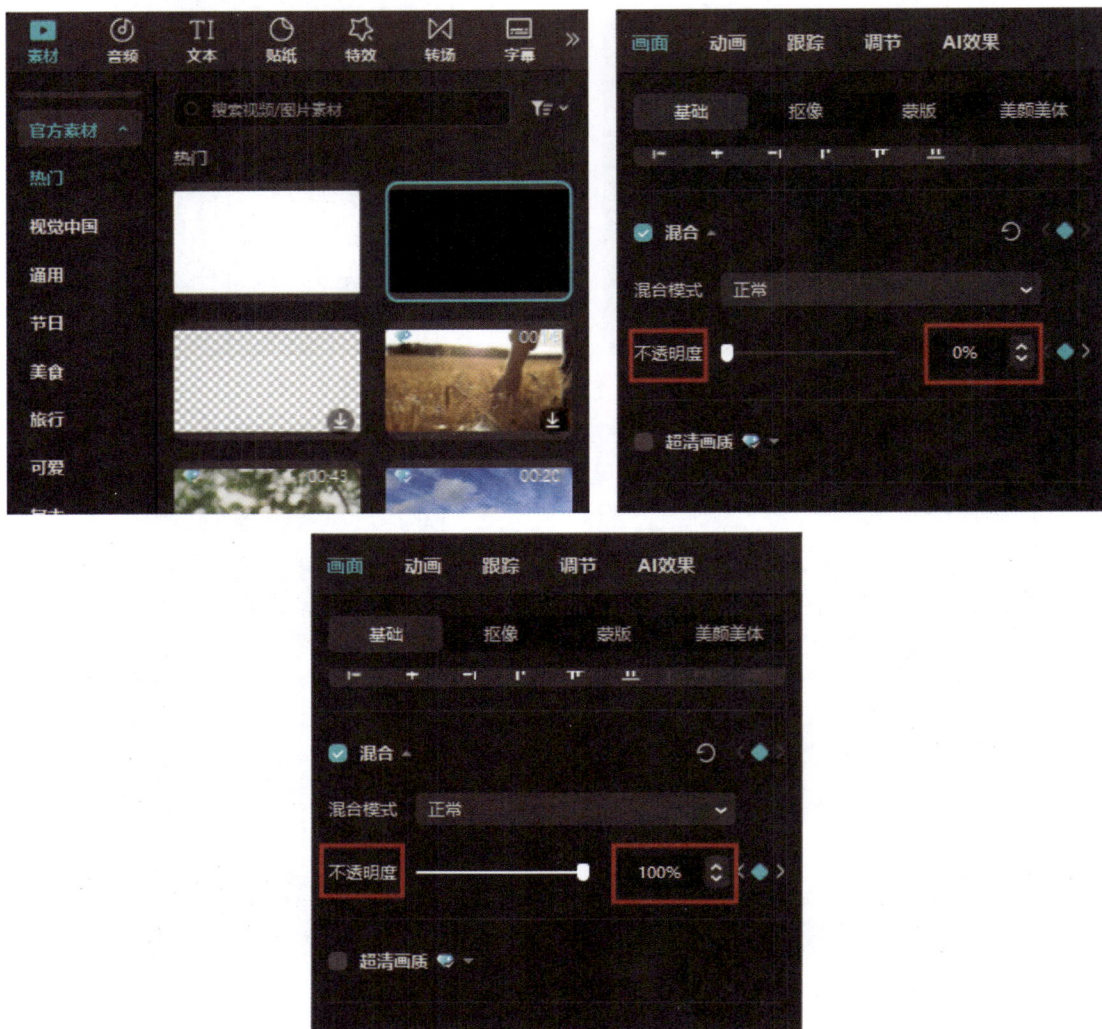

图 6-84

提示：由于剪映的转场效果只作用于两个视频素材之间，为了此时间段内所有素材都能有"闪黑"转场过渡效果，所以通过"黑场"素材进行不透明度的变化，即可制作通用的"闪黑"转场效果。"黑场转场"可以在"素材"|"官方素材"|"热门"素材区中找到。完成"黑场"素材制作后，将上一小节添加的滤镜"高清""德古拉"延长至结尾帧结束，并放置在"黑场"上方轨道中，如图6-85所示。

07 此处模拟的是拍照效果，完成"黑场"过渡效果制作后，在"素材 13.mp4"和结尾帧过渡的位置添加"拍照声 1"音效，如图 6-86 所示。

08 完成上述操作后，为了突出结尾，在结尾帧时间区域内（00:00:37:21-00:00:40:21），在滤镜"高清""德古拉"上方轨道中添加滤镜"怦然心动"，程度为 60，如图 6-87 所示。

图 6-85

图 6-86

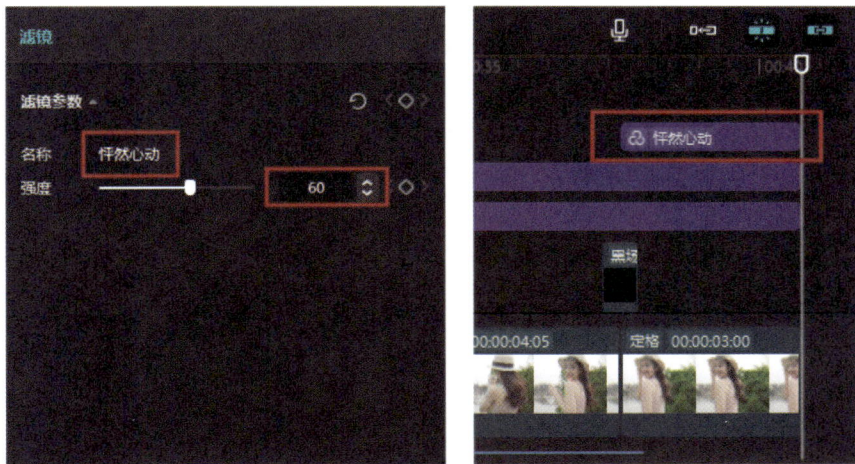

图 6-87

09　完成上述所有操作后，即可单击"导出"按钮，将本案例视频导出。

07

第7章
广告视频剪辑实操，
用技术赢得广告主的青睐

本章导读

　　广告视频是以动态影像和声音为手段来宣传产品、服务、品牌理念或活动等的视听传播形式，具有明确的营销推广目的。其内容形式多样，涵盖产品展示、品牌形象塑造、服务推广等类型，制作过程中需注重视觉效果、听觉效果以及创意构思等要素，并可通过电视、互联网等多种渠道进行广泛传播，以吸引目标受众，实现推广效果。在当今信息爆炸、自媒体盛行的时代，人人都可以成为内容创作者，推广自己的产品、塑造品牌形象，甚至进行个人推广。本章案例将通过剪映 App 制作两个基础广告视频，向读者介绍广告视频的剪辑要点。

7.1　香香浓浓来一杯，制作奶茶广告视频

奶茶是我们生活中不可或缺的饮料，市面上奶茶品牌层出不穷。本章第一个广告案例视频为奶茶广告视频，确定奶茶品类为"杨枝甘露"，通过拆解奶茶"杨枝甘露"的原料，制作一个简单的广告视频，激发观众的食欲，效果如图 7-1 所示，下面将介绍操作要点。

7.1.1　搭建视频结构

对于广告视频制作而言，前期视频脚本结构的确定和素材的收集是十分必要的。创建一个清晰的视频创意构思和合理的视频制作流程，不论是素材拍摄收集还是视频剪辑都能事半功倍。同时，一个广告视频通常节奏感强烈，具有鲜明的韵律特征。本案例视频粗剪需要根据背景音乐进行剪辑，下面将介绍具体操作方法。

01　打开剪映 App 首页，在主界面单击"开始创作"按钮 ➕，进入素材添加界面，在素材区添加本案例素材。

02　进入视频编辑界面后，点击下方工具栏中"音频"按钮 ♪，再点击"音乐"按钮 ♫，在音乐库中找到一首节奏感强的音乐素材"时尚动感放克律动"，如图 7-2 所示。

03　点击"使用"按钮后，音乐素材"时尚动感放克律动"将会自动添加至时间线音频轨道中，点击音乐素材"时尚动感放克律动"，找到并点击"节拍"按钮 ⚑，进入节拍点添加面板，选择"自动踩点"，节奏为"快"，如图 7-3 所示，然后点击右上方"确认"按钮 ✓，将会自动添加节拍点，接着根据节拍点进行视频剪辑即可。

图 7-1

图 7-2

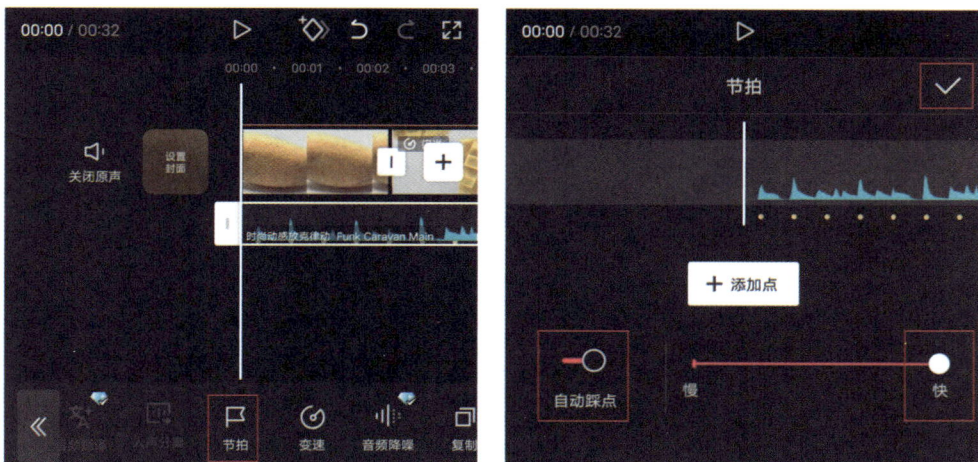

图 7-3

04 本视频案例根据背景音乐节拍点进行视频素材剪辑，具体参考表 7-1 和表 7-2。

表 7-1

序号	素材	画面	开始和结束	字幕	开始和结束
1	素材 1.mp4	展示芒果最初的样子	00:00:00:00-00:00:02:08	MANGO 芒之初	00:00:00:00-00:00:04:08
2	素材 1.mp4	展示芒果切开的样子	00:00:02:08-00:00:04:08		
3	素材 2.mp4	牛奶倒在芒果上 （近景）（缩放：107%）	00:00:04:08-00:00:06:08	MANGO with MILK 芒奶融	00:00:04:08-00:00:09:08
4	素材 3.mp4	牛奶倒在芒果上 （特写）（缩放：107%）	00:00:06:08-00:00:08:08		
5	素材 4.mp4 （1.5×）	将芒果块倒入碗中	00:00:08:08-00:00:10:08		
6	素材 5.mp4	将西米倒入袋中	00:00:10:08-00:00:12:08	SWEET SAGO CREAM 西米露	00:00:10:08-00:00:16:23
7	素材 5.mp4	展示西米	00:00:12:08-00:00:15:18		
8	素材 6.mp4	熬煮西米 （缩放：133%）	00:00:15:18-00:00:18:07		
9	素材 7.mp4	将芒果牛奶倒入杯中 （缩放：116%）	00:00:18:07-00:00:20:08		
10	素材 8.mp4	展示芒果西米露 （缩放：107%）	00:00:20:08-00:00:24:08	JUICY and DELICIOUS 食之诱	00:00:20:08-00:00:24:08
11	素材 9.mp4 （1.5×）	展示芒果西米露装好 的样子（缩放：107%）	00:00:24:08-00:00:26:08		
12	素材 9.mp4 （1.5×）	将芒果西米露倒入杯 中（缩放：107%）	00:00:26:08-00:00:28:08		
13	素材 9.mp4 （1.5×）	展示芒果西米露 （运镜：从右至左） （缩放：107%）	00:00:28:08-00:00:32:08	SWEET SAGO CREAM with MANGO 芒果西米露	00:00:28:23-00:00:32:08

表 7-2

序号	音乐素材	开始和结束
1	时尚动感放克律动 .mp3	00:00:00:00-00:00:32:08

7.1.2　添加转场动画让画面切换更流畅

为广告视频添加转场效果，能够有效强化广告的节奏感。根据广告的整体风格与预期传达的情感氛围，应合理选择转场速度与形式，例如采用快速利落的转场以营造紧张刺激之感。本小节依据表 7-3，在剪映 App 中添加多个转场动画效果，使画面过渡更加流畅自然。

表 7-3

序号	素材	转场和动画	时长
1	素材 1.mp4	组合动画：缩放	2.3s
2	素材 1.mp4	转场：横移模糊	0.9s
3	素材 2.mp4		
4	素材 3.mp4		
5	素材 4.mp4（1.5×）		

续表

序号	素材	转场和动画	时长
6	素材 5.mp4		
7	素材 5.mp4	转场：叠化	1.0s
8	素材 6.mp4	转场：下移	0.7s
9	素材 7.mp4		
10	素材 8.mp4	转场：左移	0.5s
		出场动画：拉丝滑出	0.5s
11	素材 9.mp4（1.5×）		
12	素材 9.mp4（1.5×）		
13	素材 9.mp4（1.5×）	出场动画：渐隐	0.5s

提示：在添加完转场动画效果后，为了让结尾不生硬，将最后一段"素材9.mp4"的结尾延长至
　　　00:00:32:26处，这样不会更改出场动画时长。

7.1.3　添加音效让视频听感更丰富

　　在第1小节中，我们根据背景音乐的节拍点对视频内容进行了剪辑，然而，仅凭简单的背景音乐，视频有时会显得单调。例如倒牛奶的画面，如果加上倒牛奶时的声音，这将使视频内容更加生动，增强画面的沉浸感，这正是音效的魅力所在。本小节将根据视频内容进行音效的添加，下面将介绍具体操作方法。

01　回到上一小节编辑界面，点击"音频"按钮🎵，再点击"音效"按钮🎶，进入音效素材库，为了体现"水灵灵"的效果，在音效素材库中搜索并选中"水冒泡"，如图7-4所示，点击"使用"按钮，即可添加至音频轨道中，调整该音频时长，开始位置为00:00:00:00，结束位置为00:00:03:24。

02　完成上述操作后，在音频轨道中选中该音效素材，点击"淡入淡出"按钮▐▌，调整"淡入时长"为0.5s，淡出时长为0.5s，如图7-5所示。

图 7-4

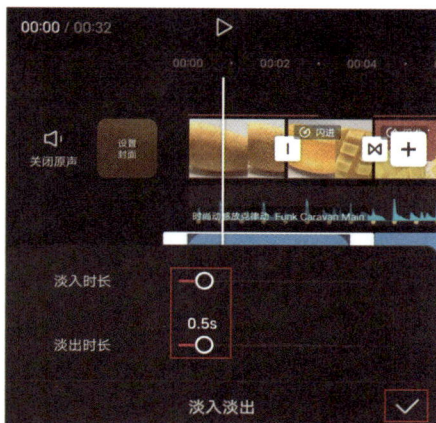

图 7-5

提示：在调整音频时长时记得放大音频轨道至最大，根据时间刻度线上的帧位置进行调整，如图7-6
　　　所示，比如此位置为00:03的24f（帧），代表该处为00:00:03:24。

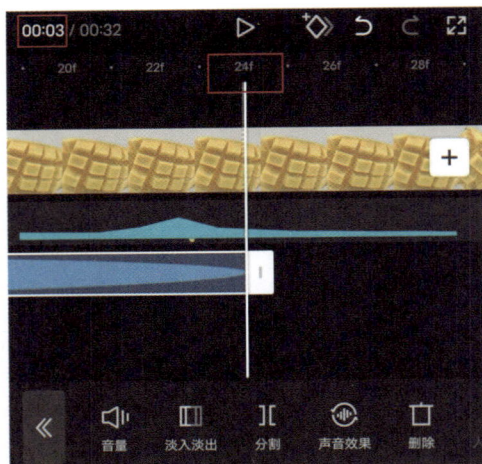

图 7-6

03 根据步骤 01 的方法继续添加音效，具体参考表 7-4。

表 7-4

序号	音效素材	开始和结束	淡入时长	淡出时长	音量
1	水冒泡	00:00:00:00-00:00:03:24	0.5s	0.5s	-4.6dB
2	倒水倒茶声	00:00:04:08-00:00:08:18		0.7s	0.0dB
3	物体落入水中的声音	00:00:08:18-00:00:08:18			0.0dB
4	石屑掉落	00:00:10:08-00:00:12:16		0.4s	0.0dB
5	唰	00:00:13:04-00:00:13:18			0.0dB
6	煮汤沸腾声	00:00:15:18-00:00:18:16		0.5s	0.0dB
7	倒水声	00:00:18:02-00:00:13:13	0.5s	0.4s	0.0dB
8	哗	00:00:20:02-00:00:20:20			0.0dB
9	搅拌声音效	00:00:20:10-00:00:21:10			0.0dB
10	Woosh stutter	00:00:23:22-00:00:26:08			0.0dB
11	倒咖啡倒水的声音	00:00:25:22-00:00:28:14		0.3s	0.0dB
12	旋风	00:00:28:16-00:00:29:24			0.0dB

7.1.4 字幕处理

字幕是为了解释和丰富画面内容。在上一小节中，我们已经确定字幕内容时长，本小节将聚焦字幕的排版和字体的设计，效果如图 7-7 所示，下面将介绍具体操作方法。

01 由于剪映 App 在批量添加字幕功能上没有剪映专业版方便，所以回到上一小节编辑界面，点击左上角退出编辑按钮⊠，回到剪映 App 主页界面，如图 7-8 所示。

图 7-7

02 由于剪映会自动将第一次编辑日期作为草稿名称，为了方便日后修改，找到本案例剪辑草稿，点击本案例剪辑草稿右下角按钮┇，在打开的选项框中点击"重命名"按钮🖊，输入本案例名称"7.1 奶茶广告视频"，方便多设备剪辑，如图

7-9 所示。

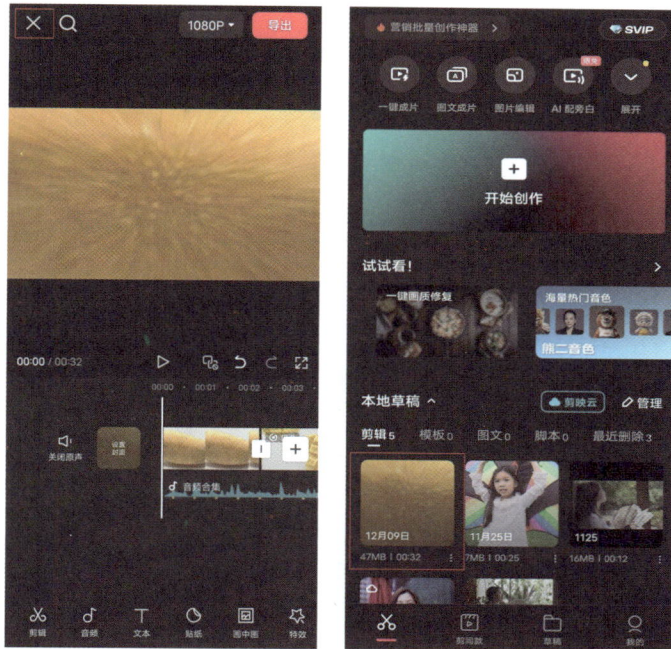

图 7-8

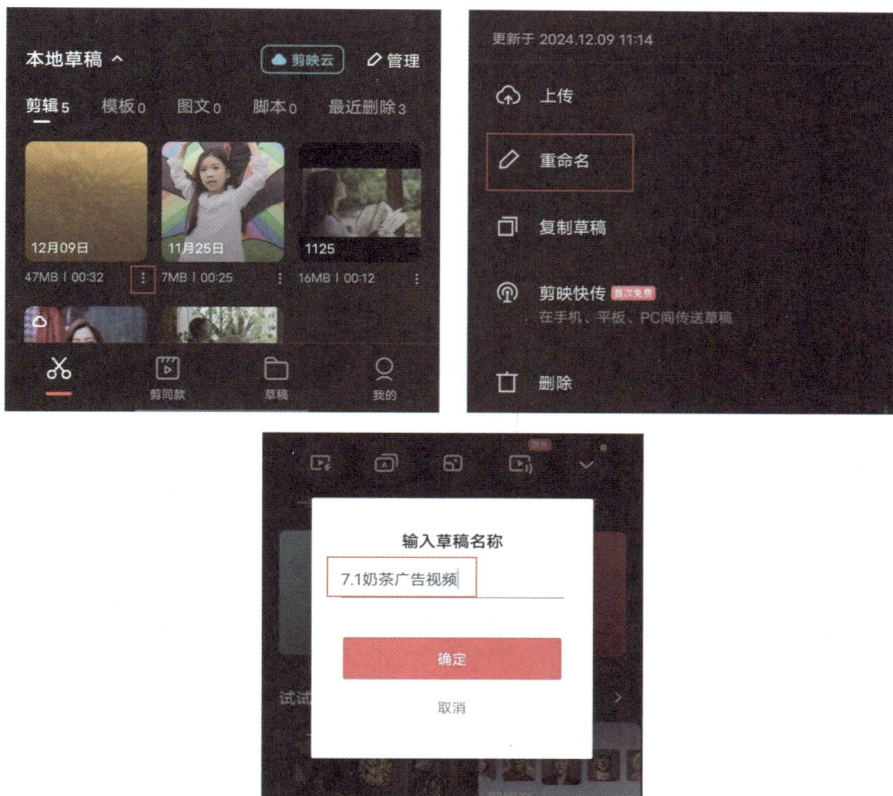

图 7-9

03 然后再点击本案例剪辑草稿"7.1 奶茶广告视频"右下角按钮，在打开的选项框中点击"上传"按钮 ，即可打开"上传至"窗口，选择"我的云空间"，再点击"上传到此"，等待一段时间后，即可上传至剪映云空间，即可在多个设备上剪辑同一项目，如图 7-10 所示。

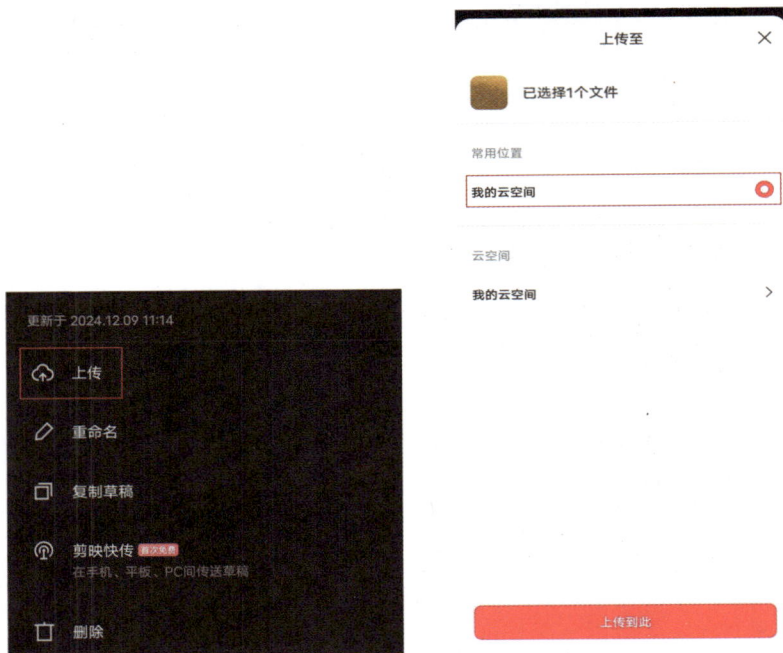

图 7-10

04 在电脑中打开剪映专业版，在首页界面中单击"我的云空间"选项，找到刚刚上传的本案例剪辑草稿"7.1 奶茶广告视频"，单击下载按钮，在弹出的窗口中单击"确定"按钮，即可下载，如图 7-11 所示。

05 等待下载完成后，本案例剪辑草稿会自动添加至首页中。单击"首页"选项，可找到刚刚下载的剪辑草稿"7.1 奶茶广告视频"，如图 7-12 所示，单击即可进入编辑界面，如图 7-13 所示。

06 进入编辑界面后，根据表 7-1 添加第一段字幕素材"MANGO"和"芒之初"，中文素材放置在主轨道上方轨道中，英文素材放置在中文素材轨道上方，如图 7-14 所示。

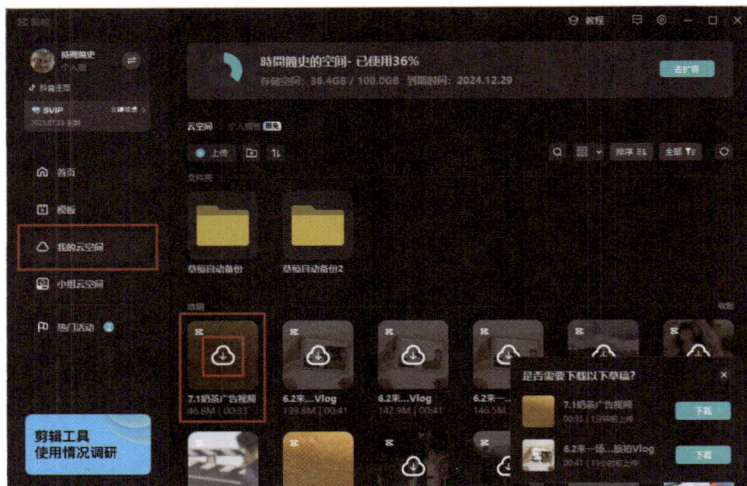

图 7-11

图 7-11（续）

图 7-12

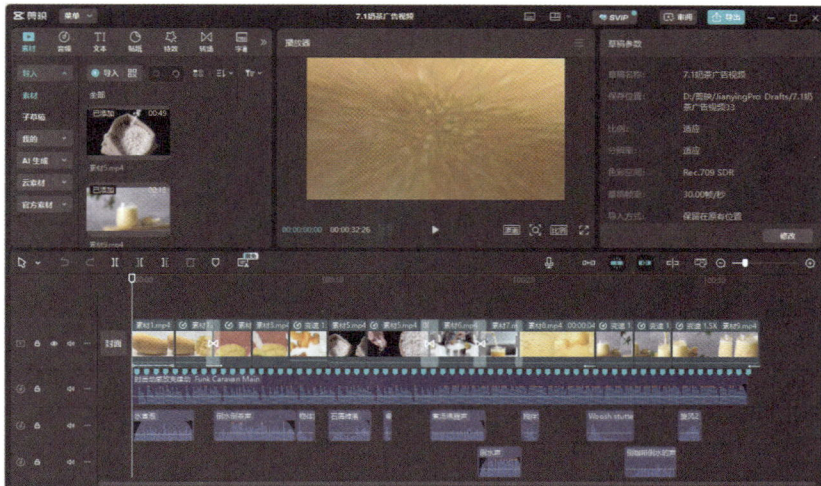

图 7-13

图 7-14

07 "MANGO"字体为"Tactful"，缩放为 70%，位置 Y 为 80；"芒之初"字体为"思源宋体细"，字间距为 –2，位置 Y 为 –111。文字素材具体设置如图 7-15 所示。

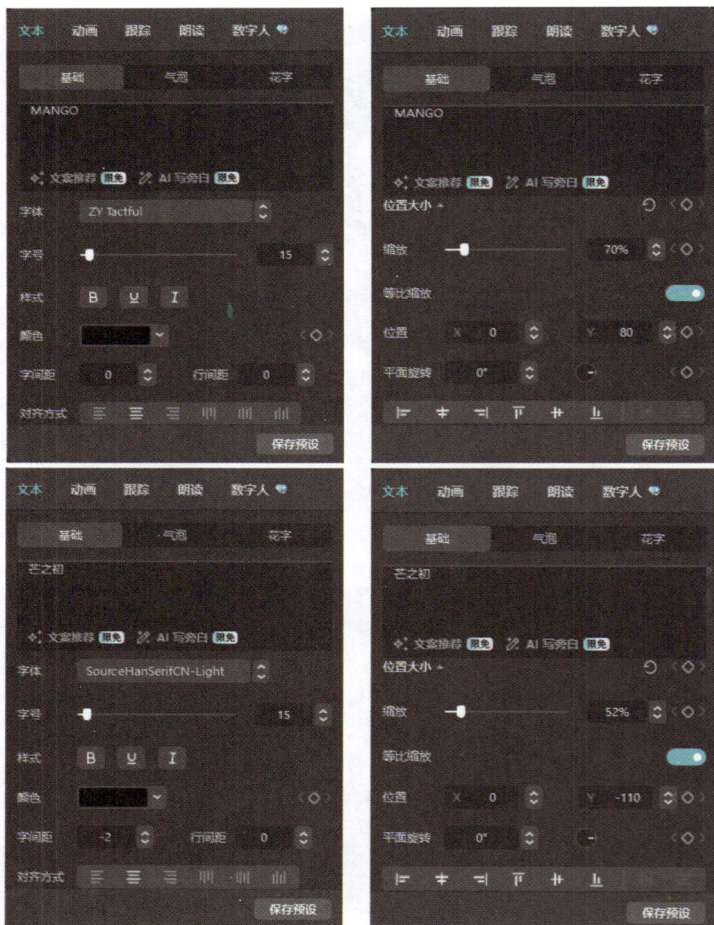

图 7-15

提示：在字体选项栏中选择字体"Tactful"后，在字体显示栏中会自动变为"ZY Tactful"。同样，在字体选项栏中选择字体"思源宋体细"后，在字体显示栏中会自动变为英文"SourceHanSetifCN-Light"。

08　设置完两段文字素材后，根据步骤 07、步骤 06 和表 7-1 添加字幕，中文素材放置在视频主轨道上方轨道，英文放置在中文素材轨道上方轨道，如图 7-16 所示。

图 7-16

提示：由于更改了最后一段"素材9.mp4"的结尾位置，所以最后一段文字素材"SWEET SAGO CREAM with MANGO"和"芒果西米露"，也应该延长至 00:00:32:26 处，时长与视频时长保持一致。

09　选中英文素材"MANGO"，单击鼠标右键执行"复制属性（Ctrl+Shift+C）"命令，再选中剩余所有英文素材，单击鼠标右键执行"粘贴属性（Ctrl+Shift+v）"命令，在弹出的"粘贴属性"窗口中，选中设置好的"基础样式""位置大小"设置，然后单击右下角"粘贴"按钮即可，如图 7-17 所示。

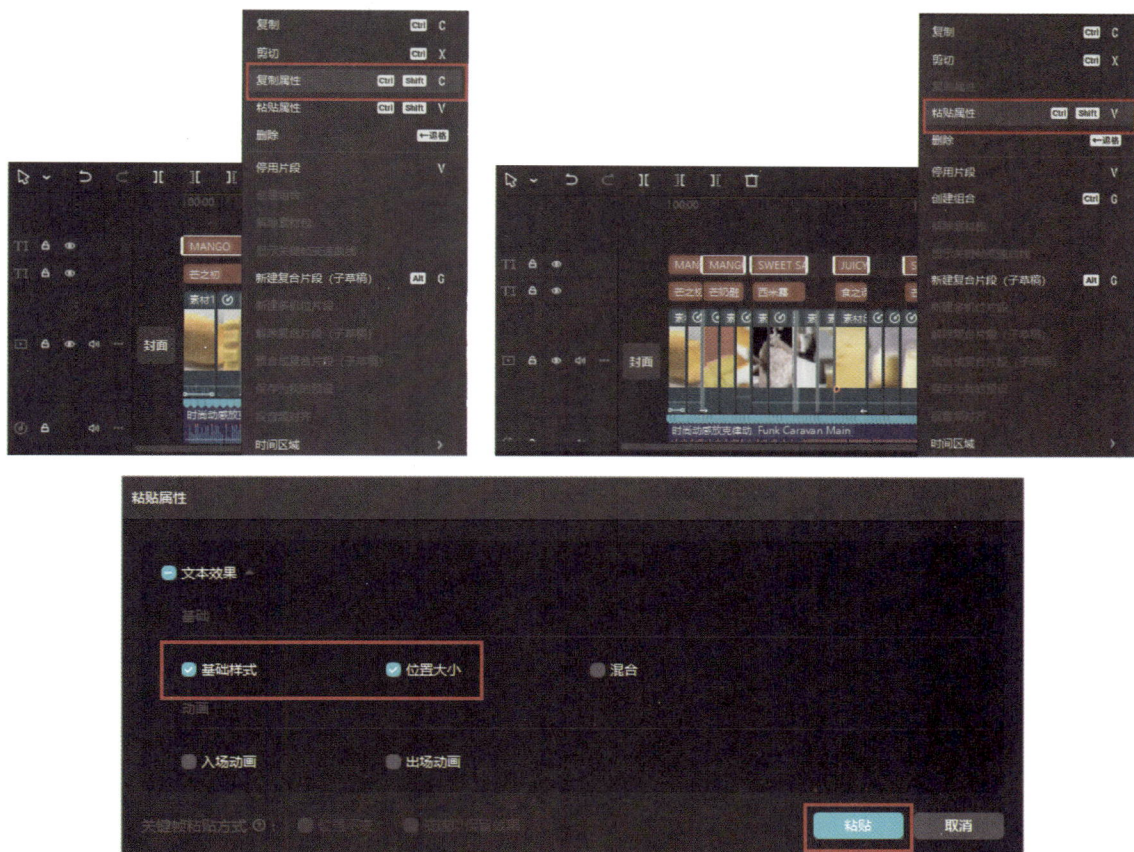

图 7-17

10 通过同样的方法，复制"芒之初"属性，选中剩余中文素材，粘贴设置好的属性即可。

11 完成文字基础设置后，根据表7-5为文字添加动画效果。

表 7-5

序号	文字素材	入场和出场动画	时长
1	MANGO 芒之初	入场：收拢 出场：向左模糊	入场：0.6s 出场：0.5s
2	MANGO with MILK 芒奶融	入场：向右模糊Ⅱ 出场：缩小	入场：0.6s 出场：0.5s
3	SWEET SAGO CREAM 西米露	入场：放大 出场：向下滑动	入场：0.8s 出场：0.5s
4	JUICY and DELICIOUS 食之诱	入场：跃进 出场：展开	入场：0.8s 出场：0.5s
5	SWEET SAGO CREAM with MANGO 芒果西米露	入场：逐字反转 出场：渐隐	入场：0.8s 出场：0.5s

12 完成字幕处理后即可单击右上角"导出"按钮，将本案例最终效果视频导出。

7.2 不容拒绝的时尚单品，制作潮流女包广告

女包市场持续繁荣，女包广告形式日趋多元化。本节案例将借助剪映应用程序，制作一则短视频形式的女包氛围广告，其效果如图7-18所示。接下来将详细阐述该广告的具体制作流程。

7.2.1 搭建视频结构

本节案例从搭建视频结构、进行视频粗剪开始，完成整体视频制作。本节视频为氛围感女包广告视频，制作流程较专业广告更为简洁，主要展示包款外观及品牌风格。请读者参照表7-6内容，在剪映App内导入素材后进行视频粗剪。

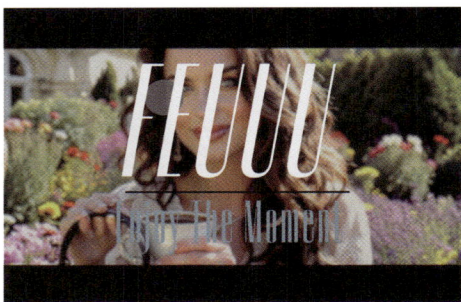

图 7-18

表 7-6

序号	素材	景别	运镜	画面	开始和结束
1	素材 1.mp4	近景	升降	在美丽的花园中，镜头从一位美丽的女士慢慢移动至主要拍摄对象包上	00:00:00:00-00:00:05:02
2	素材 2.mp4	中景	推拉、升降	镜头从包包慢慢移动至正在喝咖啡的女士脸上	00:00:05:02-00:00:10:02
3	素材 3.mp4	中景	环绕	展示包包样式	00:00:10:02-00:00:12:14
4	素材 4.mp4	中景	环绕	包包和人物整体氛围	00:00:12:14-00:00:17:14
5	素材 5.mp4	特写	升降	展示包包细节	00:00:17:14-00:00:22:16
6	素材 6.mp4	中景	推拉、放大	镜头从包包慢慢拉大到花园整体环境	00:00:22:16-00:00:27:18
7	素材 7.mp4	中景	跟随	女士拿着包包	00:00:27:18-00:00:32:09

提示：本节案例素材视频由AI生成。但万变不离其宗，读者主要需要学习其中要点，在自行制作时，掌握如何拍摄与剪辑。

7.2.2　添加转场特效动画效果让视频更丰富

　　只是进行素材拼接会显得视频特别空洞和生硬，我们可以通过添加转场特效、动画效果丰富视频画面内容。本小节将对本案例视频添加多个转场，例如"闪白""叠化转场"；添加多个特效，例如"胶片Ⅳ""电影感画幅"；还将添加滤镜，例如"闻香识人"，效果如图 7-19 所示。下面将介绍具体操作方法。

图 7-19

01　回到上一小节视频编辑界面，将时间指示器移动至"素材 1.mp4"和"素材 2.mp4"交点位置，点击添加转场的白色方块 ，进入转场添加选项框，在其中找到并添加"闪黑"转场，时长为 1.0s，如图 7-20 所示。

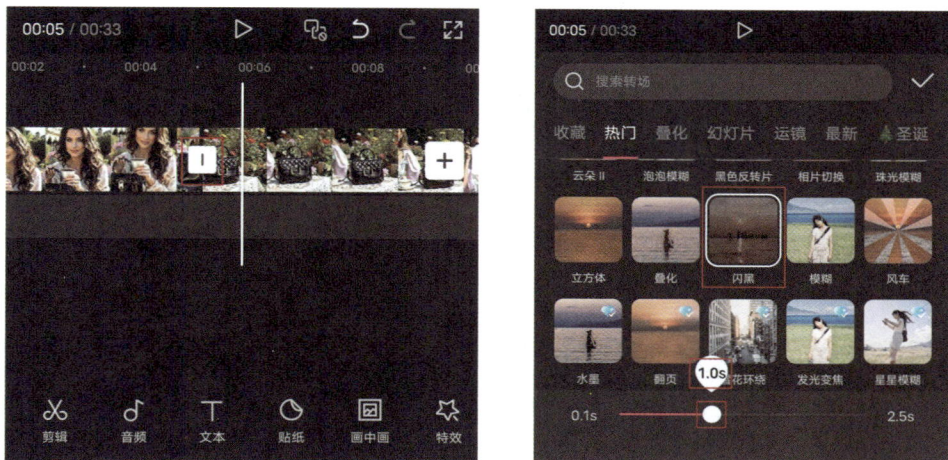

图 7-20

02　按照同样的方法，在"素材 3.mp4"和"素材 4.mp4"交点位置，添加"叠化"转场，时长为 0.5s，如图 7-21 所示；在"素材 5.mp4"和"素材 6.mp4"交点位置，添加"闪白"转场，时长为 1.0s，如图 7-22 所示。

图 7-21

图 7-22

03　添加转场效果后，添加特效效果。将时间指示器移动至"素材 2.mp4"开始的位置，在不选中任何素材的状态下，点击"特效"按钮 ⭐，进入二级工具栏，点击"画面特效"按钮 🖼，如图 7-23 所示。

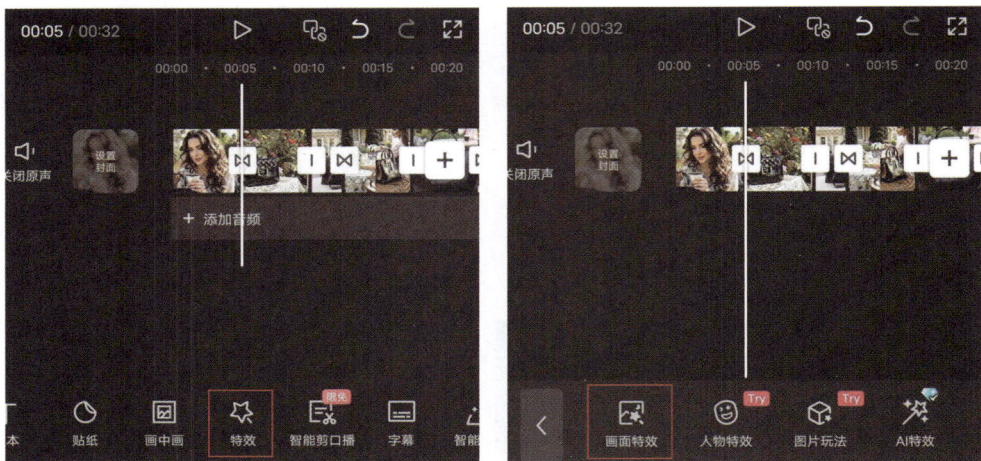

图 7-23

04 进入画面特效选项框，搜索并添加"电影感画幅"特效，然后在特效轨道中将开头与"素材 2.mp4"开头对齐，结尾与"素材 7.mp4"结尾对齐，在选中"电影感画幅"特效的状态下，点击"作用对象"按钮 ⬭，将该特效作用对象更改为"主视频"，如图 7-24 所示。

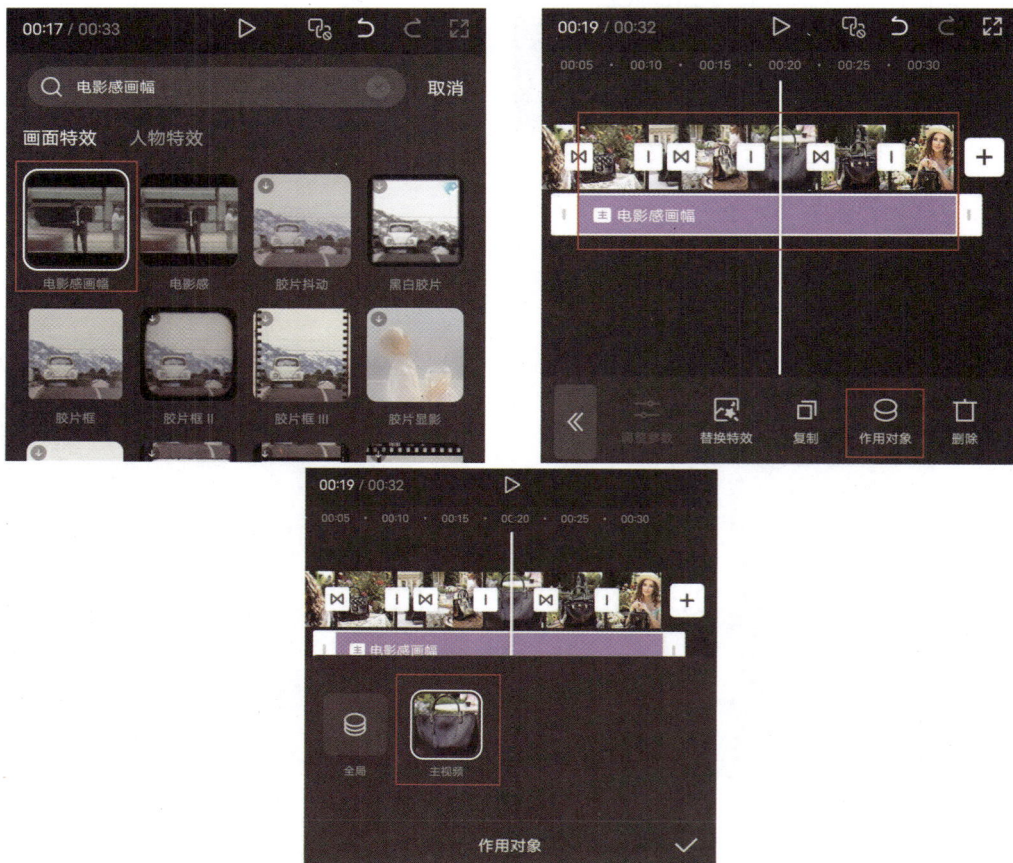

图 7-24

05　按照同样的方法，依次添加"胶片Ⅳ"和"胶片框"特效，不更改任何数值，两个特效时长一致，开头为"素材 4.mp4"的开头，结尾为"素材 5.mp4"的结尾，作用对象均为"主视频"，如图 7-25 所示。

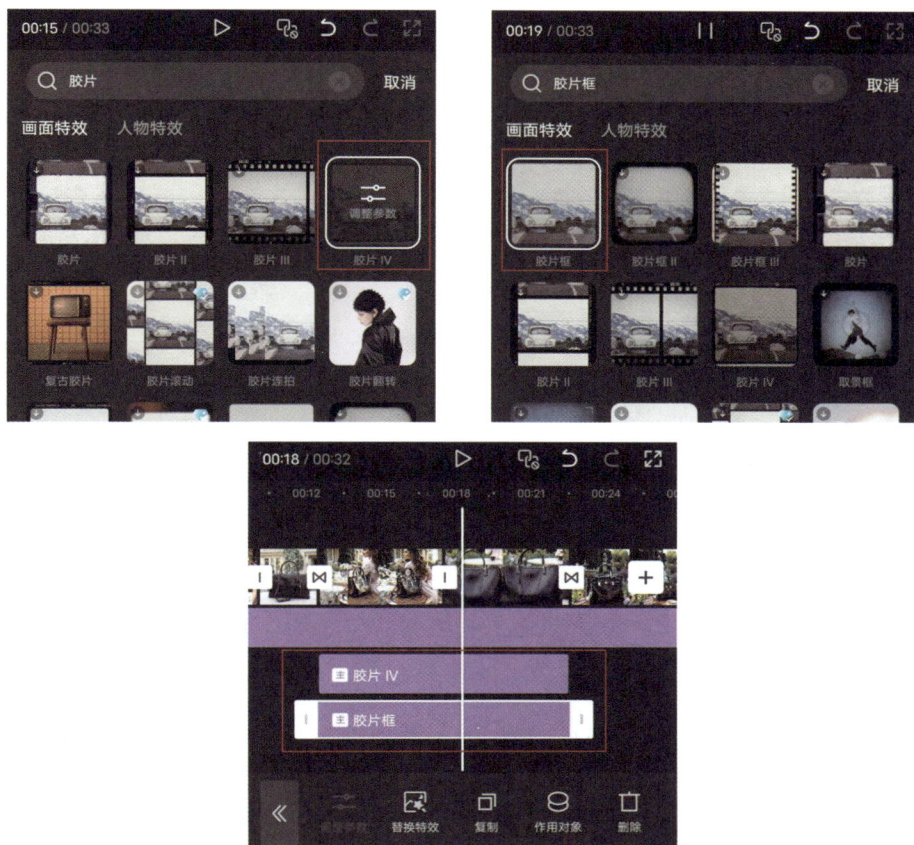

图 7-25

06　将时间指示器移动至开始的位置，在此处添加特效"模糊"，如图 7-26 所示，然后选中添加的"模糊"特效，确保开始位置位于 00:00，将其结尾延长至 00:02 的位置，如图 7-27 所示。

图 7-26

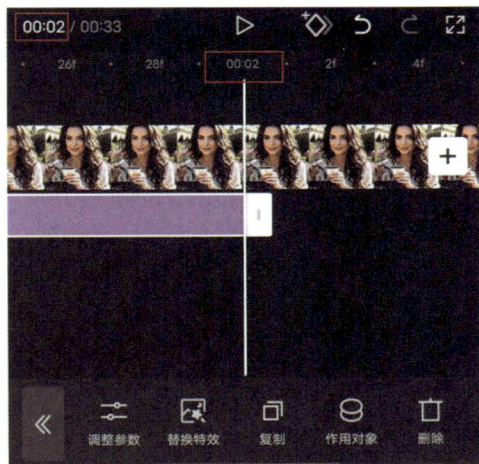

图 7-27

07 再选中"模糊"特效,将时间指示器移动至00:00:01:02(1s 第 2 帧位置),在此处点击关键帧添加按钮◇,"模糊"数值维持默认设置不变,如图 7-28 所示;再将时间指示器移动至00:00:01:22 的位置(1s 第 22 帧位置),点击关键帧添加按钮◇,将"模糊"数值调整为 0,如图 7-29 所示。

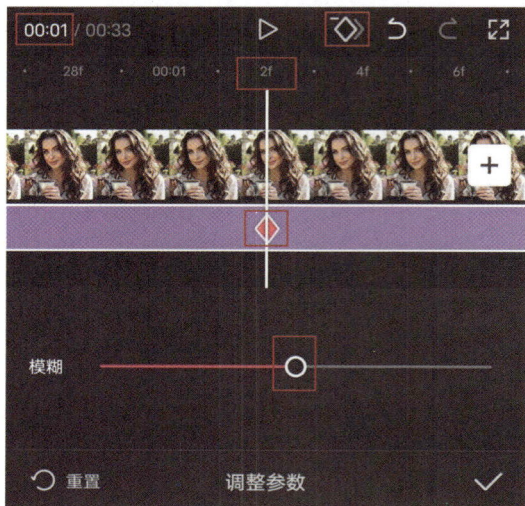
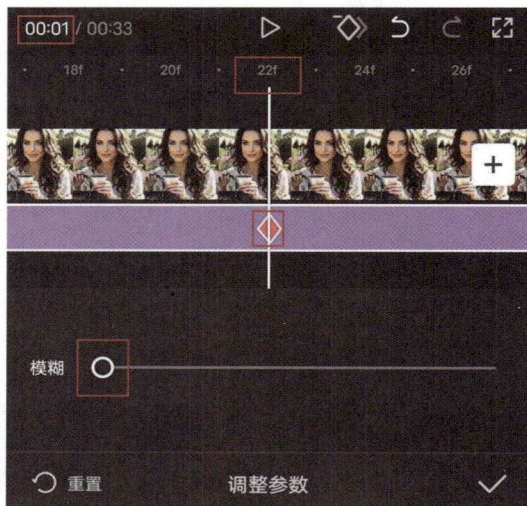

图 7-28　　　　　　　　　　　　　　　图 7-29

08 完成上述操作后,将时间指示器移动至开始位置,再添加特效"电影感"制作一个电影框出现的效果,时长与"素材 1.mp4"对齐,如图 7-30 所示。

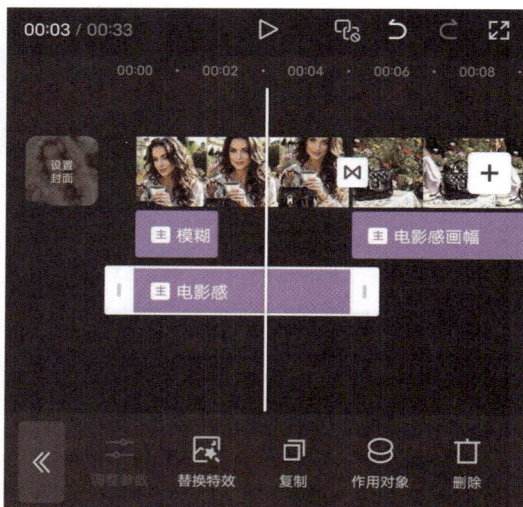

图 7-30

09 完成上述操作后,退出特效编辑界面,在未选中任何素材的状态下,点击"滤镜"按钮⊗,进入二级工具栏,点击"新增滤镜"按钮⊗,进入滤镜添加选项框,选择并添加滤镜"闻香识人",强度为 85,如图 7-31 所示。

10 使用上述方法添加滤镜"迈阿密",强度为 50,如图 7-32 所示。

11 添加完特效后,调整滤镜时长。将滤镜"闻香识人"时长与视频时长对齐,将滤镜"迈阿密"时长与"素材 4.mp4""素材 5.mp4"对齐,如图 7-33 所示。

12 选中滤镜"迈阿密"，点击"层级"按钮，在"层级"选项框中，将滤镜"迈阿密"置底，如图 7-34 所示。

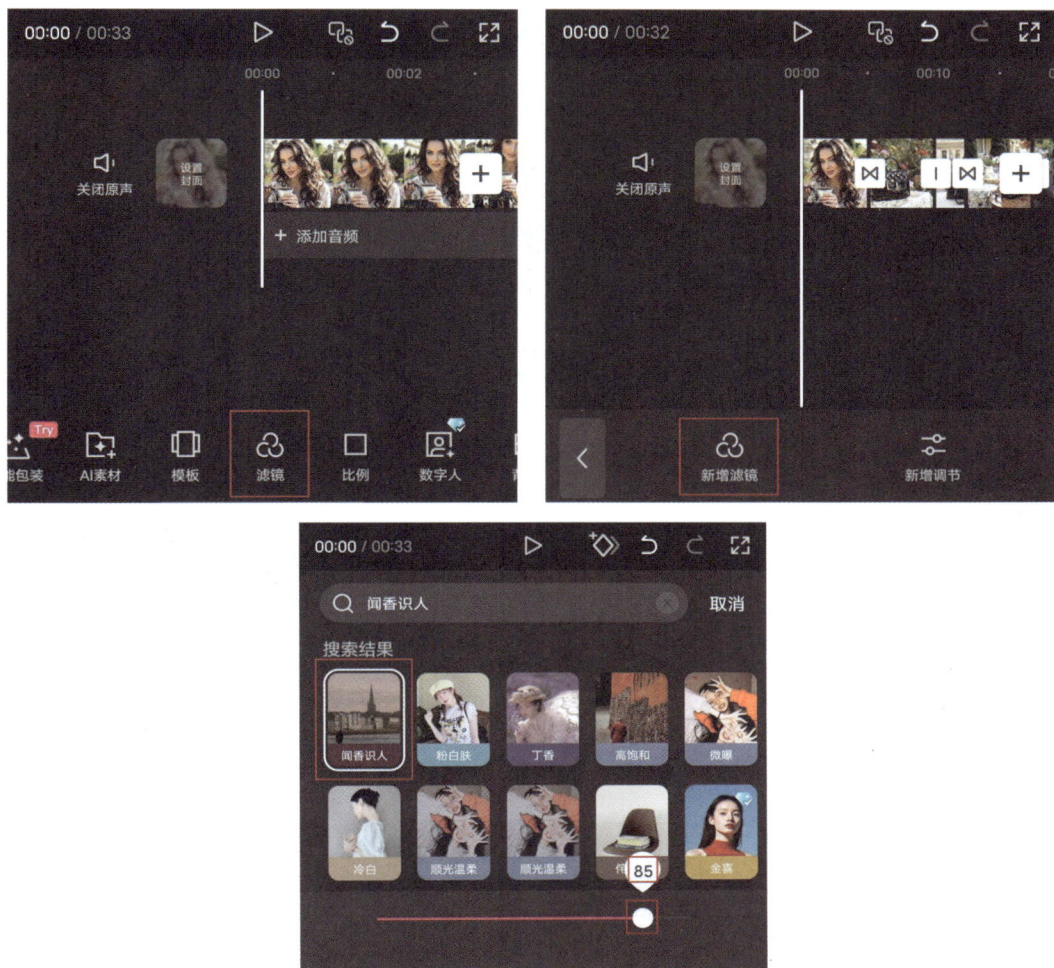

图 7-31

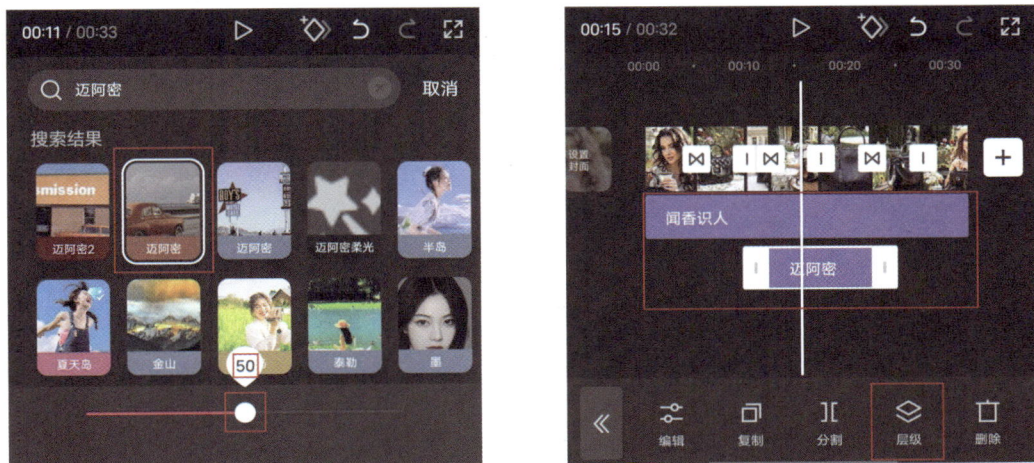

图 7-32　　　　　　　　　　　　　　图 7-33

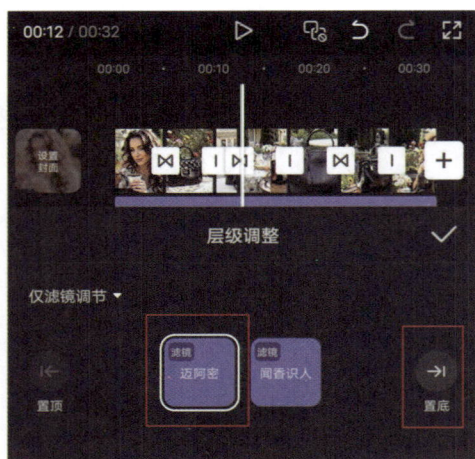

图 7-34

7.2.3 标题制作

在女包广告视频中，除了展示包，更重要的是将包的品牌名称展示出来。本节案例视频将在开头和结尾添加标题，以此强调包的品牌，如图 7-35 所示，下面将介绍具体操作方法。

01 添加完滤镜后，在未选中任何素材的状态下，点击"文本"按钮 T，在二级工具栏中找到"文字模板"按钮 A，如图 7-36 所示。

图 7-35

图 7-36

02 进入"文字模板"选项框，在选项栏中选择"简约"，在"简约"选项中选择一个合适的模板"ENJOY"，如图 7-37 所示。

03 首先，在文本框中将"ENJOY"更改为包包的品牌名"FEUUU"，然后点击"字体"选项，在"字体"选项框中点击"英文"选项，更改字体为"Harmony"，如图 7-38 所示。

04 再点击"样式"选项，在其中点击"文本"选项，将文本颜色更改为白色，如图 7-39 所示，其余设置维持默认不变。

05 点击文本框的文字切换按钮 ⇅，将其切换至"The Moment"，将"The Moment"更改为"Enjoy The Moment"，点击"字体"|"英文"选项，字体设为"Harmony"，如图 7-40 所示。

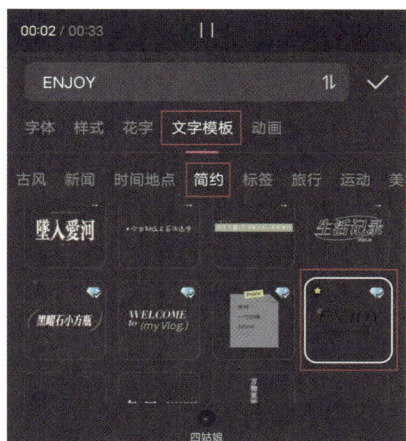

图 7-37

图 7-38

图 7-39

图 7-40

06　打开"样式"选项框，点击"颜色"按钮，即可随意更改字体颜色，在颜色更改窗口中移动滑块，将"Enjoy The Moment"字体颜色更改为浅蓝色，如图 7-41 所示。

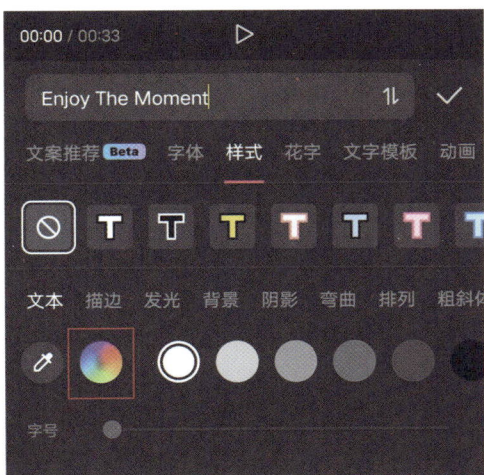

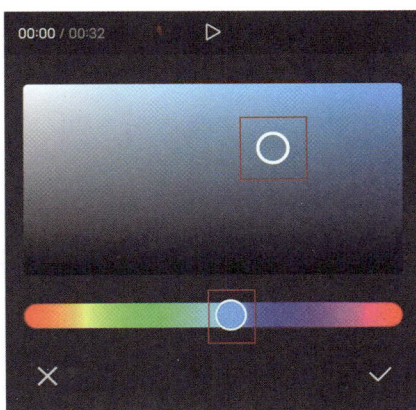

图 7-41

07　完成上述操作后，调整该处标题时长，开始为 00:00:00:00，结尾为 00:00:02:24（第 2s 第 24 帧）。

08 完成开头标题制作后，选中开头标题，在下方工具栏中点击"复制"按钮 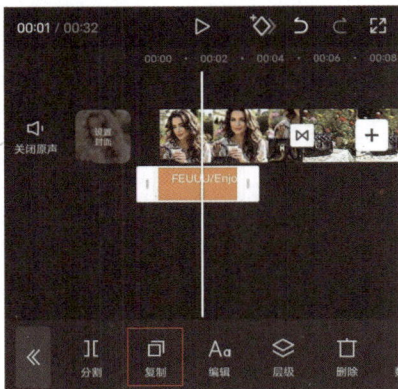，如图 7-42 所示。

09 将开头标题移动至视频结尾处，开始位置为"素材 7.mp4"开头位置，结尾为 00:00:33:12（第 33s 第 12 帧）的位置，如图 7-43 所示。

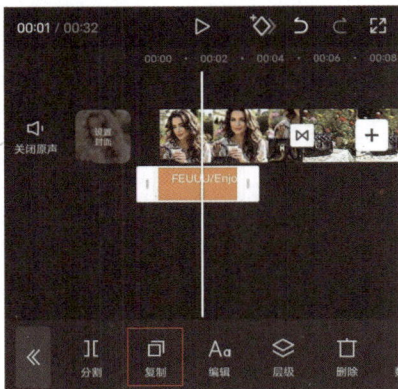
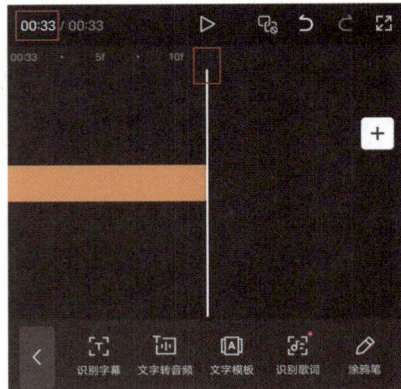

图 7-42　　　　　　　　　　　图 7-43

10 选中结尾处的标题，点击"打散"按钮 ，即可将本来结合在一起的文字模板拆开，如图 7-44 所示。

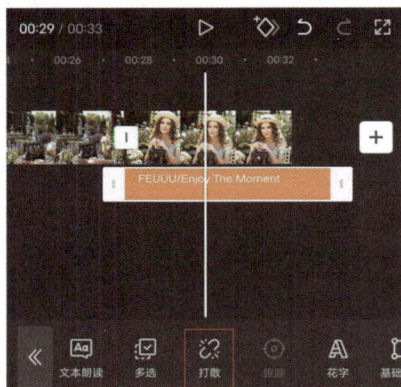

图 7-44

11 分别选中拆开后的文本素材"FEUUU"和"Enjoy The Moment"，点击"动画"按钮 ，均选择入场动画"渐显"，时长为 1.0s，如图 7-45 所示。

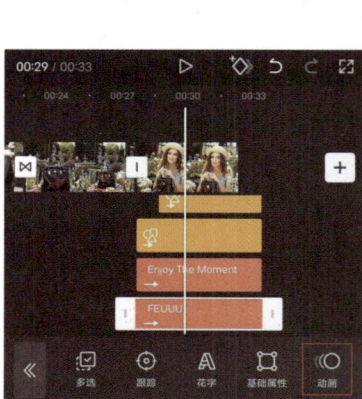

图 7-45

12　由于贴纸均默认动画为"渐显"，所以不用进行任何设置。

7.2.4　添加音乐

完成所有画面制作工作后，最后一步则是添加合适的音乐，完成整体氛围的最后一块拼图。本节案例将配合视频添加一首舒缓的音乐。下面将介绍具体操作方法。

01　完成标题制作后，在未选中任何素材的状态下，点击"音频"按钮，再点击"音乐"按钮，进入音乐素材库，如图 7-46 所示。

02　在"音乐"素材库中，点击下方选项栏中"导入"选项，再点击"本地音乐"按钮，如图 7-47 所示。

图 7-46

03　在"本地音乐"中找到提前准备好的音乐素材"Fashion Frenzy.mp3"，如图 7-48 所示，并点击"使用"按钮，即可将该音乐素材添加至音频轨道中。

04　将音乐素材"Fashion Frenzy.mp3"添加至音频轨道后，将时间指示器移动至 00:00:33:12（第 33s 第 12 帧）的位置，选中音乐素材"Fashion Frenzy.mp3"，并点击"分割"按钮 ，选中分割的后一段音乐素材，再点击"删除"按钮 ，如图 7-49 所示。

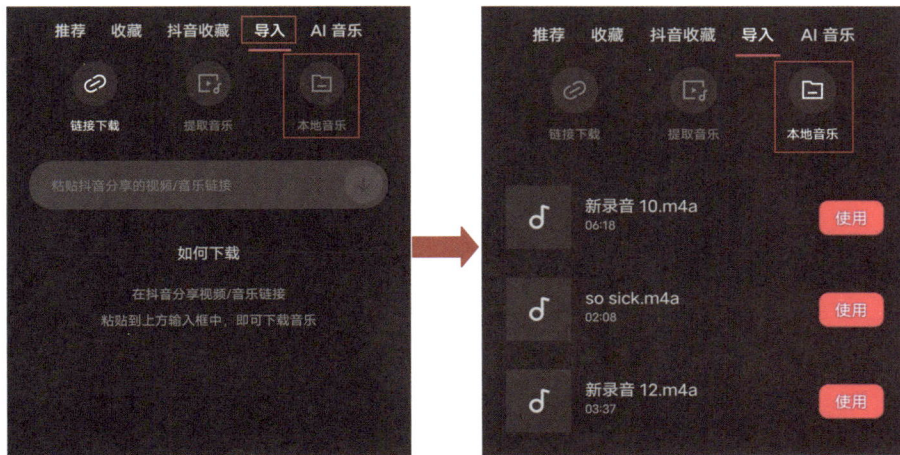

图 7-47

图 7-48

05 再选中音乐素材"Fashion Frenzy.mp3"，点击"淡入淡出"按钮 ，将"淡出"时长更改为1.1s，如图7-50所示。

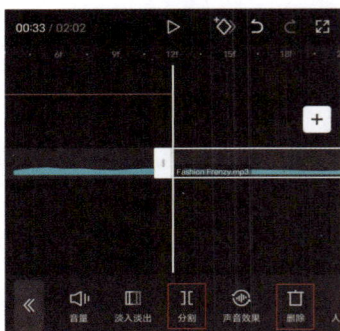
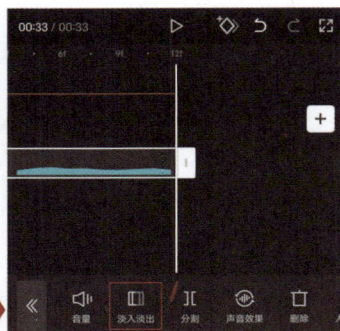
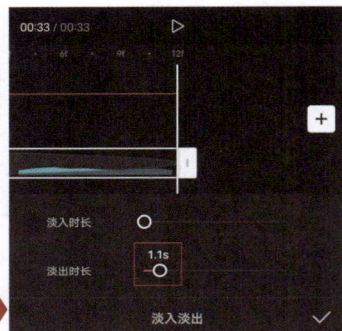

图 7-49   图 7-50

06 完成上述所有操作后，即可点击右上角"导出"按钮，将视频保存至相册。

08

第8章
综艺感短片剪辑实操，
教你轻松抓住观众的眼球

本章导读

　　本章将介绍如何运用专业技能打造趣味性强、吸引力高的综艺短片。通过典型案例分析，系统拆解剪辑流程，包括素材筛选、结构搭建、高光片段提取及片头片尾创新设计等环节，旨在激发观众观看兴趣，有效传递视频背后的故事与情感。

8.1　感受美食带来的诱惑，制作美食综艺宣传片

　　美食综艺宣传片旨在推广宣传美食综艺类节目，通常会选取综艺节目的精彩片段、独特亮点以及最吸引人的元素，如美食展示、嘉宾互动、节目场景等，经过精心剪辑和包装，传达出美食综艺的主题、风格和看点。在宣传片中我们可以交代地点、美食、人物，或者讲故事，讲述一个地方的美食文化风土人情，最主要的是为观众带来视觉和听觉的双重享受，吸引观众的注意力。本节案例将制作关于新疆喀什的美食宣传片，将分为开头、正片、结尾部分进行制作，效果如图8-1所示，下面将介绍操作要点。

8.1.1　制作美食宣传片开头

　　本案例在开头将根据背景音乐，进行卡点剪辑，通过地点景色图引出本综艺目的地点，制作悬念。十分简单，效果如图8-2所示，下面将介绍具体操作方法。

图 8-1

图 8-2

01　打开剪映专业版首页，在主界面单击"开始创作"按钮 ➕，进入素材添加界面，按照顺序在素材区添加本案例素材。在常用功能区中单击"音频"按钮 ⊙，在"音乐库"选项中的文本框中搜索并找到关于美食的背景音乐，单击右下角添加按钮 ➕，如图8-3所示，将其添加至时间线音频轨道中。

02　添加音乐素材至时间线音频轨道中后，选中该音乐素材，在常用功能区中单击"添加标记（M）"按钮 ▽，选择"踩节拍Ⅱ"，即可自动添加节拍点，如图8-4所示。

图 8-3

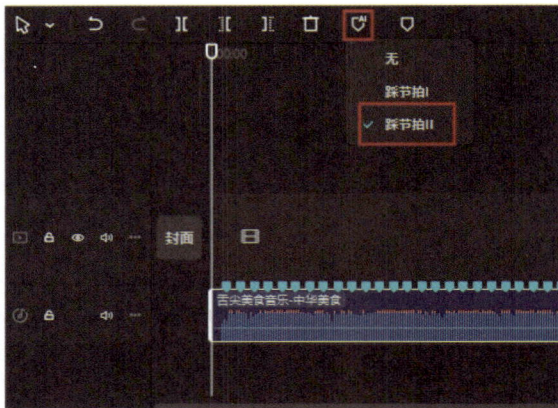
图 8-4

03　添加节拍点后，根据节拍点剪辑开头素材，如表8-1所示。

表 8-1

序号	素材	画面	开始标记点	开始和结束
1	素材 1.mp4	喀什风景		00:00:00:00-00:00:02:01
2	素材 2.mp4	喀什风景	标记 03	00:00:02:01-00:00:03:11
3	素材 3.mp4	喀什特色物件	标记 05	00:00:03:11-00:00:04:21
4	素材 4.mp4	喀什古城门口人来人往	标记 07	00:00:04:21-00:00:06:01
5	素材 5.mp4	喀什古城门口当地人在跳舞迎接远方的客人	标记 09	00:00:06:01-00:00:08:00
6	素材 6.mp4	本期美食推荐官畅游喀什古城	标记 12	00:00:08:00-00:00:11:02

04　根据表 8-1 完成视频剪辑后，将时间指示器移动至 00:00:00:10 的位置，在音乐正式开始的位置添加字幕"新疆·喀什"，字体为"造字侠今朝醉简"，颜色为白色，缩放为 122%，将文字放置在画面正中间位置，为了让文字更立体，勾选"阴影"选项，具体设置数值如图 8-5 所示。

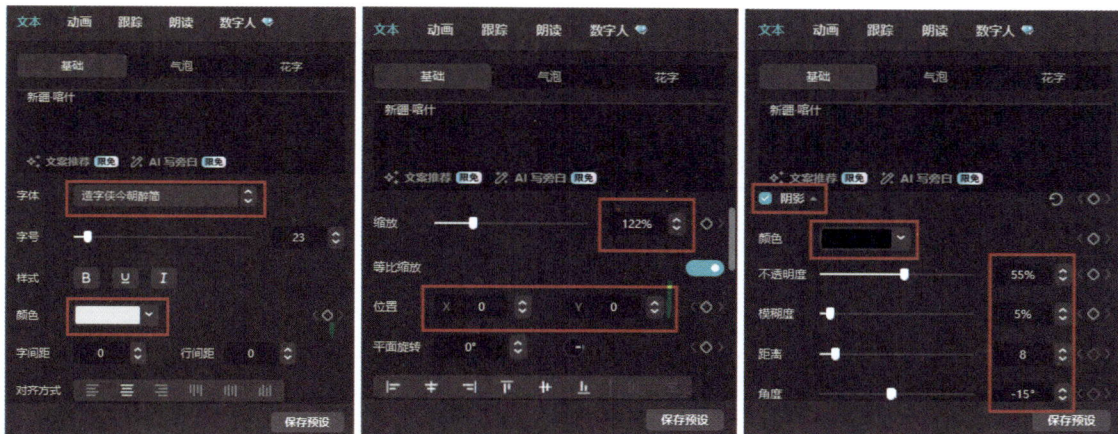

图 8-5

05　完成文字基础设置后，单击"动画"选项，选择入场动画"滚入"，时长为 0.4s，出场动画"渐隐"，时长为 0.5s，如图 8-6 所示。

图 8-6

8.1.2　搭建正片结构

完成简单的片头制作后，开始进行正片内容剪辑。正片主要是将美食综艺正片内容的特点和精彩的地方剪辑出来，或者在宣传片中点明主题，介绍当地美食风景特色。本案例宣传片主要展示喀什特色美食和喀什古城热闹的场景，读者需要根据表8-2中内容在时间线上进行素材粗剪拼接。

表8-2

序号	素材	景别	运镜	画面	开始和结束
1	素材 7.mp4（变速：1.5×）	近景	左移	喀什古城中小商贩卖着特色美食	00:00:11:02-00:00:14:02
2	素材 8.mp4	特写	固定	刚出炉的烤羊肉	00:00:14:02-00:00:16:03
3	素材 9.mp4（变速：1.3×）	近景	环绕	烤羊腿	00:00:16:03-00:00:19:03
4	素材 10.mp4	特写	固定	串羊肉串	00:00:19:03-00:00:22:01
5	素材 11.mp4	特写	固定	向烤好的羊肉串上撒辣椒面	00:00:22:01-00:00:24:23
6	素材 12.mp4（变速：1.4×）	大特写	手持	烤羊肉串时将调料抖均匀的场景	00:00:24:23-00:00:28:01
7	素材 13.mp4（变速：2.0×）	近景	跟随	制作馕	00:00:28:01-00:00:29:28
8	素材 13.mp4	近景	跟随	将刚烤好的馕拿出来	00:00:29:28-00:00:32:20
9	素材 14.mp4	特写	跟随	将烤好的馕分装	00:00:32:20-00:00:35:28
10	素材 15.mp4	空镜	右移	喀什古城街道上的场景	00:00:35:28-00:00:38:18
11	素材 16.mp4（变速：1.1×）	中景	手持	人们在演奏	00:00:38:18-00:00:41:06
12	素材 17.mp4	空镜	航拍，环绕	拍摄喀什全城景色	00:00:41:06-00:00:44:02
13	素材 18.mp4（变速：1.5×）	中景	俯拍，左移	美食推荐官在喀什古城	00:00:44:02-00:00:46:22
14	素材 19.mp4（变速：1.4×）	全景	手持	在玩乐的小孩	00:00:46:22-00:00:49:01
15	素材 20.mp4	近景	固定	烤羊肉串	00:00:49:01-00:00:51:20

8.1.3　制作有趣的翻页结尾

在宣传片的结尾，我们可以直接点出美食综艺的名字和播出日期。为配合本节案例"素材20.mp4"结尾处背景音乐节奏，将在结尾制作一个快速翻页的效果，通过多个画面快速展现综艺亮点，激发观众的好奇心，效果如图8-7所示。

图8-7

01　在剪辑正片内容完成后，按照顺序将"素材21.mp4"至"素材30.mp4"添加在"素材20.mp4"后方，根据表8-3进行裁剪。

表8-3

序号	视频素材	开始和结束
1	素材 21.mp4	00:00:51:20-00:00:51:25
2	素材 22.mp4	00:00:51:25-00:00:52:00

续表

序号	视频素材	开始和结束
3	素材 23.mp4	00:00:52:00-00:00:52:05
4	素材 24.mp4	00:00:52:05-00:00:52:10
5	素材 25.mp4	00:00:52:10-00:00:52:20
6	素材 26.mp4	00:00:52:20-00:00:52:25
7	素材 27.mp4	00:00:52:25-00:00:53:00
8	素材 28.mp4	00:00:53:00-00:00:53:05
9	素材 29.mp4	00:00:53:05-00:00:53:10
10	素材 30.mp4	00:00:53:10-00:00:53:23

02　完成上述剪辑后，选中"素材 22.mp4"至"素材 30.mp4"，长按鼠标左键和 Alt 键，将复制的"素材 22.mp4"至"素材 30.mp4"移动至上方轨道，并将"素材 22.mp4"与"素材 21.mp4"对齐，如图 8-8 所示。

图 8-8

提示：在进行步骤02时一定要打开主轨吸磁 ，这样在将"素材22.mp4"至"素材30.mp4"复制到上方轨道时，主轨道素材才不会乱。

03　然后在复制"素材 30.mp4"的后方添加"素材 31.mp4"，如图 8-9 所示。

04　为上方视频轨道的复制"素材 22.mp4"至"素材 30.mp4"和"素材 31.mp4"均添加入场动画"向下滑动"，时长均为 0.2s，如图 8-10 所示。

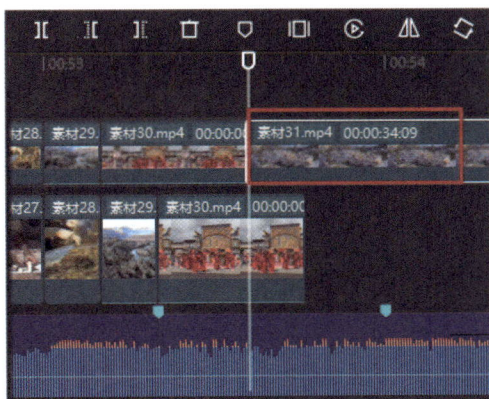

图 8-9

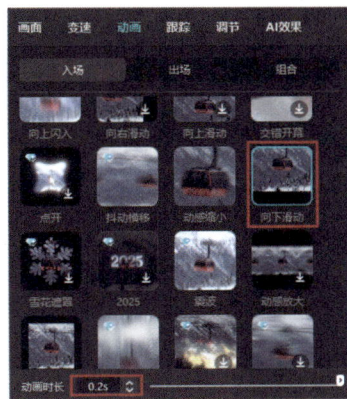

图 8-10

05 将时间指示器移动至 00:00:55:23 的位置，选中此处时间线中所有素材（"素材 31.mp4"和背景音乐素材），单击工具栏中"向右裁剪（W）"按钮 ⟩|，将此处作为视频的结尾点，如图 8-11 所示。

图 8-11

06 选中"素材 31.mp4"，在素材调整区中单击"动画"|"出场"选项，选择"渐隐"出场动画，时长为 0.5s，如图 8-12 所示。

07 再选中背景音乐素材，在素材调整区中将"淡出时长"更改为 1.8s，如图 8-13 所示。

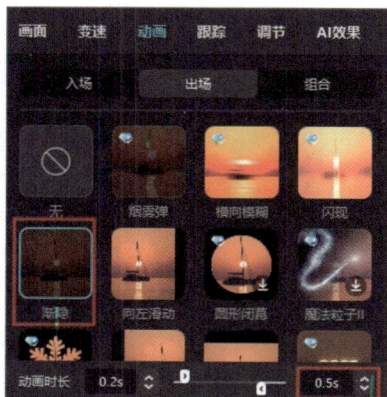

图 8-12

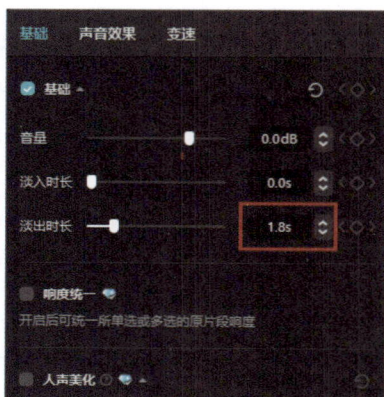

图 8-13

08　将时间指示器移动至 00:00:51:20 的位置，在常用功能区中单击"文本"按钮**TI**，在选项栏中单击"文字模板"|"美食"选项，选择如图 8-14 所示文字模板，将其添加至时间线轨道中。

09　在素材调整区的"文本"|"基础"选项中，更改文字内容为美食综艺标题"小城寻味"，不更改具体文字设置，如图 8-15 所示。

10　然后调整整体文字大小和位置，具体如图 8-16 所示。

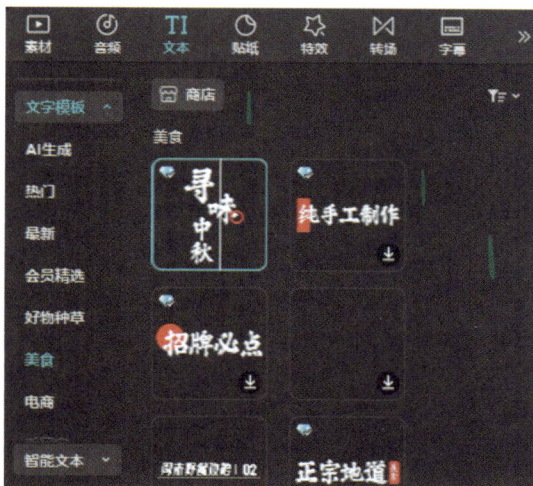

图 8-14

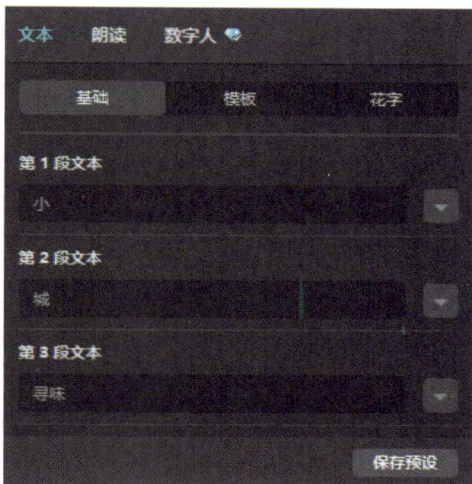

图 8-15

11　为了方便后续更改，将标题"小城寻味"结尾处延长至超过"素材 31.mp4"的位置，由于标题"小城寻味"没有出场动画设置，将文字模板打散一个一个调整又过于烦琐。选中标题"小城寻味"，单击右键执行"新建复合片段（子草稿）（Alt+G）"命令，将自动生成"复合片段 1"，如图 8-17 所示。

12　根据"素材 31.mp4"的出场动画和背景音乐的"淡出时长"，反复尝试和观察，确定"复合片段 1"动画时长。然后将时间指示器移动至 00:00:56:02 的位置，选中"复合片段 1"，单击"向右裁剪"按钮**]I**，将多余的片段删除。

13　继续选中"复合片段 1"，在素材调整区中，单击"动画"|"出场"选项，选择"渐隐"出场动画，时长为 0.7s，如图 8-18 所示。

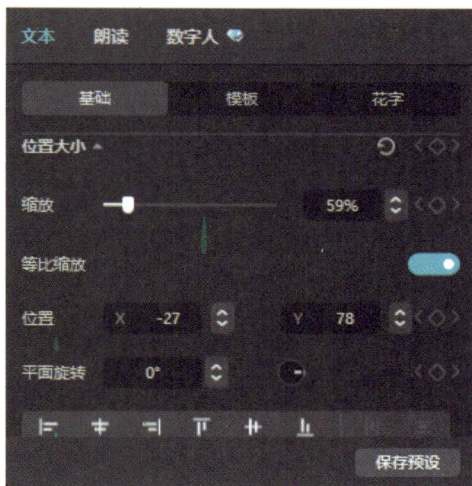

图 8-16

14　制作好了标题文字后，制作综艺播出时间字幕。将时间指示器移动至 00:00:53:23 的位置，在此处添加新建文本"7 月 20 日起 每周 6 中午 12 点 敬请期待"，结尾时间为 00:00:55:23。"7 月 20 日起"和"每周 6 中午 12 点"中间有空格，"敬请期待"另起一行，字体为"字语嘟嘟体"，对齐方式为"左对齐"，颜色为白色偏浅，在画面中将文本放置在标题右侧偏下的位置，具体排版设置如图 8-19 所示。

15　为了突出时间，在文本编辑框中选中数字"7"，将字号更改为 18，如图 8-20 所示；选中数字"20"，将字号更改为 25，如图 8-21 所示；选中数字"6"，将字号更改为 24，如图 8-22 所示；选中数字"12"，将字号更改为 19，如图 8-23 所示。

16　然后在文本框中没有选中任何文字或数字的情况下选择"阴影"，颜色为黑色，不透明度为 89%，模糊度为 8%，距离为 8，角度为 –26°，如图 8-24 所示。

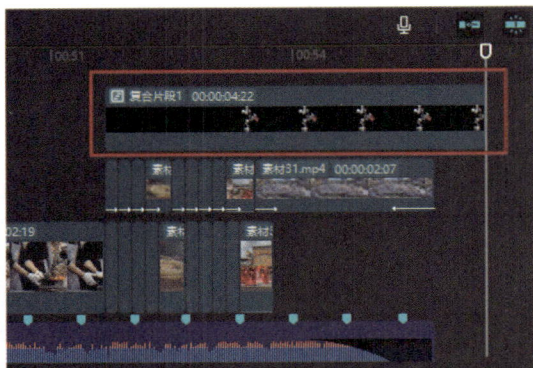

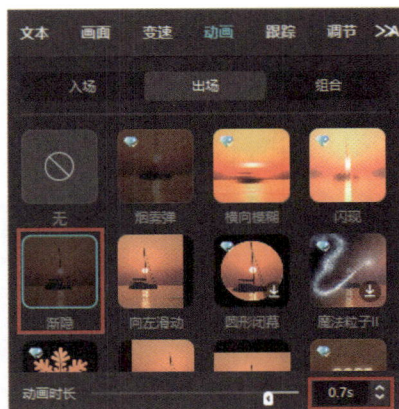

图 8-17

图 8-18

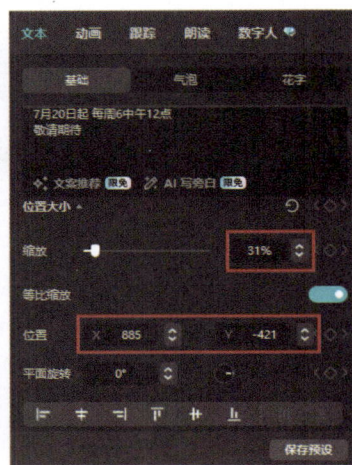

图 8-19

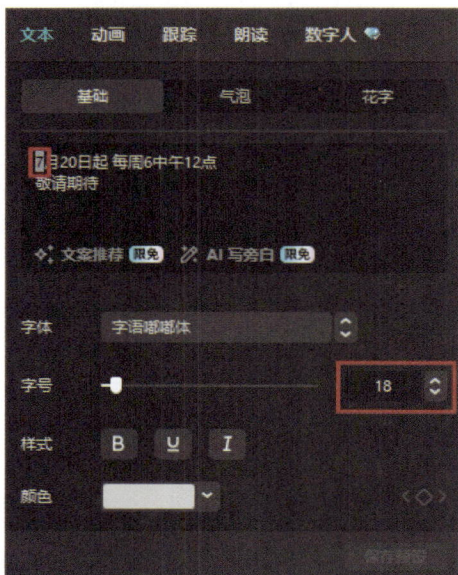

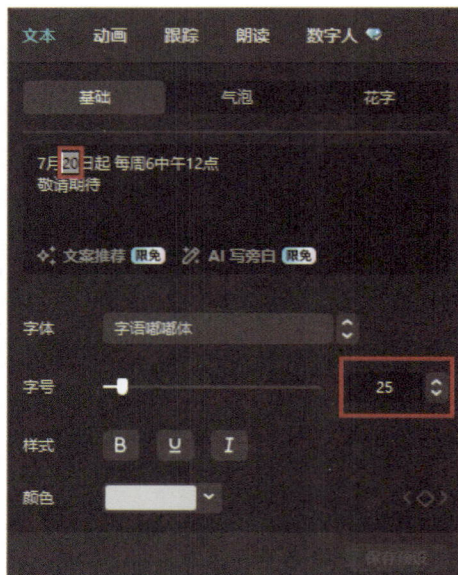

图 8-20

图 8-21

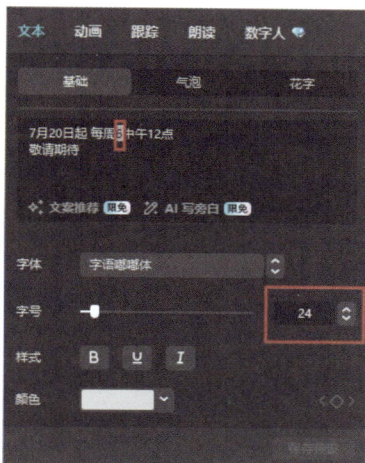

图 8-22

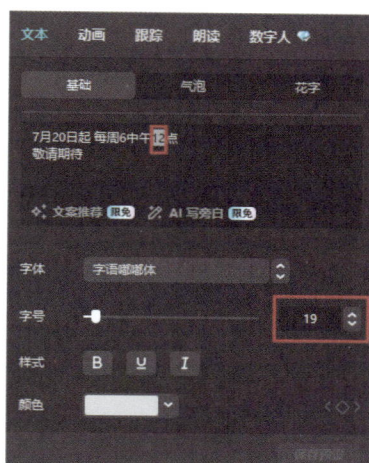

图 8-23

17　完成文字基础设置后，单击"动画"选项，添加入场动画"滚入"，时长为 0.5s，添加出场动画"渐隐"，时长为 0.5s，如图 8-25 所示。

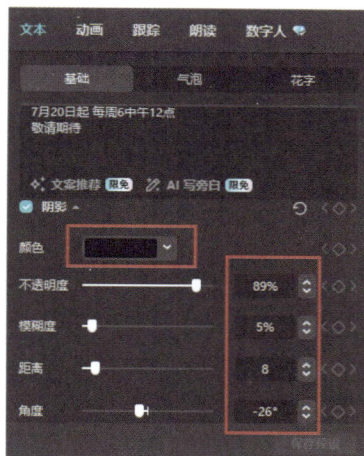

图 8-24

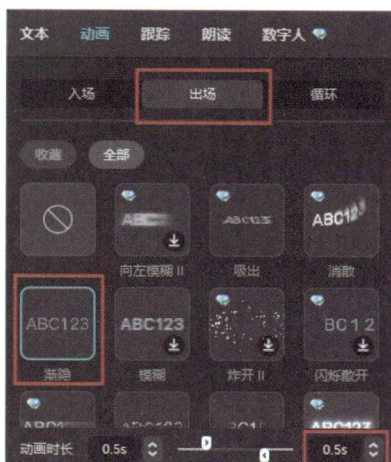

图 8-25

8.1.4　为视频调色

在美食视频制作中，色彩处理是至关重要的技术环节。通过合理调整对比度参数和饱和度参数，能够显著提升食物的视觉呈现效果，使其色彩更加鲜明且富有吸引力，具体效果可参见图 8-26。下文将详细阐述相关技术要点。

在本案例中我们需要将所有食物素材进行基础"调节"，比如调整"色温""饱和度""亮度""对比度""阴影"和"清晰度"，本小节将以"素材 9.mp4"为例说明。

首先选中"素材 9.mp4"，在播放器面板中开启"调色示波器"，如图 8-27 所示。我们发现原实拍素材画面质量较好，但存在画面边缘偏灰、色彩分布不均、对比度不足等问题。

我们可以在素材调节区中单击"调节"|"基础"选项，在其中选择"调节"选项，调整画面"色彩"，使画面偏黄、偏暖色调，如图 8-28 所示；在明度中将"亮度"调小，提高"对比度"，增强"高光"，如图 8-29 所示；为了让画面更清晰，我们还可以在"效果"中提高"清晰度"，如图 8-30 所示。

调节前

调节后

图 8-26

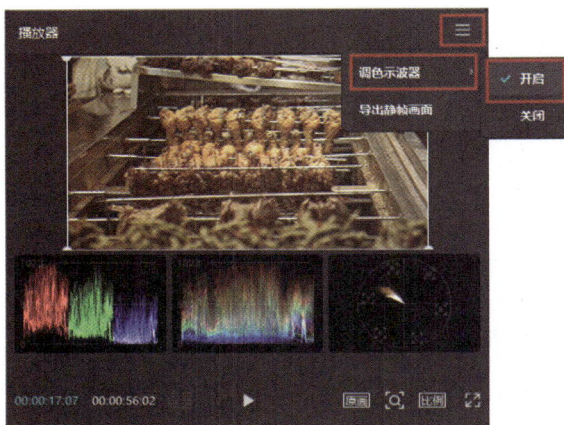

图 8-27

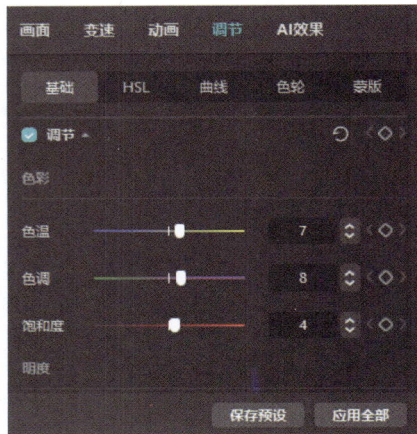

图 8-28

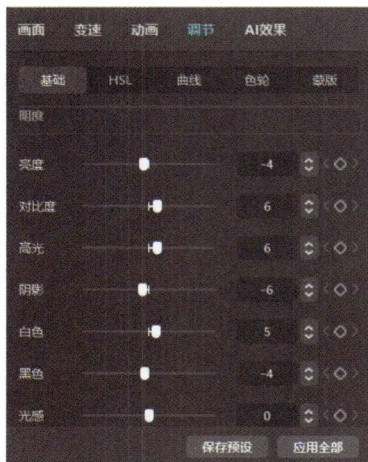

图 8-29

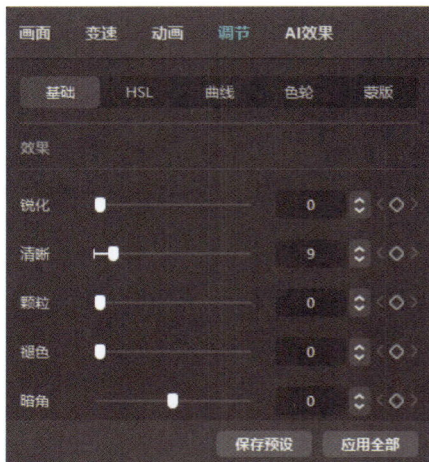

图 8-30

其余素材均可根据上述方法自行调整，主要目的是让画面色彩更浓烈，更突出食物。

8.1.5 添加音效提高视频层次

正所谓视听结合，美食类视频中音效的渲染至关重要。例如，拍摄吃面场景时，若仅有画面而无声效，会显得单调乏味；但加入嗦面声、咀嚼声和吞咽声后，就能有效补充画面信息，使整个吃面动作更加完整生动。本节案例将根据画面内容进行音效添加，读者可以根据表 8-4 中在剪映专业版"音效库"中搜索并添加。

表 8-4

序号	音效素材	开始和结束	淡入时长	淡出时长	音量
1	室外街道人多杂乱音效	00:00:07:23-00:00:14:09	0.2s	0.4s	5.0dB
2	热闹人声	00:00:10:21-00:00:14:09	0.3s	0.4s	0.0dB
3	焚烧东西声	00:00:14:02-00:00:15:26	0.1s	0.1s	9.8dB
4	烤肉滋滋声	00:00:15:20-00:00:19:11	0.0s	0.3s	0.0dB
5	餐馆饭店嘈杂环境音	00:00:18:21-00:00:22:01	0.7s	0.1s	0.0dB
6	沙堆滑落扫地破坏	00:00:22:01-00:00:24:01	0.0s	0.5s	0.0dB
7	烧烤火焰烤_食品	00:00:24:01-00:00:28:07	0.0s	0.5s	0.0dB
8	把谷物倒进碗里	00:00:28:07-00:00:29:28	0.0s	0.0s	0.0dB
9	熊熊燃烧的焰火	00:00:29:28-00:00:32:20	0.4s	0.3s	0.0dB
10	街上人杂说笑音效	00:00:35:11-00:00:38:18	0.0s	0.0s	0.0dB
11	具有新疆风情的鼓声	00:00:38:18-00:00:41:10	0.0s	0.2s	-10.8dB
12	新疆街头声	00:00:38:18-00:00:41:10	0.0s	0.2s	-5.5dB
13	烧烤声	00:00:48:20-00:00:51:23	0.3s	0.2s	1.5dB
14	快速翻页声	00:00:51:15-00:00:53:18	0.0s	0.0s	4.4dB
15	唰	00:00:53:25-00:00:54:08	0.0s	0.0s	0.0dB

8.2 幕后故事更精彩，制作综艺花絮短片

花絮是指影视作品或活动拍摄过程中产生的幕后故事素材，类似于综艺节目中常提及的 TMI（Too Much Information）概念，即包含大量非核心信息的内容。这些素材可剪辑制作成"揭秘"类视频，也可筛选趣味性片段制作"搞笑"类视频，呈现形式多样。本节案例将介绍"LABEL Z"工作室摄影幕后花絮短片的剪辑方法，具体效果参见图 8-31。由于素材限制，本案例无法完整展示综艺风格花絮短片的制作过程，仅提供基础幕后花絮视频制作要点指导。建议读者在实践过程中，通过多渠道收集大量连续性素材，优先选择包含人声的素材，以提升剪辑技能。

图 8-31

8.2.1 视频粗剪

本节案例从视频粗剪开始进行讲解，首先选择合适的幕后拍摄片段，然后组接在一起。本案例在开头会有一个类似电影开机的小设计。为了按照时间线讲述制作方法，将在视频粗剪时介绍如何制作开机

效果，如图 8-32 所示。下面将介绍具体操作方法。

图 8-32

01 打开剪映专业版首页，在主界面单击"开始创作"按钮 ➕，进入素材添加界面，按照顺序在素材区添加本案例素材。

02 将时间指示器移动至"素材 1.mp4"开头的位置，选中"素材 1.mp4"，单击工具栏中"定格"按钮 ⏸，将"素材 1.mp4"的开头帧定格出来，如图 8-33 所示。

图 8-33

03 完成帧定格后，可以随意改变定格帧的大小，将定格帧稍微延长至 00:00:03:06 的位置，然后在上方轨道中添加"特效 .mp4"，将时间线移动至 00:00:24:00 的位置，选中"特效 .mp4"，单击"向左裁剪（Q）"按钮 ▐▌，删除多余内容，如图 8-34 所示。

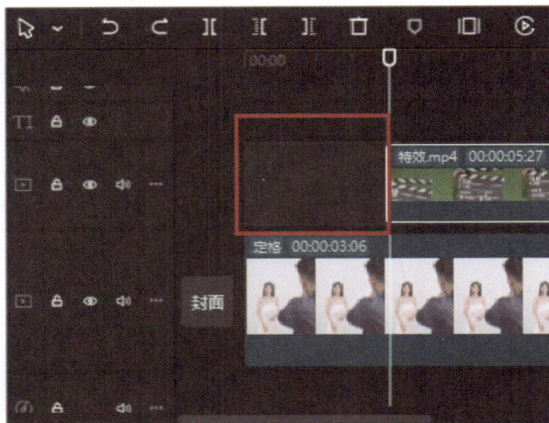

图 8-34

04 由于除了主轨道外其余轨道没有轨道磁吸，需要我们手动将裁剪后的"特效 .mp4"拖动至开始的位置，如图 8-35 所示。

05　将时间线移动至 00:00:03:06 的位置，与定格帧对齐，选中"特效 .mp4"，单击"向右裁剪"按
　　钮，删除多余的片段，如图 8-36 所示。

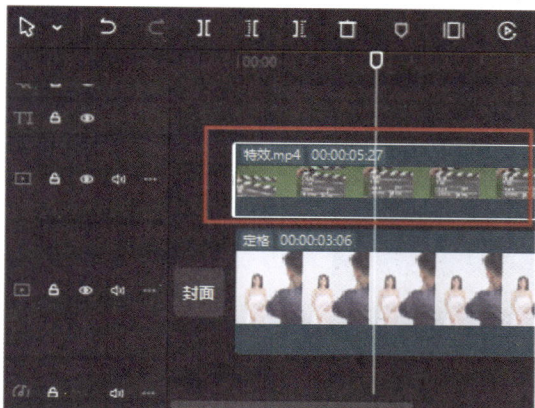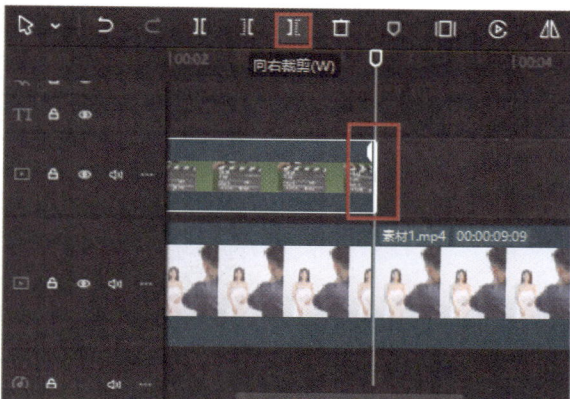

| 图 8-35 | 图 8-36 |

06　完成上述操作后，选中"特效 .mp4"，在素材调整区中选择"画面"|"抠像"|"色度抠像"，通过"取
　　色器"将绿幕颜色拾取出来，然后更改强度、阴影等数值，具体如图 8-37 所示。

图 8-37

07　然后在"播放器"画面中，将"特效 .mp4"稍微向左移动，如图 8-38 所示。

图 8-38

08　完成上述操作后选择"音频"|"音乐库"，在音乐库中搜索并选择"Chilled Hip Hop"，如图 8-39

所示，将其添加至时间线音频轨道中，开始位置为00:00:02:21。

图 8-39

09 后续素材将根据背景音乐"Chilled Hip Hop"进行裁剪，具体如表8-5所示。

表 8-5

序号	素材	画面	开始和结束
1	素材 1.mp4（变速：1.3×）	摄影师指导化妆师对模特的妆容和造型进行调整	00:00:03:06-00:00:10:11
2	素材 1.mp4（变速：1.3×）	拍摄时的场景	00:00:10:11-00:00:13:17
3	素材 1.mp4（变速：1.3×）	换一个姿势拍摄	00:00:13:17-00:00:16:17
4	素材 2.mp4	摄影师和修图师在沟通成片效果	00:00:16:17-00:00:21:05
5	素材 3.mp4	摄影师和模特在沟通拍摄要点	00:00:21:05-00:00:24:02
6	素材 4.mp4	拍摄时的场景（第一个姿势）	00:00:24:02-00:00:24:12
7	素材 4.mp4	拍摄时的场景（第二个姿势）	00:00:24:12-00:00:24:21
8	素材 4.mp4	拍摄时的场景（第三个姿势）	00:00:24:21-00:00:25:00
9	素材 4.mp4	拍摄时的场景	00:00:25:00-00:00:26:22
10	素材 5.mp4	摄影师在拍摄后检查拍摄效果	00:00:26:22-00:00:27:03
11	素材 5.mp4	摄影师在拍摄后导入电脑中检查拍摄效果	00:00:27:03-00:00:27:15
12	素材 6.mp4	摄影师在看修图师处理照片的场景	00:00:27:15-00:00:27:24
13	素材 7.mp4	摄影师、化妆师、修图师讨论工作时的情景	00:00:27:24-00:00:29:24
14	素材 8.mp4	摄影师、化妆师、修图师工作时的情景	00:00:29:24-00:00:32:01
15	素材 9.mp4	摄影师和模特讨论拍摄效果时的情景	00:00:32:01-00:00:34:22
16	素材 10.mp4	摄影师、化妆师、修图师和模特一起正视镜头	00:00:34:22-00:00:39:11

8.2.2 文字添加

花絮内容也需要添加字幕，特别是情节丰富的花絮片段，恰当的字幕设计是重要的加分项。为符合本案例的简约风格，将采用简洁的字幕作为画面辅助元素，效果如图8-40所示。下面将详细介绍具体操作方法。

01 完成视频粗剪后，将时间指示器移动至00:00:03:04的位置，在常用功能区中单击"文本"|"新建文本"选项，选择"默

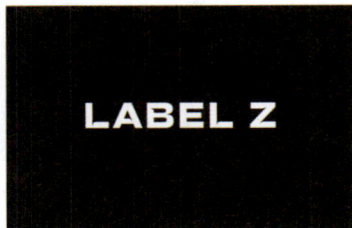

LABEL Z

图 8-40

认文本"，在此处添加文本"Daily shooting"，具体设置如图 8-41 所示，文本"Daily shooting"结束位置为 00:00:07:20。

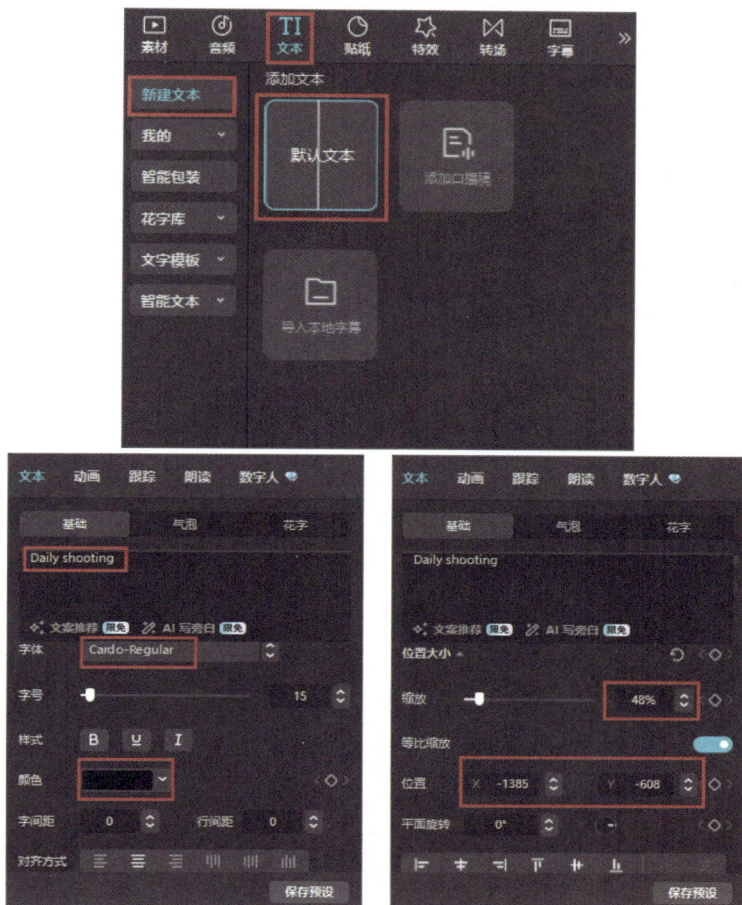

图 8-41

02 然后在文字"Daily shooting"上方轨道再添加文本"Fashion magazine"，具体设置如图 8-42 所示，与文本"Daily shooting"时长保持一致。

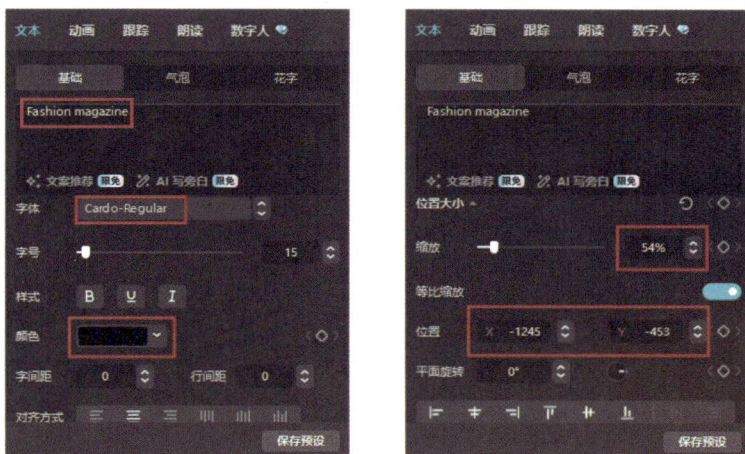

图 8-42

03 分别选中文字素材"Daily shooting"和"Fashion magazine"，在素材调整区中单击"动画"|"入场"，为这两个素材都添加"向右模糊Ⅱ"入场动画，时长均为1.0s，如图8-43所示。

04 剪映的"贴纸库"中包含的贴纸种类多样，其中还包含文字贴纸。在素材调整区中单击"贴纸"按钮，在"贴纸库"选项中搜索"美美哒"，选择贴纸"超美"，如图8-44所示。

05 将时间指示器移动至00:00:10:11，选中贴纸"超美"，拖至时间线轨道中，如图8-45所示。

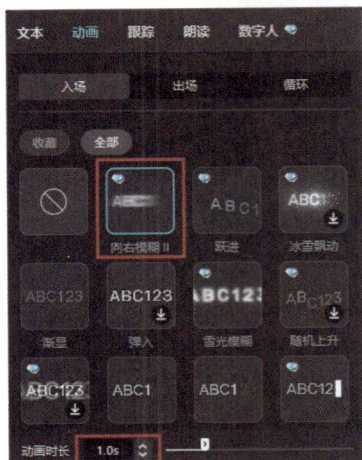

图8-43

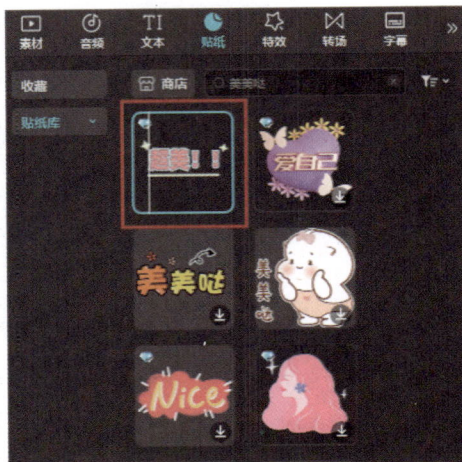

图8-44

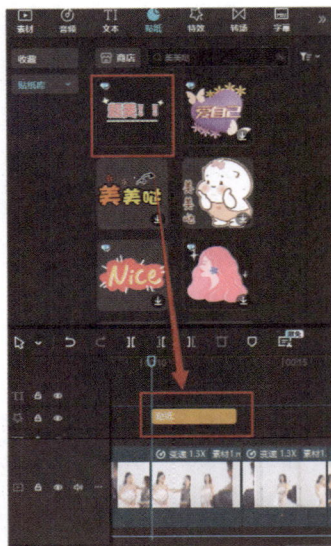

图8-45

06 贴纸"超美"结束位置为00:00:12:27，位置和动画设置具体如图8-46所示。

07 将时间指示器移动至00:00:13:17的位置，根据画面内容在此处添加文字"嘻嘻 一秒"（中间为3个空格），基础具体设置如图8-47所示，单击"花字"按钮，找到如图8-48所示颜色的花字。文字素材"嘻嘻 一秒"结束位置为00:00:15:01。

08 完成文字制作后添加"跃进"入场动画，时长为0.5s，如图8-49所示。

09 在此处添加效果是为了丰富画面内容，单一的文字无法满足要求。在常用功能区中单击"特效"按钮 ✦，会自动打开"画面特效"选项框，虽然我们添加的是人物特效，但是在"画面特效"

选项框的文本框中直接搜索"大头"，一样可找到想要的人物特效，如图 8-50 所示。

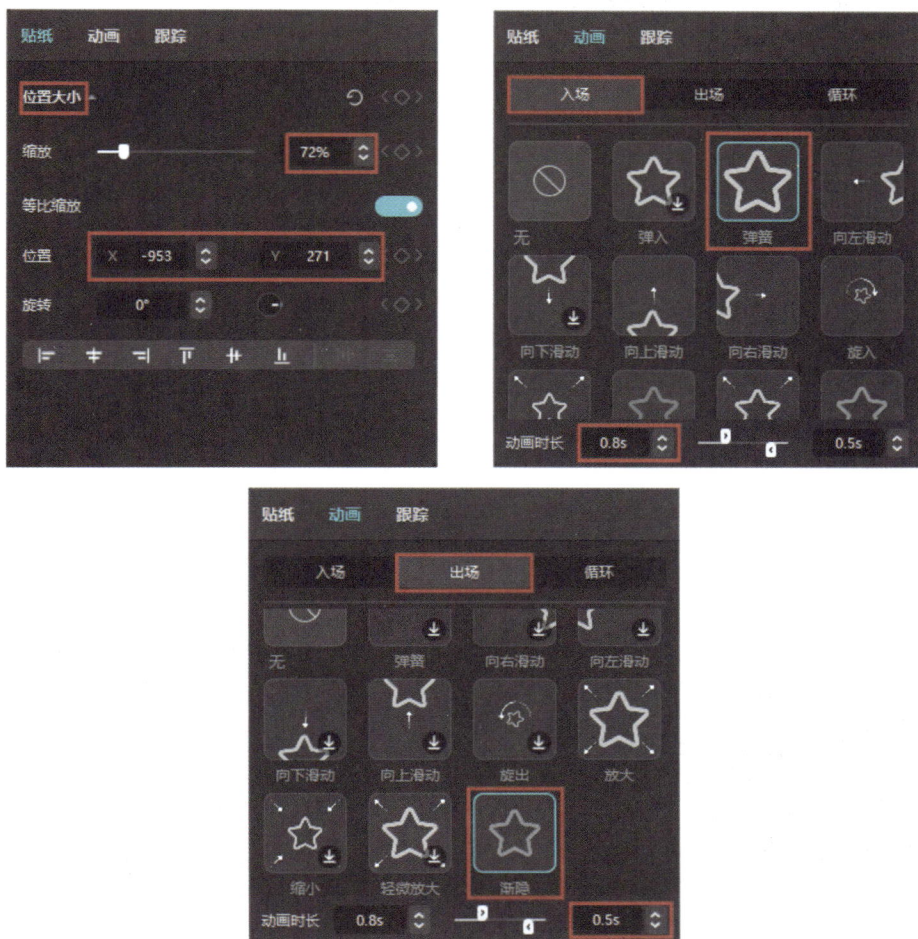

图 8-46

图 8-47

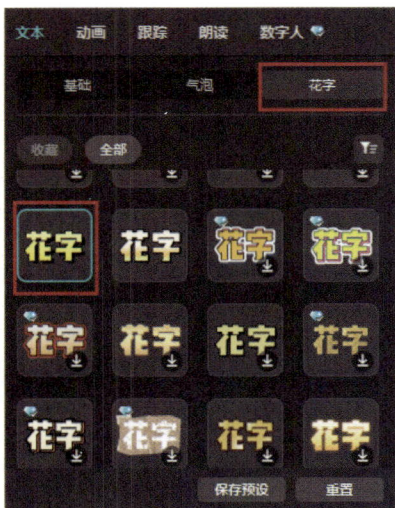

图 8-48

图 8-49

10 将"大头"特效添加至文字素材"嘻嘻 一秒"上方轨道中，在素材调整区中调整特效位置即可，具体设置如图 8-51 所示。"大头"特效时长与文字素材"嘻嘻 一秒"时长一致。

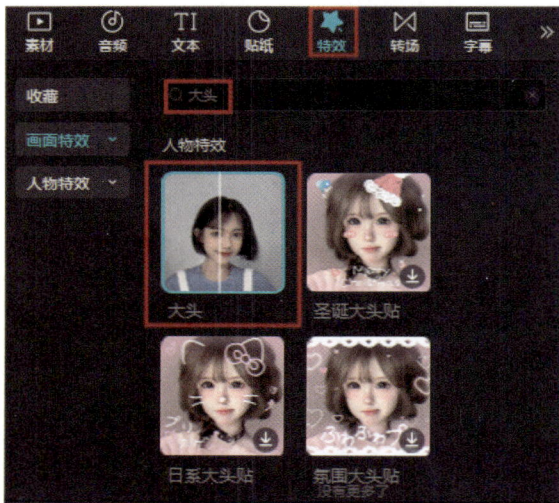

图 8-50

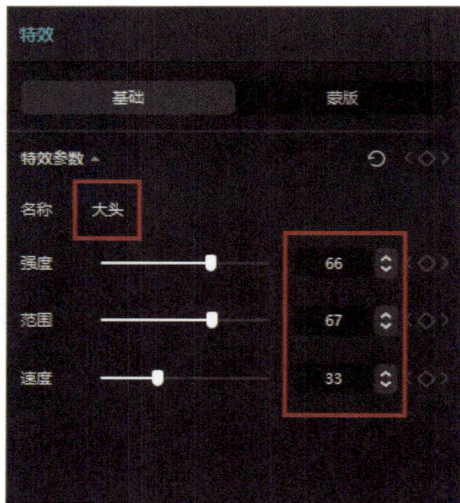

图 8-51

11 将时间指示器移动至 00:00:16:17 的位置，在"文字"|"文字模板"|"综艺情绪"选项中找到合适的文字模板，如图 8-52 所示，将其添加至时间线轨道中。

12 在素材调整区中更改文字内容为"叽里呱啦"，并将其放置在画面右下角，具体设置如图 8-53 所示。

13 最后将时间指示器移动至 00:00:38:16 的位置，本案例假设为"LABEL Z"工作室的摄影幕后工作花絮片段，在此处添加文字素材"LABEL Z"，点明主题，具体设置如图 8-54 所示。入场动画为"居中打字"，时长为 0.8s，如图 8-55 所示。

"LABEL Z"结束位置为 00:00:41:12，由于在本章第 1 小节中已经添加了背景音乐，我们可以将此处作为整体视频的结尾。将时间指示器移动至 00:00:41:12，选中背景音乐"Chilled Hip Hop"，单击"向右裁剪"按钮 ▌ 即可，淡入时长为 0.7s，淡出时长为 0.8s，如图 8-56 所示。

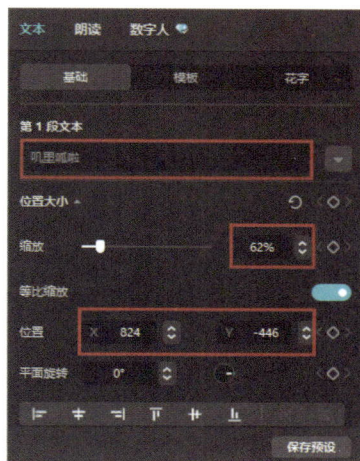

图 8-52　　　　　　　　　　　　　　图 8-53

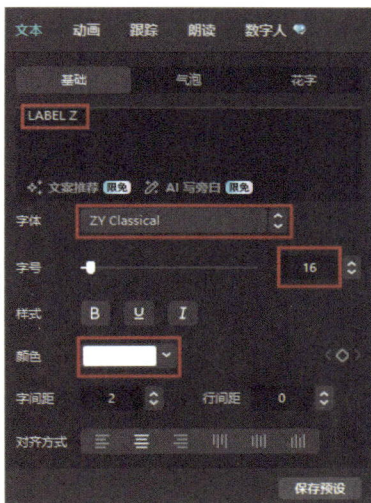

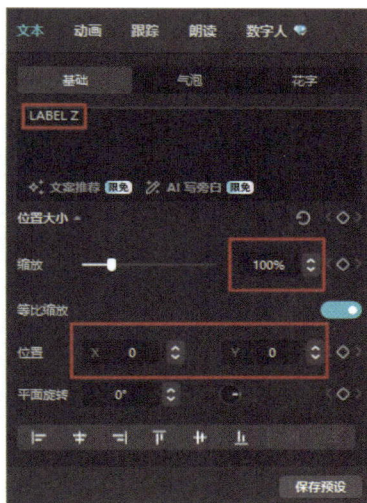

图 8-54

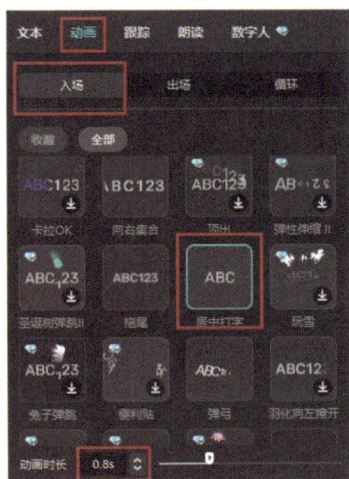

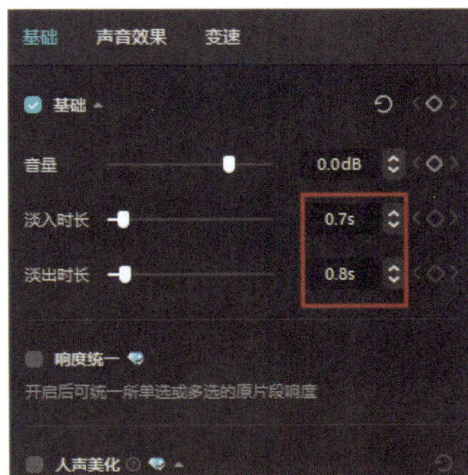

图 8-55　　　　　　　　　　　　　　图 8-56

8.2.3　添加特效和转场丰富画面

　　在完成文字添加后开始添加特效和转场。虽然在上一小节中为了与文字和谐添加了一个人物特效，但在本小节中还需添加一些画面特效，让视频更加有趣，效果如图 8-57 所示。下面将介绍具体操作方法。

图 8-57

01　回到上一小节视频编辑界面，为了制作模糊开场的效果，将时间指示器移动至开始的位置，在此处添加特效"模糊"，如图 8-58 所示。

02　将时间指示器移动至 00:00:00:26 的位置，选中"模糊"特效，在此处添加一个"模糊度"关键帧，数值为 42，如图 8-59 所示；再将时间指示器移动至 00:00:02:00 的位置，在此处再添加一个"模糊度"关键帧，将数值更改为 0，如图 8-60 所示。"模糊"特效结束位置为 00:00:02:00。

图 8-58

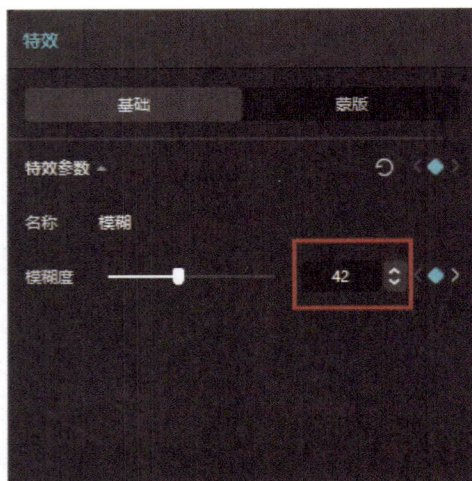

图 8-59

03　将时间指示器移动至 00:00:10:11 的位置，在此处添加画面特效"录制边框"，如图 8-61 所示。"录制边框"特效结束位置为 00:00:16:17。

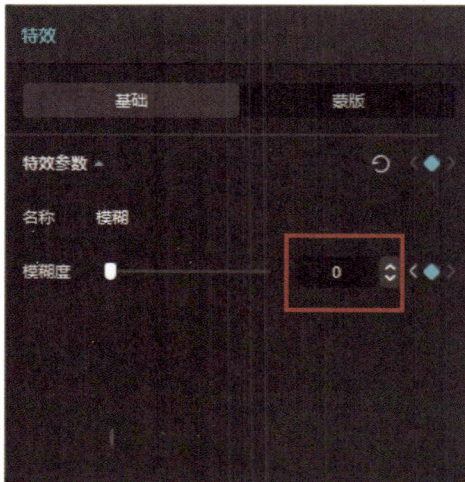

图 8-60

图 8-61

04　由于在 00:00:10:11 至 00:00:16:17 片段中，画面中有人物多次换姿势拍摄的场景，所以可以在此处制作几个伪拍照效果。将时间指示器移动至 00:00:12:21 的位置，在时间线主轨道上方添加"白场"素材，总时长为 00:00:00:06，在首尾和中间分别添加"不透明度"关键帧，首尾"不透明度"数值为 0%，中间"不透明度"数值为 100%，如图 8-62 所示。

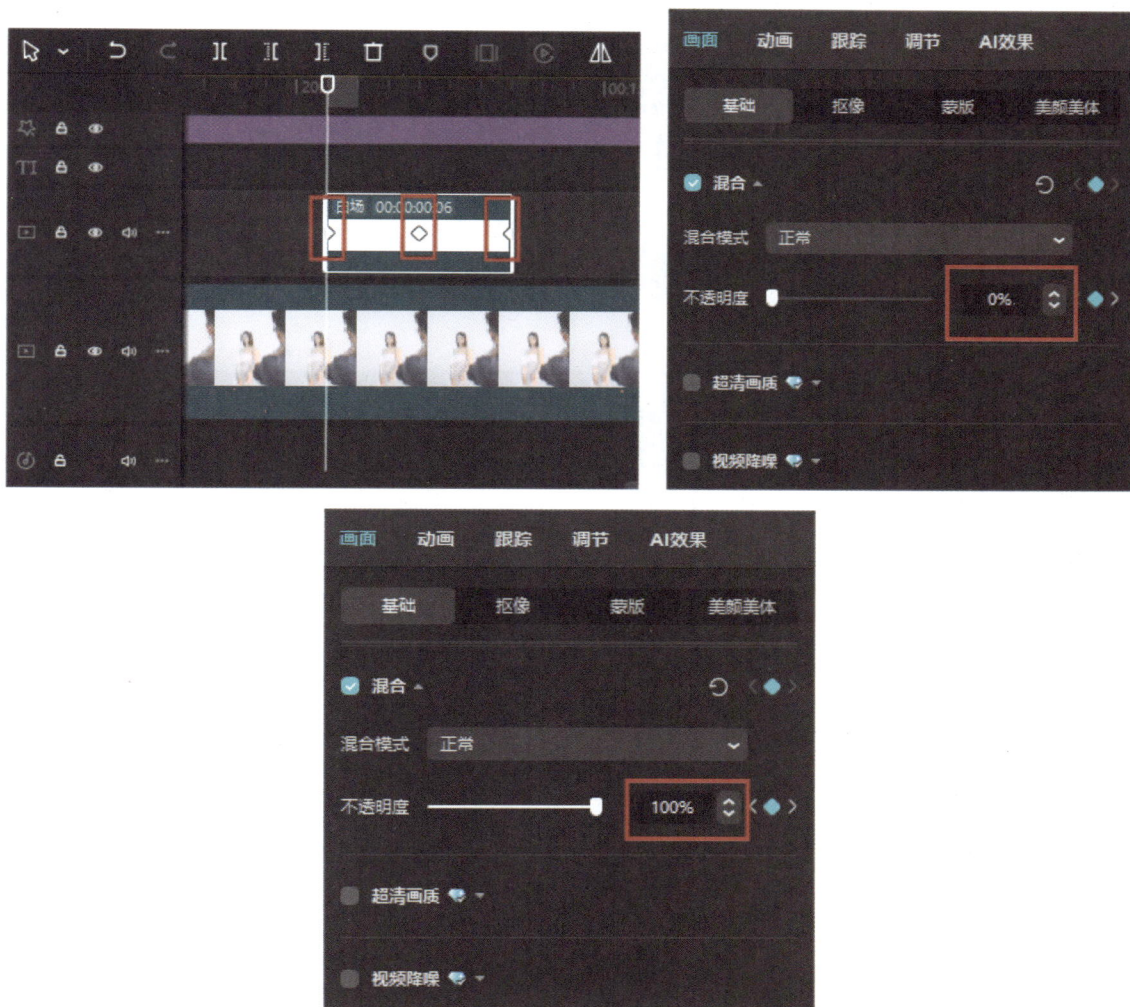

图 8-62

提示："白场"素材可以在剪映的素材库中找到。

05　完成上述伪拍照效果后，选中"白场"素材，并单击右键选择"复制"，分别在 00:00:13:11 和 00:00:15:11 的位置粘贴此效果，如图 8-63 所示。

06　将时间指示器分别移动至 00:00:24:02 和 00:00:26:22 的位置，均添加画面特效"纸质抽帧"，如图 8-64 所示。第一个特效"纸质抽帧"结束位置为 00:00:25:10，第二个特效"纸质抽帧"结束位置为 00:00:28:00。

07　完成画面效果制作后，开始添加转场。首先在 00:00:21:05 也就是"素材 2.mp4"和"素材 3.mp4"交点处添加转场"向左"，时长为 0.5s，如图 8-65 所示。

08　然后在"素材 8.mp4"和"素材 9.mp4"的交点处添加转场"横移模糊"，时长为 0.8s，如图 8-66 所示。

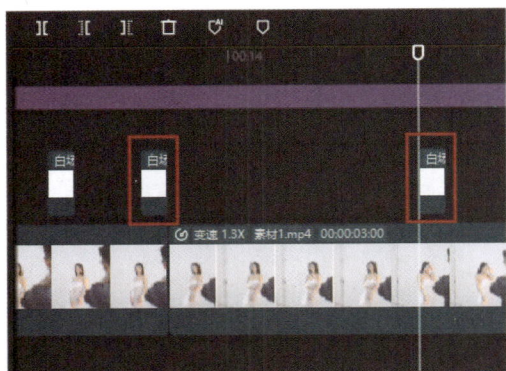

图 8-63

图 8-64

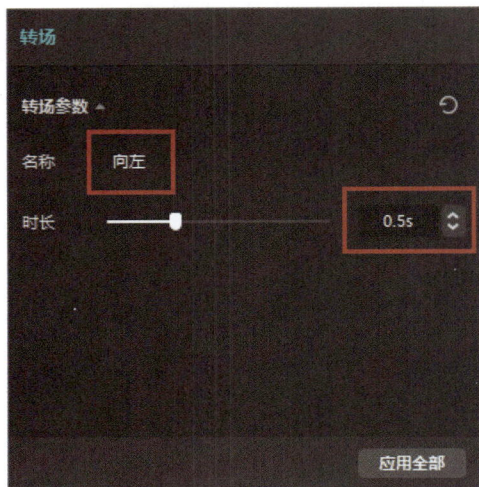

图 8-65

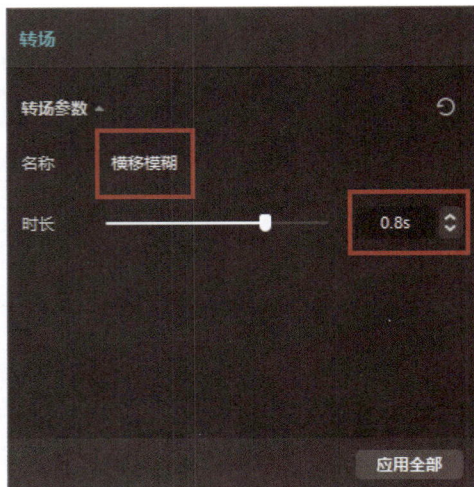

图 8-66

09　最后在"素材 9.mp4"和"素材 10.mp4"的交点处添加转场"闪白"，时长为 0.7s，如图 8-67 所示。

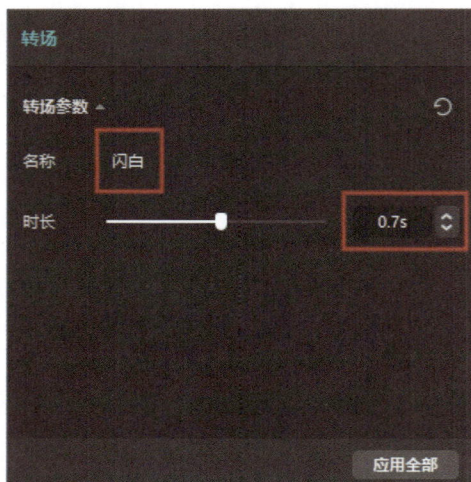

图 8-67

8.2.4　添加音效

　　完成画面制作后，为视频添加音效。例如，在上一小节中制作了伪拍照效果，没有音效显得十分单调，加上"拍照声"就像是完成了最后一块拼图，让这个效果更加完整。本小节将在剪映"音效库"中搜索并添加音效。下面将介绍具体制作方法。

01　回到视频编辑界面，将时间指示器移动至开始位置，在"音频"|"音效库"中搜索"男声倒计时"，如图 8-68 所示，将该音效添加至时间线音频轨道中。

02　由于该音频声音间隔时间较长，所以可以通过"分割"按钮 进行裁剪，使它的时长与主轨道视频素材对齐，如图 8-69 所示。

03　将时间指示器移动至 00:00:10:11 的位置，在此处添加音效"哇哦"，音量为 −5.0dB，淡入时长为 0.2s，如图 8-70 所示。

04　将时间指示器移动至"白场"素材位置，在下方音频轨道中，分别添加模拟拍照声"咔嚓，拍照声 1"，如图 8-71 所示。

05　然后将时间指示器移动至 00:00:16:06 的位置，配合画面内容，在此处添加"叽里呱啦 小黄人说话"音效，如图 8-72 所示。音频结束位置为 00:00:21:05。

图 8-68

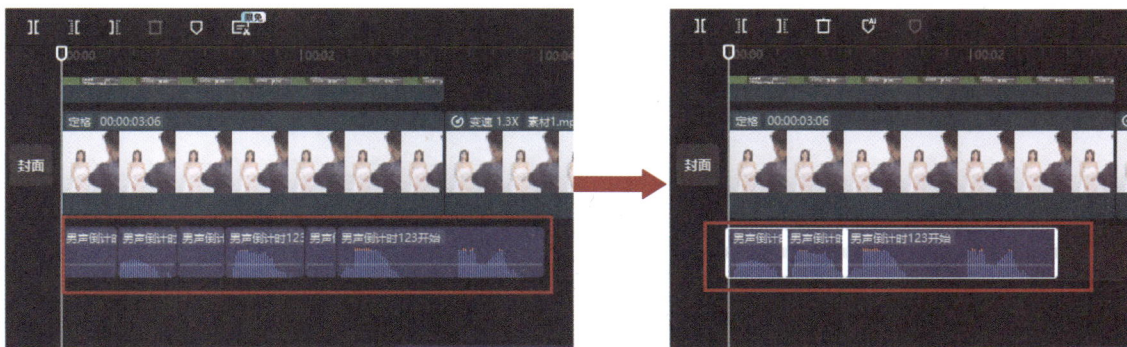

图 8-69

　　提示：我们可以观察音频波形，会发现中间间隔偏长。

图 8-70

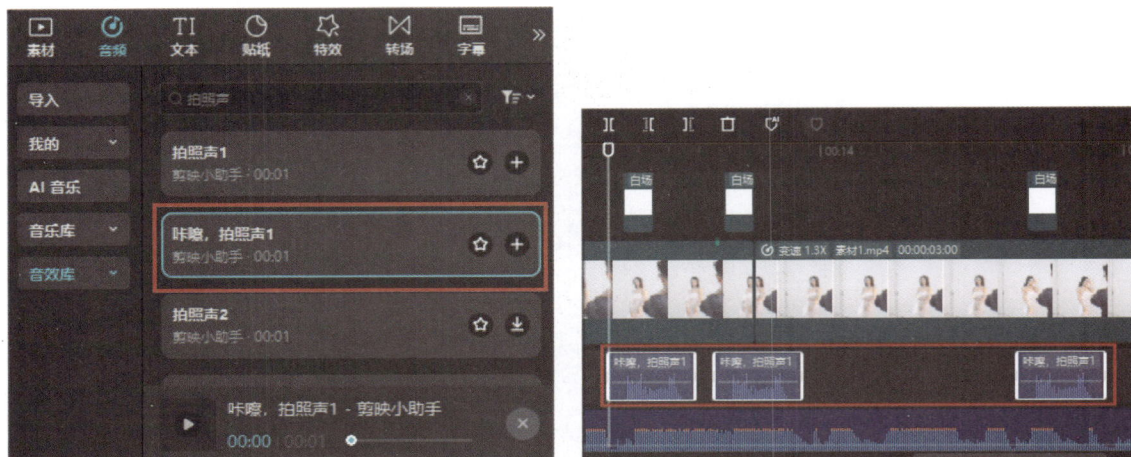

图 8-71

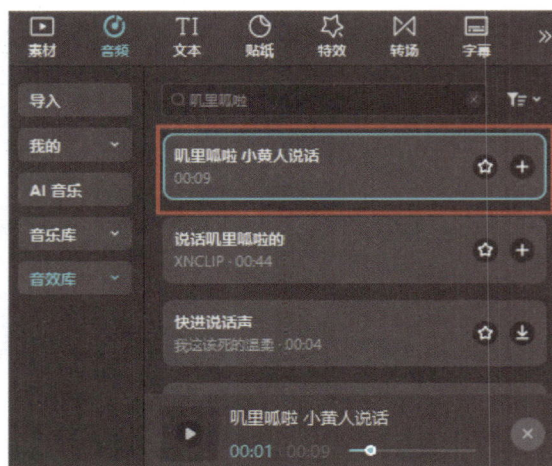

图 8-72

06 完成上述所有操作后即可将视频导出保存至计算机中。